高等职业教育土建专业系列教材

工程建设监理概论

（第 2 版）

主　编　钟汉华　吴　添
副主编　刘文华　刘成才
　　　　李伟杰　乐颖辉

南京大学出版社

内 容 提 要

全书共分 8 章，包括建设工程监理基本知识、监理规划与监理实施细则、建设工程项目合同管理、建设工程项目质量控制、建设工程项目进度控制、建设工程项目投资控制、建设工程项目安全控制、监理信息管理、资料管理与组织协调工作等内容。本书为高职、高专和成人高校土建类专业教材，也可供土木工程施工监理人员、技术人员、土木类各专业学生学习参考。

图书在版编目(CIP)数据

工程建设监理概论 / 钟汉华，吴添主编. —2 版. —南京：南京大学出版社，2015.8(2021.8 重印)

高职高专"十二五"规划教材. 土建专业系列

ISBN 978 - 7 - 305 - 15690 - 8

Ⅰ. ①工… Ⅱ. ①钟… ②吴… Ⅲ. ①建筑工程—监理工作—高等职业教育—教材 Ⅳ. ①TU712

中国版本图书馆 CIP 数据核字(2015)第 191268 号

出版发行 南京大学出版社
社　　址 南京市汉口路 22 号　　邮　　编 210093
出 版 人 金鑫荣

丛 书 名 高职高专"十二五"规划教材·土建专业系列
书　　名 工程建设监理概论(第 2 版)
主　　编 钟汉华　吴　添
责任编辑 惠　雪　吴　汀　　编辑热线 025 - 83597482

照　　排 南京开卷文化传媒有限公司
印　　刷 广东虎彩云印刷有限公司
开　　本 787×1 092　1/16　印张 19.5　字数 475 千
版　　次 2021 年 8 月第 2 版第 4 次印刷
ISBN　978 - 7 - 305 - 15690 - 8
定　　价 48.00 元

网　　址：http://www.njupco.com
官方微博：http://weibo.com/njupco
官方微信号：njupress
销售咨询热线：(025)83594756

第二版前言

本书是根据国务院、教育部颁发的《关于大力发展职业教育的决定》、《关于加强高职高专人才培养工作意见》和《面向21世纪教育振兴行动计划》等文件要求，以培养高质量的高等工程技术应用性人才的目标，并根据高等职业教育土建类专业指导性教学计划及教学大纲，以国家现行建设工程标准、规范、规程为依据，参照监理员考试大纲，根据编者多年工作经验和教学实践，并在自编教材的基础上修改、补充编纂而成。本书既可作为高等职业土建类各专业的教学用书，也可作为建设单位项目管理人员、建筑安装施工企业管理人员学习参考用书。

本书是按照最新的建筑工程监理规范、建设工程施工合同(示范文本)、建设工程监理合同(示范文本)、相关施工规范对第一版进行修改，内容包括建设工程监理基本知识、监理规划与监理实施细则、建设工程项目合同管理、建设工程项目质量控制、建设工程项目进度控制、建设工程项目投资控制、建设工程项目安全控制、监理信息管理、资料管理与组织协调工作等内容。在编写过程中，我们努力体现高等职业技术教育教学特点，并结合现行工程监理制度、规定精选内容，以贯彻理论联系实际、注重实践能力的整体要求，突出针对性和实用性，便于学生学习。同时，我们还适当照顾了不同地区的特点和要求，力求反映工程监理的先进经验和技术手段。

本书由湖北水利水电职业技术学院钟汉华、宁夏建设职业技术学院吴添担任主编，由江西理工大学刘文华、中州大学刘成才、安康学院李伟杰、江西工业工程职业技术学院乐颖辉担任副主编。具体写作分工如下：钟汉华负责第1章编写；吴添负责第3、4、5章编写；刘文华负责第6章编写；刘成才负责第7章编写；李伟杰负责第8章；乐颖辉负责编写第2章编写；全书由钟汉华统稿，同时感谢况建军、刘伟、肖珍、左斌、张丽萍、段莉远、刘礼鹏为本书的编写付出辛勤的劳动。

本书在编写过程中，参考和引用了国内外大量文献资料，在此谨向原书作者表示衷心感谢。由于编者水平有限，本书难免存在不足和疏漏之处，敬请各位读者批评指正。

编者

2015年5月

目　录

第 1 章　工程建设监理基本知识

知识目标：

● 了解工程建设监理的概念、性质和作用；

● 了解监理工程师的执业特点，监理工程师执业资格考试，工程监理企业的组织形式、规章制度；

● 掌握监理人员的职责范围，监理工程师的素质，监理工程师的法律责任；

● 熟悉监理工程师的职业道德标准，监理工程师的法律地位，工程监理企业经营活动基本准则。

1.1　工程建设监理与相关法规制度

1.1.1　监理的基本概念

1. 建设工程监理制产生的背景

建设工程监理制与建设项目法人责任制、招标投标制、合同管理制（"四制"）成为我国建设工程的基本管理体制，适应我国社会主义市场经济条件下建设工程管理的需要。建设工程监理制度的推行，对控制工程质量、投资、进度发挥了重要作用，取得明显效果，促进了我国建设工程管理水平的提高。

从新中国成立至 20 世纪 80 年代，我国固定资产投资基本上是由国家统一安排计划（包括具体的项目计划），由国家统一财政拨款。当时，我国建设工程的管理基本上采用两种形式：对于一般建设工程，由建设单位自己组成筹建机构，自行管理；对于重大建设工程，则从与该工程相关的单位抽调人员组成建设工程指挥部，由指挥部进行管理。因为建设单位无须承担经济风险，这两种管理形式得以长期存在，但其弊端是不言而喻的。由于这两种形式都是针对一个特定的建设工程临时组建的管理机构，相当一部分人员不具有建设工程管理的知识和经验，因此，他们只能在工作实践中摸索。而一旦工程建成投入使用，原有的工程管理机构和人员就解散了，当有新的建设工程时再重新组建。这样，建设工程管理的经验不能承袭升华，用来指导今后的建设工程，而教训却不断重复发生，这使我国建设工程管理水平长期在低水平徘徊，难以提高。投资"三超"（概算超估算、预算超概算、结算超预算）、工期延长的现象较为普遍。

20 世纪 80 年代我国进入了改革开放的新时期，国务院决定在基本建设和建筑领域采取一些重大的改革措施。例如，投资有偿使用（即"拨改贷"）、投资包干责任制、投资主体多元化、工程招标投标制等。在这种情况下，改革传统的建设工程管理形式已经势在必行。否则，难以适应我国经济发展和改革开放新形势的要求。

通过对我国几十年建设工程管理实践的反思和总结，以及对国外工程管理制度与管理方法的考察，相关人员认识到建设单位的工程项目管理是一个专门的学问，需要一大批专门的机构和人才，建设单位的工程项目管理应当走专业化、社会化的道路。在此基础上，建设部于 1988 年发布了《关于开展建设监理工作的通知》，明确提出要建立建设监理制度。建设监理制作为建设工程领域的一项改革举措，旨在改变陈旧的工程管理模式，建立专业化、社会化的建设监理机构，协助建设单位做好项目管理工作，以提高建设水平和投资效益。

自 1988 年以来，我国的工程监理制度先后经历了试点、稳步发展和全面推行 3 个阶段。1988 年至 1992 年，重点在北京、上海、天津等 8 个城市和交通、水电 2 个行业开展试点工作；1993 年至 1995 年，全国地级以上城市稳步开展了工程监理工作；1995 年全国第六次建设工程监理工作会议明确提出，从 1996 年开始，在建设领域全面推行工程监理制度；1997 年颁布的《中华人民共和国建筑法》(以下简称《建筑法》)以法律制度的形式作出规定，国家推行建设工程监理制度，从而使建设工程监理在全国范围内进入全面推行阶段。

2. 建设工程监理的概念

建设工程监理是指具有相应资质的工程监理企业，接受建设单位的委托，承担其项目管理工作，并代表建设单位对承建单位的建设行为进行监控的专业化服务活动。

建设单位，又称为业主、项目法人，是委托监理的一方。建设单位在建设工程中拥有确定建设工程规模、标准、功能以及选择勘察、设计、施工、监理单位等建设工程中重大问题的决定权。

工程监理企业是指取得企业法人营业执照，具有监理资质证书的依法从事建设工程监理业务活动的经济组织。

3. 建设工程监理的依据

建设工程监理的依据包括：建设工程文件，有关的法律、法规、规章和标准、规范，建设工程委托监理合同和有关的建设工程合同。

(1) 建设工程文件

包括：批准的可行性研究报告、建设项目选址意见书、建设用地规划许可证、建设工程规划许可证、批准的施工图设计文件、施工许可证等。

(2) 有关的法律、法规、规章和标准、规范

包括：《建筑法》、《中华人民共和国合同法》、《中华人民共和国招标投标法》、《建设工程质量管理条例》、《建设工程安全生产管理条例》等法律法规，《工程建设监理规定》等部门规章以及地方性法规等，也包括《工程建设标准强制性条文》、《建设工程监理规范》以及有关的工程技术标准、规范、规程等。

(3) 建设工程委托监理合同和有关的建设工程合同

工程监理企业应当根据以下两类合同，即工程监理企业与建设单位签订的建设工程委托监理合同和建设单位与承建单位签订的有关建设工程合同，进行监理。

工程监理企业依据哪些有关的建设工程合同进行监理，视委托监理合同的范围来决定。全过程监理应当包括咨询合同、勘察合同、设计合同、施工合同以及设备采购合同等；决策阶段监理主要是咨询合同；设计阶段监理主要是设计合同；施工阶段监理主要是施工合同。

4. 建设工程监理的范围

建设工程监理范围可以分为监理的工程范围和监理的建设阶段范围。

(1) 工程范围

为了有效发挥建设工程监理的作用，加大推行监理的力度，根据《建筑法》，国务院公布的《建设工程质量管理条例》对实行强制性监理的工程范围做了原则性的规定，建设部又进一步在《建设工程监理范围和规模标准规定》中对实行强制性监理的工程范围做了具体规定。下列建设工程必须实行监理：

① 国家重点建设工程　依据《国家重点建设项目管理办法》所确定的对国民经济和社会发展有重大影响的骨干项目；

② 大中型公用事业工程　项目总投资额在3 000万元以上的供水、供电、供气、供热等市政工程项目，科技、教育、文化等项目，体育、旅游、商业等项目，卫生、社会福利等项目，以及其他公用事业项目；

③ 成片开发建设的住宅小区工程　建筑面积在5万平方米以上的住宅建设工程；

④ 利用外国政府或者国际组织贷款、援助资金的工程　包括使用世界银行、亚洲开发银行等国际组织贷款资金的项目，使用国外政府及其机构贷款资金的项目，使用国际组织或者国外政府援助资金的项目；

⑤ 国家规定必须实行监理的其他工程　项目总投资额在3 000万元以上关系社会公共利益、公众安全的交通运输、水利建设、城市基础设施、生态环境保护、信息产业、能源等基础设施项目，以及学校、影剧院、体育场馆项目。

(2) 阶段范围

建设工程监理可以适用于建设工程投资决策阶段和实施阶段，但目前主要是建设工程施工阶段。

在建设工程施工阶段，建设单位、勘察单位、设计单位、施工单位和工程监理企业等建设工程的各类行为主体均出现在建设工程当中，形成了一个完整的建设工程组织体系。在这个阶段，建筑市场的发包体系、承包体系、管理服务体系的各主体在建设工程中会合，由建设单位、勘察单位、设计单位、施工单位和工程监理企业各自承担建设工程的责任和义务，最终将建设工程建成投入使用。在施工阶段委托监理，其目的是更有效地发挥监理的规划、控制、协调作用，为在计划目标内建成工程提供最好的管理。

5. 建设工程监理的性质

(1) 服务性

建设工程监理具有服务性，是从其业务性质方面定性的。建设工程监理的主要方法是规划、控制、协调，主要任务是控制建设工程的投资、进度和质量，最终应当达到的基本目的是协助建设单位在计划的目标内将建设工程建成投入使用。这就是建设工程监理的管理服务的内涵。

工程监理企业既不直接进行设计，也不直接进行施工；既不向建设单位承包造价，也不参与承包商的利益分成。在建设工程中，监理人员利用自己的知识、技能和经验、信息以及必要的试验、检测手段，为建设单位提供管理服务。

工程监理企业不能完全取代建设单位的管理活动。它不具有建设工程重大问题的决策权，只能在授权范围内代表建设单位进行管理。

建设工程监理的服务对象是建设单位。监理服务是按照委托监理合同的规定进行的，是受法律约束和保护的。

(2) 科学性

科学性是由建设工程监理要达到的基本目的决定的。建设工程监理以协助建设单位实现其投资目的为己任,力求在计划的目标内建成工程。面对工程规模日趋庞大,环境日益复杂,功能、标准要求越来越高,新技术、新工艺、新材料、新设备不断涌现,参加建设的单位越来越多,市场竞争日益激烈,风险日渐增加的情况,只有采用科学的思想、理论、方法和手段才能驾驭建设工程。科学性主要表现在:工程监理企业应当由组织管理能力强、建设工程经验丰富的人员担任领导;应当具有足够数量的、有丰富的管理经验和应变能力的监理工程师来组成的骨干队伍;要有一套健全的管理制度;要有现代化的管理手段;要掌握先进的管理理论、方法和手段;要积累足够的技术、经济资料和数据;要有科学的工作态度和严谨的工作作风,要实事求是、创造性地开展工作。

(3) 独立性

《建筑法》明确指出,工程监理企业应当根据建设单位的委托,客观、公正地执行监理任务。《工程建设监理规定》和《建设工程监理规范》要求工程监理企业按照"公正、独立、自主"的原则开展监理工作。

按照独立性要求,工程监理单位应当严格地按照有关法律、法规、规章、建设工程文件、建设工程技术标准、建设工程委托监理合同、有关的建设工程合同等的规定实施监理;在委托监理的工程中,与承建单位不得有隶属关系和其他利害关系;在开展工程监理的过程中,必须建立自己的组织,按照自己的工作计划、程序、流程、方法、手段,根据自己的判断,独立地开展工作。

(4) 公正性

公正性是社会公认的职业道德准则,是监理行业能够长期生存和发展的基本职业道德准则。在开展建设工程监理的过程中,工程监理企业应当排除各种干扰,客观、公正地对待监理的委托单位和承建单位。特别是当这两方发生利益冲突或者矛盾时,工程监理企业应以事实为依据,以法律和有关合同为准绳,在维护建设单位的合法权益时,不损害承建单位的合法权益。例如,在调解建设单位和承建单位之间的争议,处理工程索赔和工程延期,进行工程款支付控制以及竣工结算时,应当尽量客观、公正地对待建设单位和承建单位。

6. 建设工程监理的任务

《中华人民共和国建筑法》第四章建设工程监理中第三十三条规定:建设工程监理应当依照法律、行政法规及有关的技术标准、设计文件和建设工程合同,对承包单位在施工质量、建设工期和建设资金的使用等方面,代表建设单位实施监督。

工程建设监理的中心任务是指控制工程项目目标,也就是控制合同所确定的投资、进度和质量目标。中心任务的完成是通过各阶段具体的监理工作任务的完成来实现的。对建设工程施工阶段实施全过程监理,包括"四控制","二管理","一协调",即:质量控制、投资控制、进度控制、安全控制和合同管理、信息管理及组织协调等。施工阶段监理主要内容有:

(1) 质量控制

1) 审查施工组织设计、施工方案(针对性、分部、分项、检验批划分,质量控制措施及保证措施);

2) 审查承包单位现场项目管理机构的质量管理体系、技术管理体系和质量保证体系;

3) 原材料、构配件、设备进场检查;

4) 材料见证取样,工程检测单位现场检测工程的见证;

5) 特殊过程旁站监理;

6) 处理工程变更;

7) 检验批、分项、分部质量验收(平行检验);

8）安全、主要功能项目检查、工程观感质量检查；

9）质量控制资料、安全及主要功能资料检查；

10）参加质量事故分析；

11）监督事故处理方案执行；

12）阶段工程质量评估及备案；

13）组织单位工程竣工预验收，参加工程竣工验收，进行工程质量评估和移交。

（2）造价控制

1）审查施工图预算，工程质量清单；

2）处理工程变更；

3）审核工程计量证书，进行现场计量；

4）审核签发工程付款单；

5）处理索赔；

6）审核竣工结算资料。

（3）进度控制

1）审批总进度计划，劳动力及各种资源配置计划；

2）审核年、季、月施工进度计划，阶段性计划；

3）处理工程变更；

4）实际进度与计划进度对比分析；

5）向建设单位报送月报。

（4）施工安全控制

1）审核施工组织设计（安全技术措施），专项施工方案，安全事故应急救援预案；

2）检查施工现场安全措施落实，现场安全管理机构配备情况；

3）定期组织现场施工安全检查，每天在巡检中对施工安全状态加以观察；

4）发现隐患，要求承包单位整改，报告建设单位和有关部门；

5）参加安全事故分析；

6）监督事故处理方案的执行。

（5）组织协调

1）组织第一次工地例会，进行监理工作交底，确定监理例会时间、频次；

2）组织施工图核查和图纸会审；

3）协调建设、设计、施工单位之间关系，公正、合理处理好合同纠纷；

4）及时组织召集专题会议，解决工程质量、进度、安全问题。

1.2　监理企业和监理人员

1.2.1　工程监理企业

1. 监理企业的设立

监理企业是指取得监理资格证书、具有法人资格从事工程建设监理的单位。如监理公司、监理事务所、监理中心、咨询中心、项目管理公司等。针对监理企业，按照经济性质分为全民所有制企业、集体所有制企业、私有企业；按照组建方式分为股份公司、合资企业、合作企业以及合伙企业等；按照经济责任分为有限责任公司和无限责任公司2种；按照资质等级分为甲级、乙级、丙级3种；按照从事的主要业务范围不同，可分出不同专业类别的监理企业。

监理企业必须具有自己的名称、组织机构和场所，并具有与承担监理业务相适应的经济、法律、技术及管理人员，完善的组织章程和管理制度，并具有一定数量的资金和设施。符合条件的单位经申请取得监理资格等级证书，并经工商行政管理部门注册取得营业执照后，才可承担监理业务。

(1) 监理企业的资质等级与资质管理

1) 监理企业的资质要素

① 监理人员的素质要求。监理人员具备较高的与工程技术或建筑经济有关的理论知识和实际运用技能；要具有较强的组织协调能力；具有高尚的职业道德；拥护共产党的领导、热爱社会主义祖国；身体健康，能胜任监理工作的需要。对监理企业负责人的素质要求则更高一些：在技术方面，应当具有高级专业技术职称，应具有较强的组织协调和领导才能，应当取得国家确认的《监理工程师资格证书》。

② 专业配套能力。一个监理企业，按照它所从事的监理业务范围的要求，配备的专业监理人员是否齐全，在很大程度上决定了它的监理能力的强弱。根据承担的监理工程业务的要求，配备专业齐全的监理人员，这是专业配套能力的起码要求。另一方面，专业配套能力的重要标志，在于各主要专业的监理人员当中应有2名以上具有高级专业技术职称，这些人员同时还取得了《监理工程师岗位证书》。若达不到这些标准，就视为该监理企业配套能力不强，应限制其承接监理业务的范围。

③ 监理企业的技术装备。监理企业的技术装备也是其资质要素之一，监理企业的技术装备一般有计算机，工程测量仪器和设备，检测仪器和设备，交通、通讯设备，照相、录像设备等。

④ 监理企业的管理水平。对于企业来说，管理包括组织管理、人事管理、财务管理、设备管理、生产经营管理、科技管理以及档案文书管理等多方面的内容。考察一个监理企业管理工作的优劣：一是要考察其领导的能力；二是要侧重考察其规章制度的建立和贯彻执行的情况如何。

⑤ 监理企业的经历和成效。监理企业的经历是指监理企业成立之后，从事监理工作的历程。监理成效主要是指监理活动在控制工程建设投资、工期和保证工程质量等方面取得的效果。

此外，监理企业要有一定的经济实力，即要有一定数额的注册资金。

2) 监理企业资质等级的划分

按照有关法规规定，监理企业自领取营业执照之日起，从事监理工作满2年后，可以向监理资质管理部门申请核定资质等级。刚成立的监理企业，不定资质等级，只能领取临时资质等级证书。

监理企业申请核定资质等级时需提交：核定资质等级申请书；《监理申请批准书》和《营

业执照》副本；法定代表人与技术负责人的有关证件；《监理业务手册》以及其他有关证明。

资质管理部门根据有关申请材料，对其人员素质、专业技能、管理水平、资金数量以及实际业绩等进行综合评审，经审核符合等级标准的，发给相应的《资质等级证书》。

监理企业的资质等级3年核定一次。无论甲级、乙级或丙级资质监理企业，其资质等级的审定都是从以下4个方面考虑的：监理企业负责人的专业技术素质；监理企业的群体专业技术素质及专业配套能力；注册资金的数额；监理工程的等级和竣工的工程数量以及监理成效。

核定资质等级时可以申请升级。申请升级的监理企业必须向资质管理部门报送以下材料：资质升级申请书；原《资质等级证书》和《营业执照》副本；法定代表人与技术负责人的有关证件；《监理业务手册》；其他有关证明文件。

资质管理部门对资质升级材料进行审查核实，经审查符合升级标准的，发给相应的《资质等级证书》，同时收回原《资质等级证书》。

3）监理企业的资质标准

按《工程监理企业资质管理规定》，工程监理企业资质分为综合资质、专业资质和事务所资质。其中，专业资质按照工程性质和技术特点又划分为若干工程类别。

综合资质、事务所资质不分级别。而专业资质分为甲级、乙级。其中，房屋建筑、水利水电、公路和市政公用专业资质可设立丙级。工程监理企业的资质等级标准如下：

① 综合资质标准

具有独立法人资格且注册资本不少于600万元；企业技术负责人应为注册监理工程师，并具有15年以上从事工程建设工作的经历或者具有工程类高级职称；具有5个以上工程类别的专业甲级工程监理资质；注册监理工程师不少于60人，注册造价工程师不少于5人，一级注册建造师、一级注册建筑师、一级注册结构工程师或者其他勘察设计注册工程师合计不少于15人次；企业具有完善的组织结构和质量管理体系，有健全的技术、档案等管理制度；企业具有必要的工程试验检测设备；申请工程监理资质之日前一年内没有因本企业监理责任造成重大质量事故；申请工程监理资质之日前一年内没有因本企业监理责任发生三级以上工程建设重大安全事故或者发生两起以上四级工程建设安全事故。

② 专业资质标准

甲级资质标准：具有独立法人资格且注册资本不少于300万元；企业技术负责人应为注册监理工程师，并具有15年以上从事工程建设工作的经历或者具有工程类高级职称；注册监理工程师、注册造价工程师、一级注册建造师、一级注册建筑师、一级注册结构工程师或者其他勘察设计注册工程师合计不少于25人次；其中，相应专业注册监理工程师不少于《专业资质注册监理工程师人数配备表》（表1-1）中要求配备的人数，注册造价工程师不少于2人；企业近2年内独立监理过3个以上相应专业的二级工程项目，但是，具有甲级设计资质或一级及以上施工总承包资质的企业申请本专业工程类别甲级资质的除外；企业具有完善的组织结构和质量管理体系，有健全的技术、档案等管理制度；企业具有必要的工程试验检测设备；申请工程监理资质之日前一年内没有本规定第十六条禁止的行为；申请工程监理资质之日前一年内没有因本企业监理责任造成重大质量事故；申请工程监理资质之日前一年内没有因本企业监理责任发生三级以上工程建设重大安全事故或者发生两起以上四级工程建设安全事故。

乙级资质标准:具有独立法人资格且注册资本不少于100万元;企业技术负责人应为注册监理工程师,并具有10年以上从事工程建设工作的经历;注册监理工程师、注册造价工程师、一级注册建造师、一级注册建筑师、一级注册结构工程师或者其他勘察设计注册工程师合计不少于15人次。其中,相应专业注册监理工程师不少于《专业资质注册监理工程师人数配备表》(表1-1)中要求配备的人数,注册造价工程师不少于1人;有较完善的组织结构和质量管理体系,有技术、档案等管理制度;有必要的工程试验检测设备;申请工程监理资质之日前一年内没有因本企业监理责任造成重大质量事故;申请工程监理资质之日前一年内没有因本企业监理责任发生三级以上工程建设重大安全事故或者发生两起以上四级工程建设安全事故。

丙级资质标准:具有独立法人资格且注册资本不少于50万元;企业技术负责人应为注册监理工程师,并具有8年以上从事工程建设工作的经历;相应专业的注册监理工程师不少于《专业资质注册监理工程师人数配备表》(表1-1)中要求配备的人数;有必要的质量管理体系和规章制度;有必要的工程试验检测设备。

③ 事务所资质标准

取得合伙企业营业执照,具有书面合作协议书;合伙人中有3名以上注册监理工程师,合伙人均有5年以上从事建设工程监理的工作经历;有固定的工作场所;有必要的质量管理体系和规章制度;有必要的工程试验检测设备。

表1-1 专业资质注册监理工程师人数配备表 (单位:人)

序号	工程类别	甲级	乙级	丙级
1	房屋建设工程	15	10	5
2	冶炼工程	15	10	
3	矿山工程	20	12	
4	化工石油工程	15	10	
5	水利水电工程	20	12	5
6	电力工程	15	10	
7	农林工程	15	10	
8	铁路工程	23	14	
9	公路工程	20	12	5
10	港口与航道工程	20	12	
11	航天航空工程	20	12	
12	通信工程	20	12	
13	市政公用工程	15	10	5
14	机电安装工程	15	10	

注:表中各专业资质注册监理工程师人数配备是指企业取得本专业工程类别注册的注册监理工程师人数。

4）监理专业工程类别和等级

监理专业工程有房屋建设工程、冶炼工程、矿山工程等 14 个类别。每个类别一般分为 3 个等级，如表 1－2 所示。

表 1－2　专业工程类别和等级表

序号	工程类别		一级	二级	三级
1	房屋建设工程	一般公共建筑	28 层以上；36 m 跨度以上（轻钢结构除外）；单项工程建筑面积 3 万 m^2 以上	14～28 层；24～36 m 跨度（轻钢结构除外）；单项工程建筑面积 1 万～3 万 m^2	14 层以下；24 m 跨度以下（轻钢结构除外）；单项工程建筑面积 1 万 m^2 以下
		高耸构筑工程	高度 120 m 以上	高度 70～120 m	高度 70 m 以下
		住宅工程	小区建筑面积 12 万 m^2 以上；单项工程 28 层以上	建筑面积 6 万～12 万 m^2；单项工程 14～28 层	建筑面积 6 万 m^2 以下；单项工程 14 层以下
2	冶炼工程	钢铁冶炼、连铸工程	年产 100 万 t 以上；单座高炉炉容 1 250 m^3 以上；单座公称容量转炉 100 t 以上；电炉 50 t 以上；连铸年产 100 万 t 以上或板坯连铸单机 1 450 mm 以上	年产 100 万 t 以下；单座高炉炉容 1 250 m^3 以下；单座公称容量转炉 100 t 以下；电炉 50 t 以下；连铸年产 100 万 t 以下或板坯连铸单机 1 450 mm 以下	
		轧钢工程	热轧年产 100 万 t 以上，装备连续、半连续轧机；冷轧带板年产 100 万 t 以上，冷轧线材年产 30 万 t 以上或装备连续、半连续轧机	热轧年产 100 万 t 以下，装备连续、半连续轧机；冷轧带板年产 100 万 t 以下，冷轧线材年产 30 万 t 以下或装备连续、半连续轧机	
		冶炼辅助工程	炼焦工程年产 50 万 t 以上或炭化室高度 4.3 m 以上；单台烧结机 100 m^2 以上；小时制氧 300 m^3 以上	炼焦工程年产 50 万 t 以下或炭化室高度 4.3 m 以下；单台烧结机 100 m^2 以下；小时制氧 300 m^3 以下	
		有色冶炼工程	有色冶炼年产 10 万 t 以上；有色金属加工年产 5 万 t 以上；氧化铝工程 40 万 t 以上	有色冶炼年产 10 万 t 以下；有色金属加工年产 5 万 t 以下；氧化铝工程 40 万 t 以下	
		建材工程	水泥日产 2 000 t 以上；浮化玻璃日熔量 400 t 以上；池窑拉丝玻璃纤维、特种纤维；特种陶瓷生产线工程	水泥日产 2 000 t 以下；浮化玻璃日熔量 400 t 以下；普通玻璃生产线；组合炉拉丝玻璃纤维；非金属材料、玻璃钢、耐火材料、建筑及卫生陶瓷厂工程	

（续表）

序号	工程类别		一级	二级	三级
3	矿山工程	煤矿工程	年产120万t以上的井工矿工程；年产120万t以上的洗选煤工程；深度800 m以上的立井井筒工程；年产400万t以上的露天矿山工程	年产120万t以下的井工矿工程；年产120万t以下的洗选煤工程；深度800 m以下的立井井筒工程；年产400万t以下的露天矿山工程	
		冶金矿山工程	年产100万t以上的黑色矿山采选工程；年产100万t以上的有色砂矿采、选工程；年产60万t以上的有色脉矿采、选工程	年产100万t以下的黑色矿山采选工程；年产100万t以下的有色砂矿采、选工程；年产60万t以下的有色脉矿采、选工程	
		化工矿山工程	年产60万t以上的磷矿、硫铁矿工程	年产60万t以下的磷矿、硫铁矿工程	
		铀矿工程	年产10万t以上的铀矿；年产200 t以上的铀选冶	年产10万t以下的铀矿；年产200 t以下的铀选冶	
		建材类非金属矿工程	年产70万t以上的石灰石矿；年产30万t以上的石膏矿、石英砂岩矿	年产70万t以下的石灰石矿；年产30万t以下的石膏矿、石英砂岩矿	
4	化工石油工程	油田工程	原油处理能力150万t/a以上、天然气处理能力150万m^3/d以上、产能50万t以上及配套设施	原油处理能力150万t/a以下、天然气处理能力150万m^3/d以下、产能50万t以下及配套设施	
		油气储运工程	压力容器8 MPa以上；油气储罐10万m^3/台以上；长输管道120 km以上	压力容器8 MPa以下；油气储罐10万m^3/台以下；长输管道120 km以下	
		炼油化工工程	原油处理能力在500万t/a以上的一次加工及相应二次加工装置和后加工装置	原油处理能力在500万t/a以下的一次加工及相应二次加工装置和后加工装置	
		基本原材料工程	年产30万t以上的乙烯工程；年产4万t以上的合成橡胶、合成树脂及塑料和化纤工程	年产30万t以下的乙烯工程；年产4万t以下的合成橡胶、合成树脂及塑料和化纤工程	
		化肥工程	年产20万t以上合成氨及相应后加工装置；年产24万t以上磷氨工程	年产20万t以下合成氨及相应后加工装置；年产24万t以下磷氨工程	
		酸碱工程	年产硫酸16万t以上；年产烧碱8万t以上；年产纯碱40万t以上	年产硫酸16万t以下；年产烧碱8万t以下；年产纯碱40万t以下	

（续表）

序号	工程类别		一级	二级	三级
4	化工石油工程	轮胎工程	年产30万套以上	年产30万套以下	
		核化工及加工工程	年产1 000 t以上的铀转换化工工程；年产100 t以上的铀浓缩工程；总投资10亿元以上的乏燃料后处理工程；年产200 t以上的燃料元件加工工程；总投资5 000万元以上的核技术及同位素应用工程	年产1 000 t以下的铀转换化工工程；年产100 t以下的铀浓缩工程；总投资10亿元以下的乏燃料后处理工程；年产200 t以下的燃料元件加工工程；总投资5 000万元以下的核技术及同位素应用工程	
		医药及其他化工工程	总投资1亿元以上	总投资1亿元以下	
5	水利水电工程	水库工程	总库容1亿 m^3 以上	总库容1 000万～1亿 m^3	总库容1 000万 m^3 以下
		水力发电站工程	总装机容量300 MW以上	总装机容量50～300 MW	总装机容量50 MW以下
		其他水利工程	引调水堤防等级1级；灌溉排涝流量5 m^3/s 以上；河道整治面积30万亩以上；城市防洪城市人口50万人以上；围垦面积5万亩以上；水土保持综合治理面积1 000 km^2 以上	引调水堤防等级2、3级；灌溉排涝流量0.5～5 m^3/s；河道整治面积3万～30万亩；城市防洪城市人口20万～50万人；围垦面积0.5万～5万亩；水土保持综合治理面积100～1 000 km^2	引调水堤防等级4、5级；灌溉排涝流量0.5 m^3/s 以下；河道整治面积3万亩以下；城市防洪城市人口20万人以下；围垦面积0.5万亩以下；水土保持综合治理面积100 km^2 以下
6	电力工程	火力发电站工程	单机容量30万kW以上	单机容量30万kW以下	
		输变电工程	330 kV以上	330 kV以下	
		核电工程	核电站；核反应堆工程		
7	农林工程	林业局(场)总体工程	面积35万公顷以上	面积35万公顷以下	
		林产工业工程	总投资5 000万元以上	总投资5 000万元以下	
		农业综合开发工程	总投资3 000万元以上	总投资3 000万元以下	
		种植业工程	2万亩以上或总投资1 500万元以上	2万亩以下或总投资1 500万元以下	
		兽医/畜牧工程	总投资1 500万元以上	总投资1 500万元以下	

(续表)

序号	工程类别		一级	二级	三级
7	农林工程	渔业工程	渔港工程总投资3 000万元以上;水产养殖等其他工程总投资1 500万元以上	渔港工程总投资3 000万元以下;水产养殖等其他工程总投资1 500万元以下	
		设施农业工程	设施园艺工程1公顷以上;农产品加工等其他工程总投资1 500万元以上	设施园艺工程1公顷以下;农产品加工等其他工程总投资1 500万元以下	
		核设施退役及放射性三废处理处置工程	总投资5 000万元以上	总投资5 000万元以下	
8	铁路工程	铁路综合工程	新建、改建一级干线;单线铁路40 km以上;双线30 km以上及枢纽	单线铁路40 km以下;双线30 km以下;二级干线及站线;专用线、专用铁路	
		铁路桥梁工程	桥长500 m以上	桥长500 m以下	
		铁路隧道工程	单线3 000 m以上;双线1 500 m以上	单线3 000 m以下;双线1 500 m以下	
		铁路通信、信号、电力电气化工程	新建、改建铁路(含枢纽、配、变电所、分区亭)单双线200 km及以上	新建、改建铁路(不含枢纽、配、变电所、分区亭)单双线200 km及以下	
9	公路工程	公路工程	高速公路	高速公路路基工程及一级公路	一级公路路基工程及二级以下各级公路
		公路桥梁工程	独立大桥工程;特大桥总长1 000 m以上或单跨跨径150 m以上	大桥、中桥桥梁总长30～1 000 m或单跨跨径20～150 m	小桥总长30 m以下或单跨跨径20 m以下;涵洞工程
		公路隧道工程	隧道长度1 000 m以上	隧道长度500～1 000 m	隧道长度500 m以下
		其他工程	通讯、监控、收费等机电工程,高速公路交通安全设施、环保工程和沿线附属设施	一级公路交通安全设施、环保工程和沿线附属设施	二级及以下公路交通安全设施、环保工程和沿线附属设施
10	港口与航道工程	港口工程	集装箱、杂件、多用途等沿海港口工程20 000 t级以上;散货、原油沿海港口工程30 000 t级以上;1 000 t级以上内河港口工程	集装箱、杂件、多用途等沿海港口工程20 000 t级以下;散货、原油沿海港口工程30 000 t级以下;1 000 t级以下内河港口工程	
		通航建筑与整治工程	1 000 t级以上	1 000 t级以下	

（续表）

序号	工程类别		一级	二级	三级
10	港口与航道工程	航道工程	通航 30 000 t 级以上船舶沿海复杂航道；通航 1 000 t 级以上船舶的内河航运工程项目	通航 30 000 t 级以下船舶沿海航道；通航 1 000 t 级以下船舶的内河航运工程项目	
		修造船水工工程	10 000 t 位以上的船坞工程；船体重量 5 000 t 位以上的船台、滑道工程	10 000 t 位以下的船坞工程；船体重量 5 000 t 位以下的船台、滑道工程	
		防波堤、导流堤等水工工程	最大水深 6 m 以上	最大水深 6 m 以下	
		其他水运工程项目	建安工程费 6 000 万元以上的沿海水运工程项目；建安工程费 4 000 万元以上的内河水运工程项目	建安工程费 6 000 万元以下的沿海水运工程项目；建安工程费 4 000 万元以下的内河水运工程项目	
11	航天航空工程	民用机场工程	飞行区指标为 4E 及以上及其配套工程	飞行区指标为 4D 及以下及其配套工程	
		航空飞行器	航空飞行器（综合）工程总投资 1 亿元以上；航空飞行器（单项）工程总投资 3 000 万元以上	航空飞行器（综合）工程总投资 1 亿元以下；航空飞行器（单项）工程总投资 3 000 万元以下	
		航天空间飞行器	工程总投资 3 000 万元以上；面积 3 000 m^2 以上；跨度 18 m 以上	工程总投资 3 000 万元以下；面积 3 000 m^2 以下；跨度 18 m 以下	
12	通信工程	有线、无线传输通信工程，卫星、综合布线	省际通信、信息网络工程	省内通信、信息网络工程	
		邮政、电信、广播枢纽及交换工程	省会城市邮政、电信枢纽	地市级城市邮政、电信枢纽	
		发射台工程	总发射功率 500 kW 以上短波或 600 kW 以上中波发射台；高度 200 m 以上广播电视发射塔	总发射功率 500 kW 以下短波或 600 kW 以下中波发射台；高度 200 m 以下广播电视发射塔	

（续表）

序号	工程类别		一级	二级	三级
13	市政公用工程	城市道路工程	城市快速路、主干路，城市互通式立交桥及单孔跨径 100 m 以上桥梁；长度 1 000 m以上的隧道工程	城市次干路工程，城市分离式立交桥及单孔跨径 100 m 以下的桥梁；长度 1 000 m 以下的隧道工程	城市支路工程、过街天桥及地下通道工程
		给水排水工程	10 万 t/d 以上的给水厂；5 万 t/d 以上污水处理工程；3 m^3/s 以上的给水、污水泵站；15 m^3/s 以上的雨泵站；直径 2.5 m 以上的给排水管道	2 万～10 万 t/d 的给水厂；1 万～5 万 t/d 污水处理工程；1～3 m^3/s 的给水、污水泵站；5～15 m^3/s 的雨泵站；直径 1～2.5 m 的给水管道；直径 1.5～2.5 m 的排水管道	2 万 t/d 以下的给水厂；1 万 t/d 以下污水处理工程；1 m^3/s 以下的给水、污水泵站；5 m^3/s 以下的雨泵站；直径 1 m 以下的给水管道；直径 1.5 m 以下的排水管道
		燃气热力工程	总储存容积 1 000 m^3 以上液化气贮罐场（站）；供气规模 15 万 m^3/d 以上的燃气工程；中压以上的燃气管道、调压站；供热面积 150 万 m^2 以上的热力工程	总储存容积 1 000 m^3 以下的液化气贮罐场（站）；供气规模 15 万 m^3/d 以下的燃气工程；中压以下的燃气管道、调压站；供热面积 50 万～150 万 m^2 的热力工程	供热面积 50 万 m^2 以下的热力工程
		垃圾处理工程	1 200 t/d 以上的垃圾焚烧和填埋工程	500～1 200t/d 的垃圾焚烧及填埋工程	500 t/d 以下的垃圾焚烧及填埋工程
		地铁轻轨工程	各类地铁轻轨工程		
		风景园林工程	总投资 3 000 万元以上	总投资 1 000 万～3 000 万元	总投资 1 000 万元以下
14	机电安装工程	机械工程	总投资 5 000 万元以上	总投资 5 000 万以下	
		电子工程	总投资 1 亿元以上；含有净化级别 6 级以上的工程	总投资 1 亿元以下；含有净化级别 6 级以下的工程	
		轻纺工程	总投资 5 000 万元以上	总投资 5 000 万元以下	
		兵器工程	建安工程费 3 000 万元以上的坦克装甲车辆、炸药、弹箭工程；建安工程费 2 000万元以上的枪炮、光电工程；建安工程费 1 000 万元以上的防化民爆工程	建安工程费 3 000 万元以下的坦克装甲车辆、炸药、弹箭工程；建安工程费 2 000万元以下的枪炮、光电工程；建安工程费 1 000 万元以下的防化民爆工程	
		船舶工程	船舶制造工程总投资 1 亿元以上；船舶科研、机械、修理工程总投资 5 000 万元以上	船舶制造工程总投资 1 亿元以下；船舶科研、机械、修理工程总投资 5 000 万元以下	
		其他工程	总投资 5 000 万元以上	总投资 5 000 万元以下	

5）监理企业的资质管理

申请综合资质、专业甲级资质的，应当向企业工商注册所在地的省、自治区、直辖市人民政府建设主管部门提出申请。省、自治区、直辖市人民政府建设主管部门应当自受理申请之日起 20 日内初审完毕，并将初审意见和申请材料报国务院建设主管部门。国务院建设主管部门应当自省、自治区、直辖市人民政府建设主管部门受理申请材料之日起 60 日内完成审查，公示审查意见，公示时间为 10 日。其中，涉及铁路、交通、水利、通信、民航等专业工程监理资质的，由国务院建设主管部门送国务院有关部门审核。国务院有关部门应当在 20 日内审核完毕，并将审核意见报国务院建设主管部门。国务院建设主管部门根据初审意见审批。

专业乙级、丙级资质和事务所资质由企业所在地省、自治区、直辖市人民政府建设主管部门审批。延续的实施程序由省、自治区、直辖市人民政府建设主管部门依法确定。省、自治区、直辖市人民政府建设主管部门应当自作出决定之日起 10 日内，将准予资质许可的决定报国务院建设主管部门备案。

县级以上人民政府建设主管部门和其他有关部门应当依照有关法律、法规和规定，加强对工程监理企业资质的监督管理。

工程监理企业违法从事工程监理活动的，违法行为发生地的县级以上地方人民政府建设主管部门应当依法查处，并将违法事实、处理结果或处理建议及时报告该工程监理企业资质的许可机关。工程监理企业取得工程监理企业资质后不再符合相应资质条件的，资质许可机关根据利害关系人的请求或者依据职权，可以责令其限期改正；逾期不改的，可以撤回其资质。

有下列情形之一的，资质许可机关或者其上级机关，根据利害关系人的请求或者依据职权，可以撤销工程监理企业资质：

① 资质许可机关工作人员滥用职权、玩忽职守作出准予工程监理企业资质许可的；

② 超越法定职权作出准予工程监理企业资质许可的；

③ 违反资质审批程序作出准予工程监理企业资质许可的；

④ 对不符合许可条件的申请人作出准予工程监理企业资质许可的；

⑤ 依法可以撤销资质证书的其他情形，即以欺骗、贿赂等不正当手段取得工程监理企业资质证书的，应当予以撤销。

有下列情形之一的，工程监理企业应当及时向资质许可机关提出注销资质的申请，交回资质证书，国务院建设主管部门应当办理注销手续，公告其资质证书作废：

① 资质证书有效期届满，未依法申请延续的；

② 工程监理企业依法终止的；

③ 工程监理企业资质依法被撤销、撤回或吊销的；

④ 法律、法规规定的应当注销资质的其他情形。

2. 监理企业的业务范围

监理企业必须在核定的监理范围内从事监理活动，不得擅自越级承接建设监理业务。工程监理企业资质相应许可的业务范围如下：

(1) 综合资质

可以承担所有专业工程类别建设工程项目的工程监理业务。

(2) 专业资质

专业甲级资质，可承担相应专业工程类别建设工程项目的工程监理业务；专业乙级资质可承担相应专业工程类别二级以下(含二级)建设工程项目的工程监理业务；专业丙级资质可承担相应专业工程类别三级建设工程项目的工程监理业务。

(3) 事务所资质

可承担三级建设工程项目的工程监理业务。但是,国家规定必须实行强制监理的工程除外。

工程监理企业可以开展相应类别建设工程的项目管理、技术咨询等业务。

3. 监理企业经营活动的内容

监理企业经营活动内容如表 1-3 所列,目前主要是施工阶段监理。

表 1-3 建设工程监理与相关服务的主要工作内容

服务阶段	具体服务范围构成	备注
勘察阶段	协助发包人编制勘察要求、选择勘察单位,核查勘察方案并监督实施和进行相应的控制,参与验收勘察成果。	建设工程勘察、设计、施工、保修等阶段监理与相关服务的具体内容执行国家、行业有关规范、规定。
设计阶段	协助发包人编制设计要求、选择设计单位,组织评选设计方案,对各设计单位进行协调管理,监督合同履行,审查设计进度计划并监督实施,核查设计大纲和设计深度、使用技术规范合理性,提出设计评估报告(包括各阶段设计的核查意见和优化建议),协助审核设计概算。	
施工阶段	施工过程中的质量、进度、费用控制,安全生产监督管理、合同、信息等方面的协调管理。	
保修阶段	检查和记录工程质量缺陷,对缺陷原因进行调查分析并确定责任归属,审核修复方案,监督修复过程并验收,审核修复费用。	

4. 工程建设监理费

(1) 监理费的构成

作为企业,监理企业要负担必要的支出,监理企业的活动应达到收支平衡,且略有节余。所以,概括地说,监理费的构成是指监理企业在工程项目建设监理活动中所需要的全部成本(包括直接成本和间接成本),再加上应交纳的税金和合理的利润。

1) 直接成本。直接成本是指监理企业在完成某项具体监理业务中所发生的成本。主要包括:

① 监理人员和监理辅助人员的工资、津贴、附加工资、奖金等;

② 用于监理人员和监理辅助人员的其他专项开支,包括差旅费、补助费、书报费、医疗费等;

③ 用于监理工作办公设施的购置、使用费和检测仪器购置、使用费;

④ 所需的其他外部服务支出。

2) 间接成本。间接成本亦称日常管理费,包括全部业务经营开支和非工程项目监理的特定开支。主要有:

① 管理人员、行政人员、后勤服务人员的工资,包括津贴、附加工资、奖金等。

② 经营业务费,包括为招揽监理业务而产生的广告费、宣传费、投标费、有关契约或合同的公证费和鉴证费等活动经费;

③ 办公费,包括办公用具、用品购置费,通讯、邮寄费,交通费,办公室及相关设施的使用(或租用)费、维修费以及会议费、差旅费等;

④ 其他固定资产及常用工、器具和设备的使用费;

⑤ 垫支资金贷款利息；

⑥ 业务培训费，图书、资料购置费等教育经费；

⑦ 新技术开发、研制、试用费；

⑧ 咨询费、专用技术使用费；

⑨ 职工福利费、劳动保护费；

⑩ 工会等职工组织活动经费；

⑪ 其他行政活动经费，如职工文化活动经费等；

⑫ 企业领导基金和其他营业外支出。

3）税金。税金是指按照国家规定，监理企业应缴纳的各种税金总额，如营业税、所得税等。

4）利润。利润是指监理企业的监理活动收入扣除直接成本、间接成本和各种税金之后的余额。由于监理企业是一个高智能群体，监理是一种高智能的技术服务，所以监理企业的利润应当高于社会平均利润。

（2）监理费的计算方法

1）监理费的内容。建设工程监理与相关服务是指监理人接受发包人的委托，提供建设工程施工阶段的质量、进度、费用控制管理和安全生产监督管理、合同、信息等方面协调管理服务，以及勘察、设计、保修等阶段的相关服务。建设工程监理与相关服务收费包括建设工程施工阶段的工程监理（以下简称“施工监理”）服务收费和勘察、设计、保修等阶段的相关服务（以下简称“其他阶段的相关服务”）收费。

2）监理费的计费。铁路、水运、公路、水电、水库工程的施工监理服务收费按建筑安装工程费分档定额计费方式计算收费。其他工程的施工监理服务收费按照建设项目工程概算投资额分档定额计费方式计算收费。

施工监理服务收费按照下列公式计算：

① 施工监理服务收费＝施工监理服务收费基准价×(1＋浮动幅度值)

② 施工监理服务收费基准价＝施工监理服务收费基价×专业调整系数×工程复杂程度调整系数×高程调整系数

其中，施工监理服务收费基价是完成国家法律法规、规范规定的施工阶段监理基本服务内容的价格。施工监理服务收费基价按《施工监理服务收费基价表》（表1-4）确定，计费额处于两个数值区间的，采用直线内插法确定施工监理服务收费基价。施工监理服务收费基准价是按照收费标准规定的基价和上式计算出的施工监理服务基准收费额，发包人与监理人根据项目的实际情况，在规定的浮动幅度范围内协商确定施工监理服务收费合同额。

表1-4　施工监理服务收费基价表　（单元：万元）

序号	计费额	收费基价
1	500	16.5
2	1 000	30.1
3	3 000	78.1
4	5 000	120.8

（续表）

序号	计费额	收费基价
5	8 000	181.0
6	10 000	218.6
7	20 000	393.4
8	40 000	708.2
9	60 000	991.4
10	80 000	1 255.8
11	100 000	1 507.0
12	200 000	2 712.5
13	400 000	4 882.6
14	600 000	6 835.6
15	800 000	8 658.4
16	1 000 000	10 390.1

注：计费额大于 1 000 000 万元的，以计费额乘以 1.039%的收费率计算收费基价。其他未包含的其收费由双方协商议定。

施工监理服务收费的计费额。施工监理服务收费是以建设项目工程概算投资额分档定额计费方式收费的，其计费额为工程概算中的建筑安装工程费、设备购置费和联合试运转费之和，即工程概算投资额。对设备购置费和联合试运转费占工程概算投资额 40%以上的工程项目，其建筑安装工程费全部计入计费额，设备购置费和联合试运转费按 40%的比例计入计费额。但其计费额不应小于建筑安装工程费与其相同且设备购置费和联合试运转费等于工程概算投资额 40%的工程项目的计费额。

工程中有利用原有设备并进行安装调试服务的，以签订工程监理合同时同类设备的当期价格作为施工监理服务收费的计费额；工程中有缓配设备的，应扣除签订工程监理合同时同类设备的当期价格作为施工监理服务收费的计费额；工程中有引进设备的，按照购进设备的离岸价格折换成人民币作为施工监理服务收费的计费额。

施工监理服务收费以建筑安装工程费分档定额计费方式收费的，其计费额为工程概算中的建筑安装工程费。

作为施工监理服务收费计费额的建设项目工程概算投资额或建筑安装工程费均指每个监理合同中约定的工程项目范围的投资额。

施工监理服务收费调整系数包括：专业调整系数、工程复杂程度调整系数和高程调整系数。

① 专业调整系数是对不同专业建设工程的施工监理工作复杂程度和工作量差异进行调整的系数。计算施工监理服务收费时，专业调整系数在《施工监理服务收费专业调整系数表》（表 1－5）中查找确定。

② 工程复杂程度调整系数是对同一专业建设工程的施工监理复杂程度和工作量差异

进行调整的系数。工程复杂程度分为一般、较复杂和复杂三个等级，其调整系数分别为：一般（Ⅰ级）为0.85；较复杂（Ⅱ级）为1.0；复杂（Ⅲ级）为1.15。计算施工监理服务收费时，工程复杂程度在相应的《工程复杂程度表》中查找确定。建筑、人防、市政公用工程、园林绿化工程范围复杂程度如表1-6、表1-7所列。

③ 高程调整系数如下：海拔高程2 001 m以下的为1；海拔高程2 001～3 000 m为1.1；海拔高程3 001～3500 m为1.2；海拔高程3 501～4 000 m为1.3；海拔高程4 001 m以上的，高程调整系数由发包人和监理人协商确定。

发包人将施工监理服务中的某一部分工作单独发包给监理人，按照其占施工监理服务工作量的比例计算施工监理服务收费，其中质量控制和安全生产监督管理服务收费不宜低于施工监理服务收费总额的70%。

建设工程项目施工监理服务由2个或者2个以上监理人承担的，各监理人按照其占施工监理服务工作量的比例计算施工监理服务收费。发包人委托其中一个监理人对建设工程项目施工监理服务总负责的，该监理人按照各监理人合计监理服务收费的4%～6%向发包人加收总体协调费。

表1-5　施工监理服务收费专业调整系数表

	工程类型	专业调整系数
1	矿山采选工程	
	黑色、有色、黄金、化学、非金属及其他矿采选工程	0.9
	选煤及其他煤炭工程	1.0
	矿井工程、铀矿采选工程	1.1
2	加工冶炼工程	
	冶炼工程	0.9
	船舶水工工程	1.0
	各类加工	1.0
	核加工工程	1.2
3	石油化工工程	
	石油工程	0.9
	化工、石化、化纤、医药工程	1.0
	核化工工程	1.2
4	水利电力工程	
	风力发电、其他水利工程	0.9
	火电工程、送变电工程	1.0
	核能、水电、水库工程	1.2

（续表）

	工程类型	专业调整系数
5	交通运输工程	
	机场场道、助航灯光工程	0.9
	铁路、公路、城市道路、轻轨及机场空管工程	1.0
	水运、地铁、桥梁、隧道、索道工程	1.1
6	建筑市政工程	
	园林绿化工程	0.8
	建筑、人防、市政公用工程	1.0
	邮政、电信、广电电视工程	1.0
7	农业林业工程	
	农业工程	0.9
	林业工程	0.9

表 1－6　建筑、人防工程复杂程度表

等级	工程特征
Ⅰ级	1. 高度＜24 m 的公共建筑和住宅工程； 2. 跨度＜24 m 厂房和仓储建设工程； 3. 室外工程及简单的配套用房； 4. 高度＜70 m 的高耸构筑物。
Ⅱ级	1. 24 m≤高度＜50 m 的公共建设工程； 2. 24 m≤跨度＜36 m 厂房和仓储建设工程； 3. 高度≥24 m 的住宅工程； 4. 仿古建筑，一般标准的古建筑、保护性建筑以及地下建设工程； 5. 装饰、装修工程； 6. 防护级别为四级及以下的人防工程； 7. 70 m≤高度＜120 m 的高耸构筑物。
Ⅲ级	1. 高度≥50 m 的公共建设工程，或跨度≥36 m 的厂房和仓储建设工程； 2. 高标准的古建筑、保护性建筑； 3. 防护级别为四级以上的人防工程； 4. 高度≥120 m 的高耸构筑物。

表 1－7　市政公用、园林绿化工程复杂程度表

等级	工程特征
Ⅰ级	1. DN＜1.0 m 的给排水地下管线工程； 2. 小区内燃气管道工程； 3. 小区供热管网工程，小于 2 MW 的小型换热站工程； 4. 小型垃圾中转站，简易堆肥工程。

（续表）

等级	工程特征
Ⅱ级	1. DN≥1.0 m的给排水地下管线工程；＜3 m/s的给水、污水泵站；＜10万t/d给水厂工程，＜5万t/d污水处理厂工程； 2. 城市中、低压燃气管网(站)，＜1 000 m液化气贮灌场(站)； 3. 锅炉房，城市供热管理网工程，≥2 MW换热站工程； 4. ≥100 t/d的垃圾中转站，垃圾填埋场； 5. 园林绿化工程。
Ⅲ级	1. ≥3 m/s的给水、污水泵站；≥10万t/d给水厂工程，≥5万t/d污水处理厂工程； 2. 城市高压燃气管网(站)，≥1 000 m液化气贮灌场(站)； 3. 垃圾焚烧工程； 4. 海底排污管线，海水取排水、淡化及处理工程。

1.2.2　项目监理机构

项目监理机构是指监理单位派驻工程项目负责履行委托监理合同的组织机构。

监理企业通过招标投标方式取得工程建设监理任务，监理企业与项目法人签订书面建设工程委托监理合同后，一般组建项目监理组织。项目监理组织一般由总监理工程师、专业或子项监理工程师和其他监理人员组成。工程项目建设监理实行总监理工程师负责制。总监理工程师行使合同赋予监理企业的权限，全面负责委托的监理工作。总监理工程师在授权范围内发布有关指令，签认所监理的工程项目有关款项的支付凭证，并有权建议撤换不合格的分包单位和项目负责人及有关人员。项目监理组织成立后一般工作内容有：收集有关资料，熟悉情况，编制项目监理规划；按工程建设进度，分专业编制工程建设监理细则；根据项目监理规划和监理细则开展工程建设监理活动；参与工程预验收并签署试验、化验报告等。

1. 项目监理的组织形式

项目监理组织形式的设计，应遵循集中与分权统一、专业分工与协作统一、管理跨度与分层统一、权责一致、才职相称、效率和弹性的原则。同时，还应考虑工程项目的特点、工程项目承发包模式、业主委托的任务以及监理企业自身的条件。常用的项目监理组织形式有直线制、职能制、直线职能制和矩阵制。

(1) 直线制监理组织

这种组织形式是最简单的，它的特点是组织中各种职位是按垂直系统直线排列的。它适用于监理项目能划分为若干相对独立子项的大、小型建设项目，如图1-1所示。总监理工程师负责整个项目的规划、组织和指导，并着重整个项目范围内各方面的协调工作。子项目监理组分别负责子项目的目标值控制，具体领导现场专业或专项监理组的工作。

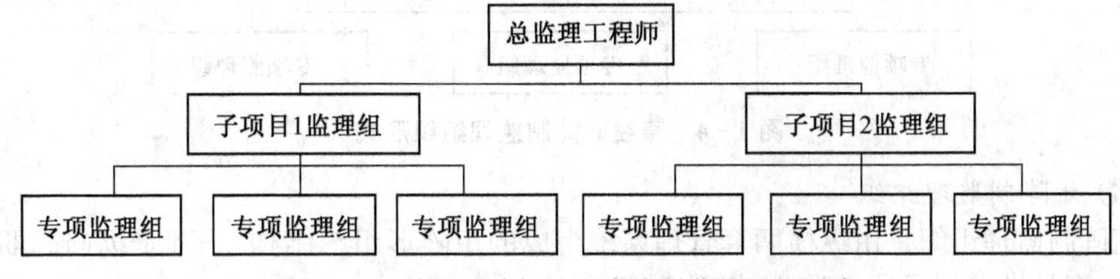

图1-1　按子项分解设立直线制监理组织形式

还可按建设阶段分解设立直线制监理组织形式，如图 1－2 所示。此种形式适用于大、中型以上项目，且承担包括设计和施工的全过程工程建设监理任务。这种组织形式的主要优点是机构简单、权力集中、命令统一、职责分明、决策迅速、隶属关系明确。缺点是实行没有职能机构的“个人管理”，这就要求总监理工程师通晓各种业务和多种知识技能，成为“全能”式人物。

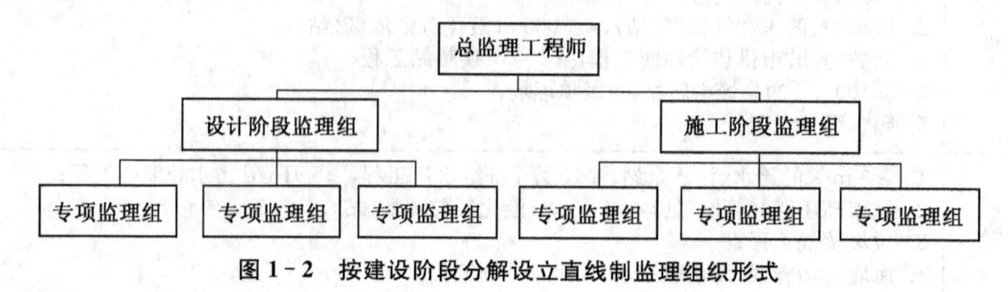

图 1－2　按建设阶段分解设立直线制监理组织形式

（2）职能制监理组织

职能制的监理组织形式，是在总监理工程师下设一些职能机构，分别从职能角度对基层监理组进行业务管理，这些职能机构可以在总监理工程师授权的范围内，就其主管的业务范围，向下下达命令和指示，如图 1－3 所示。此种形式适用于工程项目在地理位置上相对集中的工程。这种组织形式的主要优点是目标控制分工明确，能够发挥职能机构的专业管理作用，专家参加管理，提高管理效率，减轻总监理工程师负担。缺点是多头领导，易造成职责不清。

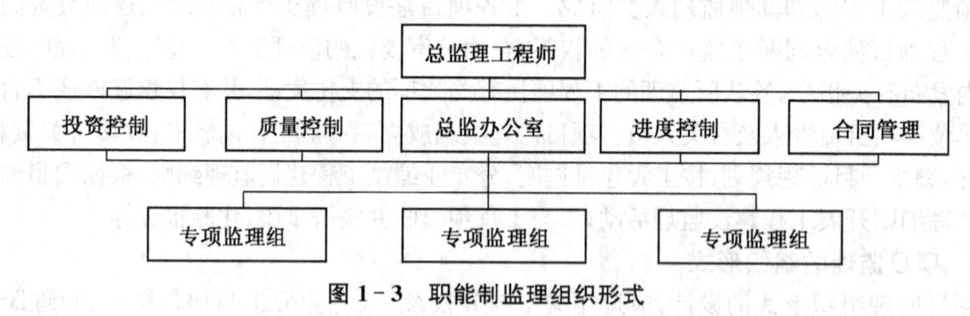

图 1－3　职能制监理组织形式

（3）直线职能制监理组织

直线职能制的监理组织形式是吸收了直线制组织形式和职能制组织形式的优点而形成的一种组织形式，如图 1－4 所示。这种形式的主要优点是集中领导、职责清楚，有利于提高办事效率。缺点是职能部门与指挥部门易产生矛盾，信息传递路线长，不利于互通情报。

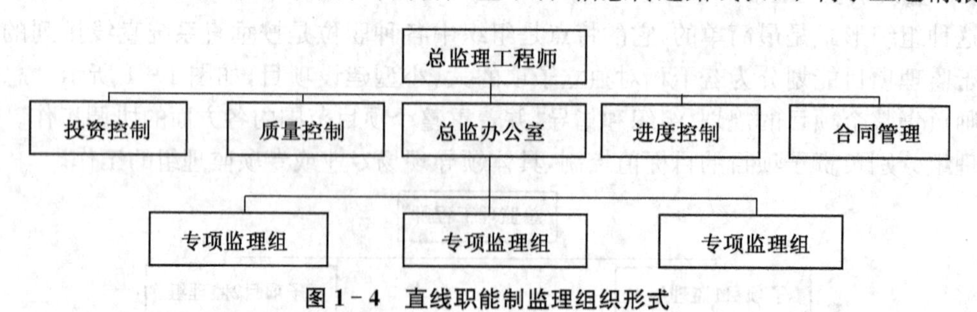

图 1－4　直线职能制监理组织形式

（4）矩阵制监理组织

矩阵制监理组织是由纵横两套管理系统组成的矩阵形组织结构，一套是纵向的职能系统，另一套是横向的子项目系统，如图 1－5 所示。

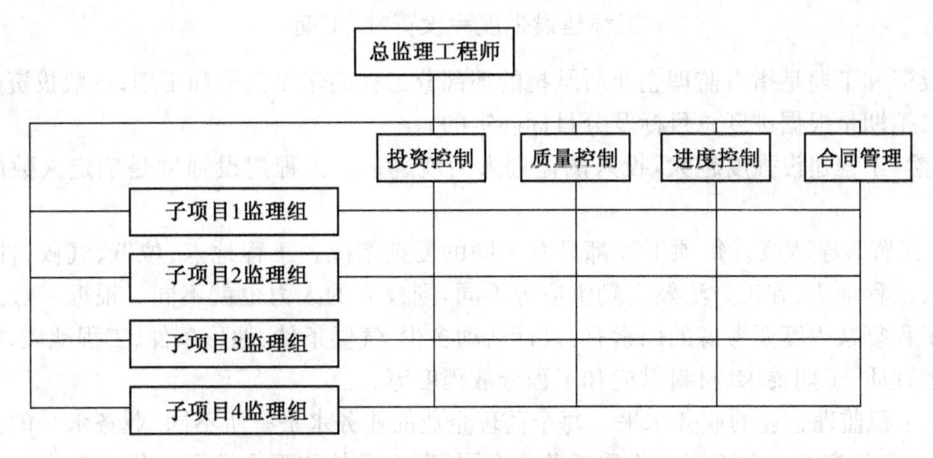

图1-5　矩阵制监理组织形式

这种形式的优点是加强了各职能部门的横向联系，具有较大的机动性和适应性；将上下左右集权与分权实行最优的结合，有利于解决复杂难题，有利于监理人员业务能力的培养。缺点是纵横向协调工作量大，处理不当会造成扯皮现象，产生矛盾。

2. 项目监理组织的人员配备

(1) 监理人员配备应考虑的因素

监理组织人员的配备一般应考虑专业结构、人员层次、工程建设强度、工程复杂程度和监理企业的业务水平。

1) 专业结构。项目监理组专业结构应针对监理项目的性质和委托监理合同进行设置。专业人员的配备要与所承担的监理任务相适应。在监理人员数量确定的情况下，应根据所承担的监理任务做适当调整，保证监理组织结构与任务职能分工的要求得到满足。

2) 人员层次。监理人员根据其技术职称分为高、中、低级三个层次，合理的人员层次结构有利于管理和分工。监理人员层次结构的分工如图1-6所示。根据经验，一般高、中、低人员配备比例大约为10%、60%、20%，此外还有10%左右为行政管理人员。

监理组织层次		主要职能	要求对应的技术职称
项目监理部	总监理工程师、专业监理工程师	项目监理的策划 项目监理实施的组织与协调	高级
子项监理组	子项监理工程师、专业监理工程师	具体组织子项监理业务	中级
现场监理员	质监员、计量员、预算员、计划员等	监理实务的执行与作业	初级

图1-6　监理人员层次结构的分工

3) 工程建设强度。工程建设强度是指单位时间内投入的工程建设资金的数量。它是衡量一项工程紧张程度的标准。

工程建设强度＝投资额/工期

其中，投资和工期是指由监理企业所承担的那部分工程的建设投资和工期；一般投资额是按合同价；工期是根据进度总目标及分目标确定的。

显然，工程建设强度越大，投入的监理人力就越多。工程建设强度是确定人数的重要因素。

4）工程复杂程度。每项工程都具有不同的复杂情况。工程地点、位置、气候、性质、空间范围、工程地质、施工方法及后勤供应等不同，则投入的人力也就不同。根据一般工程的情况，工程复杂程度要考虑的因素有：设计活动多少、气候条件、地形条件、工程地质、施工方法、工程性质、工期要求、材料供应和工程分散程度等。

5）工程监理企业的业务水平。每个监理企业的业务水平有所不同，业务水平的差异影响监理效率的高低。对于同一份委托监理合同，高水平的监理企业可以投入较少的人力去完成监理工作，而低水平的监理企业则需投入较多的人力。各监理企业应当根据自己的实际情况对监理人员数量进行适当调整。

3. 监理人员确定

（1）监理人员需要量定额。根据工程复杂程度等级按一个单位工程的建设强度来制定。

（2）确定工程建设强度。

（3）确定工程复杂程度。按构成工程复杂程度的因素，根据本工程实际情况分别打分。

（4）根据工程复杂程度和工程建设强度套定额。

（5）根据实际情况确定监理人员数量。

如某工程根据监理组织结构情况决定每个机构各类监理人员如下：

监理总部（含总监、总监助理和总监办公室）。监理工程师 2 人，监理员 2 人，行政文秘员 2 人。

子项目 1 监理组。监理工程师 4 人，监理员 12 人，行政文秘员 1 人。

子项目 2 监理组。监理工程师 3 人，监理员 11 人，行政文秘员 1 人。

1.2.3 项目监理人员

1. 监理人员

监理人员包括：

（1）监理工程师。取得国家监理工程师执业资格证书并经注册的监理人员。

（2）总监理工程师。由监理单位法定代表人书面授权，全面负责委托监理合同的履行、主持项目监理机构工作的监理工程师。

（3）总监理工程师代表。经监理单位法定代表人同意，由总监理工程师书面授权，代表总监理工程师行使其部分职责和权力的项目监理机构中的监理工程师。

（4）专业监理工程师。根据项目监理岗位职责分工和总监理工程师的指令，负责实施某一专业或某一方面的监理工作，具有相应监理文件签发权的监理工程师。

（5）监理员。经过监理业务培训，具有同类工程相关专业知识，从事具体监理工作的监理人员。

2. 监理人员配备

监理人员应包括总监理工程师、专业监理工程师和监理员，必要时可配备总监理工程师代表。

监理工程师是一种岗位职务。所谓监理工程师是指在建设工程监理工作岗位上工作，并经全国统一考试合格，又经政府注册的监理人员。它包含3层含义：第一，是从事建设工程监理工作的人员；第二，已取得全国确认的《监理工程师资格证书》；第三，经省、自治区、直辖市建委（建设厅）或由国务院工业、交通等部门的建设主管单位核准、注册，取得《监理工程师岗位证书》。当然如果监理工程师转入其他工作岗位，则不再称为监理工程师。

从事建设工程管理工作，但尚未取得《监理工程师岗位证书》的人员统称为监理员。在工作中监理员与监理工程师的区别主要在于监理工程师具有相应岗位责任的签字权，监理员没有相应岗位责任的签字权。

FIDIC文件认为监理工程师就是咨询工程师。在FIDIC文件中，监理工程师成立的条件有3个：① 必须作为咨询工程师，从业于工程咨询行业，以工程咨询为业的工程技术人员，这是作为职业监理工程师的必要条件；② 必须受业主的委托，这是依法授权成为监理工程师的充分条件；③ 以监理合同的履行为目的，这是业主委托监理工程师的根本目的。因此，监理工程师是执业资格，并不是技术职称，在一般情况下，只能称作咨询工程师，只有当业主委托之后，才能成为监理工程师。

总监理工程师应由具有3年以上同类工程监理工作经验的人员担任；总监理工程师代表应由具有2年以上同类工程监理工作经验的人员担任；专业监理工程师应由具有一年以上同类工程监理工作经验的人员担任。

项目监理机构的监理人员应专业配套、数量满足工程项目监理工作的需要。

监理单位应于委托监理合同签订后10天内将项目监理机构的组织形式、人员构成及对总监理工程师的任命书面通知建设单位。当总监理工程师需要调整时，监理单位应征得建设单位同意并书面通知建设单位；当专业监理工程师需要调整时，总监理工程师应书面通知建设单位和承包单位。

3. 监理人员的职责

（1）总监理工程师

总监理工程师是由工程监理企业法定代表人书面授权，全面负责委托监理合同的履行、主持项目监理机构工作的监理工程师。总监理工程师由具有3年以上同类工程监理经验的监理工程师担任。

我国建设工程监理实行总监理工程师负责制。在项目监理机构中，总监理工程师对外代表工程监理企业，对内负责项目监理机构的日常工作。一名总监理工程师只宜担任一项委托监理合同的项目总监理工程师工作。当需要同时担任多项委托监理合同的项目总监理工程师时，需经建设单位书面同意，且最多不得超过3项。开展监理工作时，若需要调整总监理工程师，工程监理企业应征得建设单位同意并书面通知建设单位。

总监理工程师应履行以下职责：

1）确定项目监理机构人员的分工和岗位职责；

2）主持编写项目监理规划、审批项目监理实施细则，并负责管理项目监理机构的日常工作；

3）审查分包单位的资质，并提出审查意见；

4）检查和监督监理人员的工作，根据工程项目的进展情况进行监理人员调配，对不称职的监理人员应调换其工作；

5）主持监理工作会议，签发项目监理机构的文件和指令；

6）审定承包单位提交的开工报告、施工组织设计、技术方案、进度计划；

7）审核签署承包单位的申请、支付证书和竣工结算；

8）审查和处理工程变更；

9）主持或参与工程质量事故的调查；

10）调解建设单位与承包单位的合同争议、处理索赔、审批工程延期；

11）组织编写并签发监理月报、监理工作阶段报告、专题报告和项目监理工作总结；

12）审核签认分部工程和单位工程的质量检验评定资料，审查承包单位的竣工申请，组织监理人员对待验收的工程项目进行质量检查，参与工程项目的竣工验收；

13）主持整理工程项目的监理资料。

(2) 总监理工程师代表

总监理工程师代表是经工程监理企业法定代表人同意，由总监理工程师授权，代表总监理工程师行使其部分职责和权利的项目监理机构中的监理工程师。总监理工程师代表由具有2年以上同类工程监理经验的监理工程师担任。

总监理工程师在监理工作必要时配备总监理工程师代表。

总监理工程师代表应履行以下职责：

1）负责总监理工程师指定或交办的监理工作；

2）按总监理工程师的授权，行使总监理工程师的部分职责和权力。

总监理工程师不得将下列工作委托总监理工程师代表：

1）主持编写项目监理规划、审批项目监理实施细则；

2）签发工程开工/复工报审表、工程暂停令、工程款支付证书、工程竣工报验单；

3）审核签认竣工结算；

4）调解建设单位与承包单位的合同争议、处理索赔、审批工程延期；

5）根据工程项目的进展情况进行监理人员的调配，调换不称职的监理人员。

(3) 专业监理工程师

专业监理工程师是根据项目监理岗位职责分工和总监理工程师的指令，负责实施某一专业或某一方面的监理工作，具有相应监理文件签发权的监理工程师。专业监理工程师应由具有1年以上同类工程监理经验的监理工程师担任。

监理工程师在注册时，即在《监理工程师注册证书》上注明了专业工程类别。专业监理工程师是项目监理机构中的一种岗位设置，可按工程项目的专业设置，也可按部门或某一方面的业务设置。工程项目如涉及特殊行业（如爆破工程），从事此类项目监理工作的专业监理工程师还应符合国家有关对专业人员资格的规定。开展监理工作时，如需要调整专业监理工程师，总监理工程师应书面通知建设单位和承包单位。

专业监理工程师应履行以下职责：

1）负责编制本专业的监理实施细则；

2) 负责本专业监理工作的具体实施；

3) 组织、指导、检查和监督本专业监理员的工作，当人员需要调整时，向总监理工程师提出建议；

4) 审查承包单位提交的涉及本专业的计划、方案、申请、变更，并向总监理工程师提出报告；

5) 负责本专业分项工程验收及隐蔽工程验收；

6) 定期向总监理工程师提交本专业监理工作实施情况报告，对重大问题及时向总监理工程师汇报和请示；

7) 根据本专业监理工作实施情况做好监理日记；

8) 负责本专业监理资料的收集、汇总及整理，参与编写监理月报；

9) 核查进场材料、设备、构配件的原始凭证、检测报告等质量证明文件及其质量情况，根据实际情况认为有必要时对进场材料、设备、构配件进行平行检验，合格时予以签认；

10) 负责本专业的工程计量工作，审核工程计量的数据和原始凭证。

(4) 监理员

监理员是经过监理业务培训，具有某类工程相关专业知识，从事具体监理工作的监理人员。监理员属于工程技术人员，不同于项目监理机构中的其他行政辅助人员。

监理员应履行以下职责：

1) 在专业监理工程师的指导下开展现场监理工作；

2) 检查承包单位投入工程项目的人力、材料、主要设备及其使用、运行状况，并做好检查记录；

3) 复核或从施工现场直接获取工程计量的有关数据并签署原始凭证；

4) 按设计图及有关标准，对承包单位的工艺过程或施工工序进行检查和记录，对加工制作及工序施工质量检查结果进行记录；

5) 担任旁站工作，发现问题及时指出并向专业监理工程师报告；

6) 做好监理日记和有关的监理记录。

监理工程师一经政府注册确认，监理单位就可以认命他为工程项目总监理工程师或专业监理工程师，具有对外签字权，即意味着被赋予相应责任签字权。项目监理机构的监理人员应专业配套、数量满足工程项目监理工作的需要。

工程项目监理实行总监理工程师负责制，副总监理工程师或总监理工程师代表对总监负责；主任监理工程师或专业监理负责人对副总监或总监代表负责；监理工程师对主任监理工程师或专业监理负责人负责；监理员对监理工程师负责。对于监理内部常设机构，各单位都应遵循精简、效能的原则，结合各自的特点来设置。

4. 监理工程师的素质

监理工程师要承担对整个工程项目的实施进行全面监督和管理的责任。为了适应监理工作岗位责任的需要，监理工程师应比一般工程师具有更高的素质，在国际上被视为高智能人才。其素质由下列要素构成：

(1) 要有较高的学历和广泛的理论知识

现代建设工程，投资规模巨大，要求多功能兼备，应用科技门类复杂，组织成千上万人协作的工作经常出现，如果没有深厚的现代科技理论知识、经济管理理论知识和法律知识作基础，是不可能胜任其监理工作的。对监理工程师有较高学历的要求，是保障监理工程师队伍素质的重要基础，也是向国际水平靠近所必需的。

就科技理论知识而言，在我国与建设工程有关的主干学科就有近20种，所设置的工程技术专业就有近40种。作为一个监理工程师，当然不可能学习和掌握这么多的学科和技术专业理论知识，但应要求监理工程师至少学习与掌握一种专业技术知识，也是监理工程师所必须具备的全部理论知识中的主要部分。作为科技理论知识，其中每一门类都是许多科学家理论探索、科学试验和无数生产实践所积累的成果。如果不学习与掌握前人的丰富的科学成果，单靠个人有限的时间和有限的建设工程实践，是不可能全面积累到这些科技理论知识的，也不可能正确指导现代建设工程的实践。同时，每个监理工程师，无论他掌握哪一种学科和技术专业，都必须学习与掌握有关经济、组织管理和法律等方面的理论知识。

(2) *要有丰富的建设工程实践经验*

建设工程实践经验是指理论知识在建设工程上应用的经验。一般来说，应用的时间越长、次数越多，经验也就越丰富。不少研究指出，一些建设工程中的失误，往往与实践者的经验不足有关，所以世界各国都把建设工程实践经验放在重要地位。我国在监理工程师注册制度中也对实践经验做出规定。

(3) *要有良好的职业道德*

监理人员除了应具备广泛的理论知识、丰富的建设工程实践经验外，更重要的是应具备高尚的职业道德。监理人员必须秉公办事，按照合同条件公正地处理各种问题，遵守国家的各项法律、法规。既不接受建设单位所支付的酬金以外的任何回扣、津贴或其他间接报酬，也不得与承包商有任何经济往来，包括接受承包商的礼物，经营或参与经营施工以及设备、材料采购活动，或在施工单位、设备材料供应单位任职或兼职。监理工程师还要有很强的责任心，认真细致地进行工作。这样才能避免由于监理人员的行为不当，给工程带来不必要的损失和影响。

(4) *要有良好的身体素质*

监理工程师要求具有健康的体魄和充沛的精力，这是因监理工作现场性强、流动性大、工作条件差、任务繁忙而决定的。

5. 监理工程师的职业道德

监理工程师在施工监理过程中，应本着“严格监理、热情服务、秉公办事、一丝不苟、廉洁自律”的精神并遵守以下道德准则：

1) 维护国家的荣誉和利益，按照“守法、诚信、公正、科学”的准则执业；

2) 执行有关建设工程的法律、法规、规范、标准和制度，履行监理合同规定的义务和职责；

3) 努力学习专业技术和建设工程监理知识，不断提高业务能力和监理水平；

4) 不以个人名义承揽监理业务；

5) 不同时在2个或2个以上监理企业注册和从事监理活动，不在政府部门和施工、材料设备的生产供应等单位兼职；

6) 不为所监理项目指定承建商、建筑构配件、设备、材料和施工方法；

7) 不收受被监理单位的任何礼金；

8) 不泄露监理工程各方认为需要保密的事项；

9）坚持独立自主地开展工作。

6. 监理工程师的工作纪律

1）遵守国家的法律和政府有关的条例、规定和办法等；

2）认真履行建设工程委托监理合同所承诺的义务和承担约定的责任；

3）坚持公正的立场，公平的处理有关各方的争议；

4）坚持科学的态度和实事求是的原则；

5）在坚持按委托监理合同的规定向建设单位提供技术服务的同时，帮助被监理者完成其担负的建设任务；

6）不以个人的名义在报刊上刊登承揽监理业务的广告；

7）不得损害他人的名誉；

8）不泄露所在监理工程需保密的事项；

9）不在任何承建商或材料设备供应商中兼职；

10）不擅自接受建设单位额外的津贴，也不接受任何被监理单位的任何津贴，不接受可能导致判断不公的报酬。

7. 监理工程师的法律责任

监理工程师的法律责任与其法律地位有密切关系，同样是建立在法律法规和委托监理合同的基础上，监理工程师的法律责任的表现行为主要有：

（1）违法行为

现行法律法规对监理工程师的法律责任专门作出了具体规定，如《建筑法》第35条、《刑法》第137条、《建设工程质量管理条例》第36条等，监理单位代表建设单位对施工质量实施监理并对施工质量承担监理责任。

（2）违约行为

工程监理企业是法定意义的合同主体，但委托监理合同具体履行时是由监理工程师代表监理企业来实现的。因此，当监理工程师出现工作过失，违反了合同约定，其行为将被视为监理企业违约，由监理企业承担相应的违约责任。监理企业在承担责任后，根据聘用协议或责任保证书，有权在企业内部对相应有过失责任的监理工程师追偿部分损失。所以，由于监理工程师个人过失引发的合同违约行为，监理工程师应当与监理企业承担一定的连带责任。

（3）安全生产责任

监理工程师有下列行为之一，将与质量、安全事故责任主体承担连带责任：

1）违章指挥或发出错误指令，引发安全事故的；

2）将不合格的建设工程、建筑材料、建筑构配件和设备按照合格签字，造成工程质量事故，由此引发安全事故的；

3）与建设单位或施工单位串通，弄虚作假、降低工程质量，从而引发安全事故的。

8. 监理工程师违规行为的处罚

建设部147号令对监理工程师违规行为的处罚作出如下规定：

1）隐瞒有关情况或者提供虚假材料申请注册的，建设主管部门不予受理或者不予注册，并给予警告，1年之内不得再次申请注册。

2）以欺骗、贿赂等不正当手段取得注册证书的，由国务院建设主管部门撤销其注册，3

年内不得再次申请注册，并由县级以上地方人民政府建设主管部门处以罚款，其中没有违法所得的，处以1万元以下罚款，有违法所得的，处以违法所得3倍以下且不超过3万元的罚款；构成犯罪的，依法追究刑事责任。

3）未经注册，擅自以注册监理工程师的名义从事工程监理及相关业务活动的，由县级以上地方人民政府建设主管部门给予警告，责令停止违法行为，处以3万元以下罚款；造成损失的，依法承担赔偿责任。

4）违反本规定，未办理变更注册仍执业的，由县级以上地方人民政府建设主管部门给予警告，责令限期改正；逾期不改的，可处以5 000元以下的罚款。

5）注册监理工程师在执业活动中有下列行为之一的，由县级以上地方人民政府建设主管部门给予警告，责令其改正，没有违法所得的，处以1万元以下罚款，有违法所得的，处以违法所得3倍以下且不超过3万元的罚款；造成损失的，依法承担赔偿责任；构成犯罪的，依法追究刑事责任。

① 以个人名义承接业务的；

② 涂改、倒卖、出租、出借或者以其他形式非法转让注册证书或者执业印章的；

③ 泄露执业中应当保守的秘密并造成严重后果的；

④ 超出规定执业范围或者聘用单位业务范围从事执业活动的；

⑤ 弄虚作假提供执业活动成果的；

⑥ 同时受聘于2个或者2个以上的单位，从事执业活动的；

⑦ 其他违反法律、法规、规章的行为。

6）有下列情形之一的，国务院建设主管部门依据职权或者根据利害关系人的请求，可以撤销监理工程师注册。

① 工作人员滥用职权、玩忽职守颁发注册证书和执业印章的；

② 超越法定职权颁发注册证书和执业印章的；

③ 违反法定程序颁发注册证书和执业印章的；

④ 对不符合法定条件的申请人颁发注册证书和执业印章的；

⑤ 依法可以撤销注册的其他情形。

7）县级以上人民政府建设主管部门的工作人员，在注册监理工程师管理工作中，有下列情形之一的，依法给予处分；构成犯罪的，依法追究刑事责任。

① 对不符合法定条件的申请人颁发注册证书和执业印章的；

② 对符合法定条件的申请人不予颁发注册证书和执业印章的；

③ 对符合法定条件的申请人未在法定期限内颁发注册证书和执业印章的；

④ 对符合法定条件的申请不予受理或者未在法定期限内初审完毕的；

⑤ 利用职务上的便利，收受他人财物或者其他好处的；

⑥ 不依法履行监督管理职责，或者发现违法行为不予查处的。

本章小结

本章要求掌握建设工程监理的概念、监理的范畴、要求；理解工程监理企业的资质等级、监理企业的业务范围，理解项目监理机构的组织形式、项目监理组织的人员配备，理解项目监理人员基本要求;了解建设工程监理相关法规制度。

工程建设监理一般是对建设工程施工阶段实施全过程管理,包括“四控制”,“二管理”,“一协调”,即:质量控制、投资控制、进度控制、安全控制和合同管理、信息管理及组织协调等。与工程监理有关的建设工程法律法规有建筑法、合同法、招投标法、建设工程质量管理条例、建设工程安全生产管理条例等。

监理企业是指取得监理资格证书、具有法人资格从事工程建设监理的单位。符合条件的单位经申请取得监理资格等级证书,并经工商行政管理部门注册取得营业执照后,才可承担监理业务。项目监理组织形式的设计,应遵循集中与分权统一、专业分工与协作统一、管理跨度与分层统一、权责一致、才职相称、效率和弹性的原则。同时,还应考虑工程项目的特点、工程项目承发包模式、业主委托的任务以及监理企业自身的条件。常用的项目监理组织形式有直线制、职能制、直线职能制和矩阵制。项目监理人员包括:总监理工程师、总监理工程师代表、专业监理工程师、监理员等。

复习思考题

1. 工程建设监理的依据是什么?
2. 工程建设监理的范围有哪些?
3. 监理企业的资质分几级?各应具备哪些条件?
4. 总监理工程师应履行哪些职责?
5. 总监理工程师代表应履行哪些职责?
6. 专业监理工程师应履行哪些职责?
7. 监理员应履行哪些职责?
8. 项目监理机构中的人员如何配备?

第 2 章　监理规划与监理实施细则

知识目标：

- 了解监理规划编写的依据；
- 熟悉建设工程监理工作文件的构成；监理规划的审核；
- 掌握监理规划的作用；监理规划编写的要求；监理规划的内容；
- 掌握监理实施细则的作用；监理实施细则编写的要求；监理实施细则的内容。

能力目标：

- 在监理工程师的指导下编写监理规划；
- 在监理工程师的指导下编写监理实施细则。

通常所说的建设工程监理工作文件是指监理大纲、监理规划和监理实施细则。

1. 监理大纲

监理大纲又称监理方案，它是监理单位在建设单位开始委托监理的过程中为承揽到监理业务而编写的监理方案性文件。它的主要作用：一是使建设单位认可监理大纲中的监理方案，从而承揽到监理业务；二是为今后开展监理工作制订方案，监理大纲是项目监理规划编写的直接依据。监理大纲的编制人员应当是监理单位经营部门或技术管理部门人员，也可以包括拟定的总监理工程师。其内容应当根据监理招标文件的要求而制定，通常包括的内容有：监理单位拟派往项目上的人员，并对他们的资格情况进行介绍；监理单位应当根据建设单位所提供的和自己掌握的工程信息制定准备采用的监理方案（监理组织方案、各目标控制方案、各种合同管理方案、组织协调方案等）；在监理大纲中，监理单位还应明确说明将定期提供给建设单位的、反映监理阶段性成果的文件，这将有助于满足建设单位掌握建设工程过程的需要，有利于监理单位顺利承揽该建设工程的监理业务。

2. 监理规划

监理规划是监理单位接受建设单位委托并签订委托监理合同之后，在项目总监理工程师的主持下，根据委托监理合同，在监理大纲的基础上，结合项目的具体情况，广泛收集工程信息和资料的情况下制定的，用以指导整个项目监理组织全面开展监理工作的技术组织文件。

显然，监理规划的制定时间是在监理大纲之后。虽然从内容范围上讲，监理大纲与监理规划都是围绕着整个项目监理机构所开展的监理工作来编写的，但监理规划的内容要比监理大纲更翔实、更全面。而且需要说明的是，编写项目监理大纲的单位并不一定有再继续编写项目监理规划的机会。

3. 监理细则

监理细则又称监理工作实施细则，如果把建设工程看做是一项系统工程，那么监理细则与监理规划的关系可以比作施工图设计与初步设计的关系。也就是说，监理实施细则是在监理规划的基础上，由项目监理组织的各有关专业部门，根据监理规划的要求，在部门负责人的主持下，针对所分担的具体监理任务和工作编写的。监理细则需要经总监理工程师批准同意才能实施。它是具体指导监理各专业部门开展监理实务作业的文件。

2.1　监理规划

2.1.1　监理规划的作用

1. 指导项目监理组织全面开展工作

工程监理的中心任务是协助建设单位实现项目监理目标。而实现监理目标需要制订计划、建立组织、配备人员并进行有效的指导。在实施项目监理的过程中，监理单位要集中精力做好目标控制工作。但是，若不事先对计划、组织、人员配备、制度建立等项工作进行科学的安排就无法实现对目标的有效控制。因此，项目监理规划需要对项目监理组织开展的各项监理工作作出全面、系统的组织和安排。它包括确定监理目标，制订监理计划，安排目标控制、合同管理、信息管理、组织协调等各项工作，并确定各项工作的方法和手段。

监理规划是在监理大纲的基础上编制的，因此，应当更加明确地规定项目监理组织在工程监理实施过程中应当重点做的工作，各部门、各层次的监理人员具体工作分工，各阶段各施工部位具体监理工作等。只有全面确定了这些工作，项目监理组织才能真正开展工作，做到有条有理。

2. 监理规划是建设单位确认监理单位是否全面、认真履行合同的主要依据

监理单位如何履行监理合同，如何落实建设单位委托的各项监理服务工作，作为监理的委托方，建设单位不但需要而且应当了解和确认监理单位的工作。同时，建设单位有权监督监理单位全面、认真执行监理合同。而监理规划正是建设单位了解和确认这些问题的最好资料，是建设单位确认监理单位是否履行监理合同的主要说明性文件。监理规划应当能够全面而详细地为建设单位监督监理合同的履行提供依据。

实际上，监理大纲是监理规划的框架性文件。经由谈判确定的监理大纲应当纳入监理合同的附件之中，成为监理合同文件的组成部分。

3. 监理规划是监理单位内部考核的依据和重要的存档资料

监理规划的内容将随着工程的进展而逐步调整、补充和完善。它在一定程度上真实地反映了建设工程监理工作的全貌，是最好的监理工作过程记录。因此，它是每一个工程监理单位的重要存档资料。

另外，从监理单位内部管理制度化、规范化、科学化的要求出发，同样需要对各项目监理组织及主要人员的工作进行考核，其主要依据就是监理规划。依据监理规划的考核，可以对项目监理组织的各项工作及有关监理人员的监理工作水平和能力作出客观、正确的评价。

2.1.2　监理规划编写的依据

监理规划编写的依据有：工程项目自然条件、社会条件和经济条件等外部环境调查研究资料；工程建设方面的有关法律、法规；政府批准的工程建设文件；建设工程委托监理合同；

项目业主的正当要求;项目监理大纲;工程实施过程中输出的有关信息。

2.1.3 监理规划编写的要求

1. 监理规划基本内容构成应力求统一

项目监理规划基本内容包括:目标规划、项目组织、监理组织、合同管理、信息管理和目标控制。要力求将监理规划的内容统一起来。监理规划统一的内容要求应在建设监理法规文件或建设工程委托监理合同中明确下来。

2. 监理规划的具体内容应具有针对性

监理规划基本构成内容应当统一,但各项内容要有针对性。因为监理规划是指导一个特定工程项目监理工作的技术组织文件,它的具体内容要适用于这个特定的工程项目。每一个监理单位和每一位项目总监理工程师对一个具体项目在监理思想、方法和手段上都应有独到之处。

由于工程项目的实施是一个长期的过程,在这个过程中有许多难以预料的问题,工程项目的动态性,要求监理规划与工程的运行相适应,应具有可变性,只有这样才能实施对工程项目的有效监理。

2.1.4 监理规划的基本内容

建设工程监理规划是在建设工程监理合同签订后制订的指导监理工作开展的纲领性文件,它起着对建设工程监理工作全面规划和进行监督指导的重要作用。由于是在明确监理委托关系以及确定项目总监理工程师以后,在更详细掌握有关资料的基础上编制的,所以,包括的内容与深度要比建设工程监理大纲更详细、具体。

监理规划应将监理合同中规定的监理单位承担的责任及监理任务具体化,并在此基础上制订实施监理的具体措施。建设工程监理规划是编制建设监理细则的依据,是科学、有序地开展工程项目建设监理工作的基础。

建设工程监理规划通常包括以下内容。

1. 建设工程项目概况

建设工程的概况部分主要编写以下内容:

1) 工程项目名称。

2) 工程项目地点。

3) 工程项目组成及建筑规模。

4) 主要建筑结构类型。

5) 预计工程投资总额。预计工程投资总额可以按工程项目投资总额以及建设工程投资组成简表两种费用编列。

6) 建设工程计划工期。建设工程计划工期可以用建设工程的计划持续时间或以建设工程开、竣工的具体日历时间表示。

① 以建设工程的计划持续时间表示。建设工程计划工期为“××个月”或“×××天”。

② 以建设工程的具体日历时间表示。建设工程计划工期由×年×月×日至×年×月×日。

7) 工程质量等级。在这一部分中,应具体提出建设工程的质量目标要求。如优良或合格。

8）工程项目设计单位及施工单位名称。

9）工程项目结构图与编码系统。

2. 监理阶段、范围和目标

（1）工程项目建设监理阶段

工程项目建设监理阶段是指监理单位所承担监理任务的工程项目建设阶段。可以按监理合同中确定的监理阶段划分。监理活动按照阶段划分，一般可分为：工程项目立项阶段的监理、工程项目设计阶段的监理、工程项目招标阶段的监理、工程项目施工阶段的监理、工程项目保修阶段的监理。

（2）工程项目建设监理范围

工程项目建设监理范围是指监理单位所承担任务的工程项目建设监理的范围。如果监理单位承担全部工程项目的建设工程监理任务，监理的范围则为全部工程项目，否则应按监理单位所承担的工程项目的建设标段或子项目划分确定工程项目建设监理范围。

（3）工程项目建设监理目标

工程项目建设监理目标是指监理单位所承担的工程项目的监理目标。通常以工程项目的建设投资、进度、质量三大控制目标来表示。

1）投资目标。以年预算为基价，静态投资为万元（合同承包价为万元）。

2）工期目标。×个月或自×年×月×日至×年×月×日。

3）质量等级。工程项目质量等级要求：优良（或合格）；主要单项工程质量等级要求：优良（或合格）；重要单位工程质量等级要求：优良（或合格）。

3. 监理工作内容

（1）工程项目立项阶段建设监理工作的主要内容

1）协助建设单位准备工程报建手续；

2）项目可行性研究咨询/监理；

3）技术经济论证；

4）编制建设工程投资匡算；

5）组织编制设计任务书。

（2）设计阶段建设监理工作的主要内容

1）结合建设工程特点，收集设计所需的技术经济资料；

2）编写设计要求文件；

3）组织建设工程设计方案竞标或设计招标，协助建设单位选择好勘察设计单位；

4）拟定和商谈设计委托合同内容；

5）向设计单位提供设计所需的基础资料；

6）配合设计单位开展技术经济分析，搞好设计方案的比选，优化设计；

7）配合设计进度，组织设计单位与有关部门，如消防、环保、土地、人防、防汛、园林以及供水、供电、供气、供热、电信等部门的协调工作；

8）组织各设计单位之间的协调工作；

9）参与主要设备、材料的选型；

10）审核工程估算、概算、施工图预算；

11）审核主要设备、材料清单；

12）审核工程设计图纸，检查设计文件是否符合设计规范及标准，检查施工图纸是否能满足施工需要；

13）检查和控制设计进度；

14）组织设计文件的报批。

（3）施工招标阶段建设监理工作的主要内容

1）拟定建设工程施工招标方案并征得建设单位同意；

2）准备建设工程施工招标条件；

3）办理施工招标申请；

4）协助建设单位编写施工招标文件；

5）标底经建设单位认可后，报送所在地方建设主管部门审核；

6）协助建设单位组织建设工程施工招标工作；

7）组织现场勘察与答疑会，回答投标人提出的问题；

8）协助建设单位组织开标、评标及定标工作；

9）协助建设单位与中标单位商签施工合同。

（4）材料、设备采购供应的建设监理工作的主要内容

对于由建设单位负责采购供应的材料、设备等物资，监理工程师应负责制订计划，监督合同的执行和供应工作。具体内容包括：

1）制订材料、设备供应计划和相应的资金需求计划；

2）通过质量、价格、供货期、售后服务等条件的分析和比选，确定材料、设备等物资的供应单位，重要设备尚应访问现有使用用户，并考察生产单位的质量保证体系；

3）拟定并商签材料、设备的订货合同；

4）监督合同的实施，确保材料、设备的及时供应。

（5）施工阶段建设监理工作的主要内容

主要包括：施工准备阶段建设监理工作；施工阶段的质量、进度和投资控制；施工验收阶段的建设监理等。

1）施工准备阶段监理工作内容

① 审查施工单位选择的分包单位的资质；

② 监督检查施工单位质量保证体系及安全技术措施，完善质量管理程序与制度；

③ 参加设计单位向施工单位的技术交底；

④ 审查施工单位上报的实施性施工组织设计，重点对施工方案、劳动力、材料、机械设备的组织及保证工程质量、安全、工期和控制造价等方面的措施进行监督，并向建设单位提出监理意见；

⑤ 在单位工程开工前检查施工单位的复测资料，特别是两个相邻施工单位之间的测量资料、控制桩是否交接清楚，手续是否完善，质量有无问题，并对贯通测量、中线及水准桩的设置、固桩情况进行审查；

⑥ 对重点工程部位的中线、水平控制进行复查；

⑦ 监督落实各项施工条件，审批一般单项工程、单位工程的开工报告，并报建设单位备查。

2）施工阶段的质量控制

① 对所有的隐蔽工程在进行隐蔽以前进行检查和办理签证，对重点工程要派监理人员驻点跟踪监理，签署重要的分项工程、分部工程和单位工程质量评定表；

② 对施工测量、放样等进行检查，发现质量问题应及时通知施工单位纠正，并做好监理记录；

③ 检查确认运到现场的工程材料、构件和设备质量，并应查验试验、化验报告单、出厂合格证是否齐全、合格，监理工程师有权禁止不符合质量要求的材料、设备进入工地和投入使用；

④ 监督施工单位严格按照施工规范、设计图纸要求进行施工，严格执行施工合同；

⑤ 对工程主要部位、主要环节及技术复杂工程加强检查；

⑥ 检查施工单位的工程自检工作，数据是否齐全，填写是否正确，并对施工单位质量评定自检工作做出综合评价；

⑦ 对施工单位的检验测试仪器、设备、度量衡进行定期检验和不定期抽验，保证度量资料的准确；

⑧ 监督施工单位对各类土木和混凝土试件按规定进行检查和抽查；

⑨ 监督施工单位认真处理施工中发生的一般质量事故，并认真做好监理记录；

⑩ 对大、重大质量事故以及其他紧急情况，应及时报告建设单位。

3）施工阶段的安全控制

① 协助建设单位与施工承包单位签订工程项目施工安全协议书；

② 审查专业分包和劳务分包单位资质，其中包括安全施工资质；

③ 审查电工、焊工、架子工、起重工、塔吊司机及指挥人员、爆破工等特种作业人员上岗证，督促施工企业雇佣具备安全生产基本知识的一线操作人员；

④ 督促施工承包单位建立、健全施工现场安全生产保证体系；督促施工承包单位检查各分包企业的安全生产制度；

⑤ 审核施工承包单位编制的施工组织设计、安全技术措施、高危作业安全施工及应急抢险预案；

⑥ 监督施工承包单位按照工程建设强制性标准和专项安全施工方案组织施工，制止违规施工作业；

⑦ 安全监理人员应对高危作业的关键工序实施现场跟班监督检查。例如施工临时用电、土方开挖、模板、大型机械吊(安)装、脚手架(爬架)、特殊爆破等。对施工过程中的高危作业等进行巡视检查，每天不少于一次；发现严重违规施工和存在安全事故隐患的，应当要求施工承包单位整改，并检查整改结果，签署复查意见；情况严重的，由总监理工程师下达工程暂停施工令并报告建设单位；施工承包单位拒不整改的应及时向安全监督部门报告；

⑧ 督促施工承包单位进行安全自检工作；参加施工现场的安全生产检查；

⑨ 复核施工承包单位施工机械、安全设施的验收手续，并签署意见。未经安全监理人员签署认可的不得投入使用；

⑩ 督促施工承包单位加强施工现场危险物品管理和安全使用，建立消防管理制度，动火证手续办理。

4）施工阶段的进度控制

① 监督施工单位严格按施工合同规定的工期组织施工；

② 对控制工期的重点工程，审查施工单位提出的保证进度的具体措施，如发生延误，应及时分析原因，采取对策；

③ 建立工程进度台账，核对工程形象进度，按月、季向建设单位报告施工计划执行情况、工程进度及存在的问题。

5）施工阶段的投资控制

① 审查施工单位申报的月、季度计量报表，认真核对其工程数量，不超计、不漏计，严格按合同规定进行计量支付签证；

② 保证支付签证的各项工程质量合格、数量准确；

③ 建立计量支付签证台账，定期与施工单位核对清算；

④ 按建设单位授权和施工合同的规定审核变更设计。

（6）施工验收阶段建设监理工作的主要内容

1）督促、检查施工单位及时整理竣工文件和验收资料，受理单位工程竣工验收报告，提出监理意见；

2）根据施工单位的竣工报告，提出工程质量检验报告；

3）组织工程预验收，参加建设单位组织的竣工验收。

（7）建设监理合同管理工作的主要内容

1）拟定本建设工程合同体系及合同管理制度，包括合同草案的拟定、会签、协商、修改、审批、签署、保管等工作制度及流程；

2）协助建设单位拟定工程的各类合同条款，并参与各类合同的商谈；

3）合同执行情况的分析和跟踪管理；

4）协助建设单位处理与工程有关的索赔事宜及合同争议事宜。

4. 主要监理控制目标及措施

建设工程监理控制目标的方法与措施应重点围绕投资控制、进度控制、质量控制、安全控制这四大控制任务制定。

（1）投资目标控制

1）投资目标分解。投资目标分解有：按建设工程的投资费用组成分解，按年度、季度分解，按建设工程实施阶段分解（主要包括设计准备阶段、设计阶段、施工阶段投资分解及动用前准备阶段投资分解）和按建设工程组成分解等四种方式。

2）投资控制的工作流程与措施。投资控制的工作流程一般以工作流程图形式反映。投资控制的具体措施如下：

① 投资控制的组织措施。建立健全项目监理机构，完善职责分工及有关制度，落实投资控制的责任。

② 投资控制的技术措施。在设计阶段，推行限额设计和优化设计；在招标投标阶段，合理确定标底及合同价；对材料、设备采购，通过质量价格比选，合理确定生产供应单位；在施工阶段，通过审核施工组织设计和施工方案，使组织施工合理化。

③ 投资控制的经济措施。及时进行计划费用与实际费用的分析比较。对原设计或施工方案提出合理化建议并被采用，由此产生的投资节约按合同规定予以奖励。

④ 投资控制的合同措施。按合同条款支付工程款，防止过早、过量的支付。减少施工单位的索赔，正确处理索赔事宜等。

3）投资目标实现的风险分析。

4）投资控制的动态比较。包括：投资目标分解值与概算值的比较、概算值与施工图预算值的比较、合同价与实际投资的比较。

（2）进度目标控制

1）工程总进度计划。

2）总进度目标的分解。总进度目标的分解包括：年度、季度进度目标；各阶段的进度目标；各子项目进度目标。

3）进度目标实现的风险分析。

4）进度控制的工作流程与措施。进度控制的工作流程以工作流程图形式反映。进度控制的具体措施包括：

① 进度控制的组织措施。落实进度控制的责任，建立进度控制协调制度。

② 进度控制的技术措施。建立多级网络计划体系，监控承建单位的作业实施计划。

③ 进度控制的经济措施。对工期提前者实行奖励；对应急工程实行较高的计件单价；确保资金的及时供应等。

④ 进度控制的合同措施。按合同要求及时协调有关各方的进度，以确保建设工程的形象进度。

5）进度控制的动态比较。包括：进度目标分解值与进度实际值的比较；进度目标值的预测分析。

（3）质量目标控制

1）质量控制目标的描述。质量控制目标的描述包括：设计质量控制目标，材料质量控制目标，设备质量控制目标，土建施工质量控制目标，设备安装质量控制目标，其他说明。

2）质量目标实现的风险分析。

3）质量控制的工作流程与措施。质量控制的工作流程以工作流程图形式反映。质量控制的具体措施有：

① 质量控制的组织措施。建立健全项目监理机构，完善职责分工，制订有关质量监督制度，落实质量控制责任。

② 质量控制的技术措施。协助完善质量保证体系；严格事前、事中和事后的质量检查监督。

③ 质量控制的经济措施及合同措施。严格质检和验收，不符合合同规定质量要求的拒付工程款；达到建设单位特定质量目标要求的，按合同支付质量补偿金或奖金。

4）质量目标状况的动态分析。

（4）合同管理

1）合同结构。可以以合同结构图的形式表示。

2）合同目录一览表。

3）合同管理的工作流程与措施。

4）合同执行状况的动态分析。

5）合同争议调解与索赔处理程序。

6）合同管理表格。

(5) 信息管理

1) 信息流程图。

2) 信息分类表。

3) 机构内部信息流程图。

4) 信息管理的工作流程与措施。

5) 信息管理表格。

(6) 组织协调

1) 与建设工程有关的单位。建设工程系统内的单位主要有建设单位、设计单位、施工单位、材料和设备供应单位、资金提供单位等;建设工程系统外的单位主要有政府建设行政主管机构、政府其他有关部门、工程毗邻单位、社会团体等。

2) 协调分析。建设工程系统内的单位协调重点分析;建设工程系统外的单位协调重点分析。

3) 协调工作程序。投资控制协调程序;进度控制协调程序;质量控制协调程序;其他方面工作协调程序。

4) 协调工作表格。

5. 监理工作依据

项目监理工作依据主要包括:建设工程方面的法律、法规;政府批准的建设工程文件;建设工程监理合同;其他建设工程合同。

6. 项目监理组织

(1) 监理组织机构

项目监理机构通常用组织结构图表示。

(2) 监理人员名单

(3) 人员职责分工

这其中包括监理组织职能部门的职责分工及各类监理人员的职责分工,以及监理工作流程,如分包单位资质审查基本程序、工程延期管理基本程序、工程暂停及复工管理的基本程序等。

7. 监理工作制度

(1) 工程项目立项阶段工作制度

1) 可行性研究报告评审制度;

2) 工程匡算审核制度;

3) 技术咨询制度。

(2) 设计阶段

1) 设计大纲、设计要求编写及审核制度;

2) 设计咨询及委托合同管理制度;

3) 设计方案评审制度;

4) 工程估算、概算审核制度;

5) 施工图审核制度;

6) 设计费用支付签署制度;

7) 设计协调会及会议纪要制度。

(3) 施工招标阶段

1) 招标准备工作有关制度；

2) 编制招标文件有关制度；

3) 标底编制及审核制度；

4) 合同条件拟定及审核制度；

5) 组织招标实务有关制度等。

(4) 施工阶段

1) 设计文件、图纸审查制度；

2) 施工图纸会审及设计交底制度；

3) 施工组织设计审核制度；

4) 工程开工申请审批制度；

5) 工程材料,半成品质量检验制度；

6) 隐蔽工程分项(部)工程质量验收制度；

7) 单位工程、单项工程总监验收制度；

8) 设计变更处理制度；

9) 工程质量事故处理制度；

10) 施工进度监督及报告制度；

11) 监理报告制度；

12) 工程竣工验收制度；

13) 监理日记及会议制度。

(5) 项目监理组织内部工作制度

1) 监理组织工作会议制度；

2) 对外行文审批制度；

3) 监理工作日记制度；

4) 监理周报、月报制度；

5) 技术、经济资料及档案管理制度；

6) 监理费用预算制度。

2.2　监理实施细则

项目监理细则又称项目监理(工作)实施细则。监理细则是在项目监理规划基础上,由项目监理组织的各有关部门,根据监理规划的要求,在部门负责人主持下,针对所分担的具体监理任务和工作,结合项目具体情况和掌握的工程信息制定的指导具体监理业务实施的文件。

项目监理细则在编写时间上总是滞后于项目监理规划。编写主持人一般是项目监理组织的某个部门的负责人。其内容具有局部性,是围绕着某个部门的主要工作来编写的。它的作用是指导具体监理业务的开展。项目监理大纲、监理规划、监理细则是相互关联的,它们都是构成项目监理规划系列文件的组成部分,它们之间存在着明显的依据性关系;在编写项目监理规划时,一定要严格根据监理大纲的有关内容来编写;在制定项目监理细则时,一定要在监理规划的指导下进行。

2.2.1 监理实施细则的作用

项目监理实施细则是在监理规划的基础上，根据项目实际情况对各项监理工作的具体实施和操作要求的具体化、详细化。它是根据工程建设项目特点，由项目总监理工程师组织各专业监理工程师编制，并经总监理工程师批准后执行。监理实施细则一般应重点写明控制目标、关键工序、特殊工序、重点部位、质量控制点及相应的控制措施等。对于技术资料不全或新的施工工艺、新材料应用等，应在充分调查基础上，单独列出章节予以细化明确。

1. 项目监理工作实施的技术依据

在项目监理工作实施过程中，由于工程建设项目的单件性和一次性及周围内外环境条件变化，即使同一施工工序在不同的项目上也存在影响工程质量、投资、进度的各种因素。因此，为了做到防患于未然，专业监理工程师必须依据相关的标准、规范、规程及施工检评标准，对可能出现偏差的工序写出监理实施细则，以便做到事前控制，防止可能出现偏差。

2. 落实实施项目计划，规范项目施工行为

在项目施工过程中，不同专业间有不同的施工方案。作为专业监理工程师，要想使各项施工工序做到规范化、标准化，如果没有一个详细的监督实施方案，那么要想达到预期的监理规划目标是困难的。因此，对于较复杂和大型工程，专业监理工程师必须编制各专业的监理实施细则，以规范专业施工过程。

3. 明确专业分工和职责，协调各类施工过程中的矛盾

对于专业工种较多的工程建设项目，各个专业间相互影响的问题往往在施工过程中逐渐出现，如施工面相互交叉、施工顺序相互影响等。但若专业监理工程师在编制监理实施细则时就考虑到可能影响不同专业工种间的各种问题，那么在施工中就会尽可能减少或避免这些问题，使各项施工活动能够连续不断地进行，减少停工、窝工等事情的发生。

2.2.2 监理实施细则的编写依据

1）国家有关的法律、法规；
2）勘察、设计等技术文件；
3）合同文件；
4）已批准的监理规划；
5）施工组织设计；
6）专业施工验收规范及检验评定标准。

2.2.3 监理实施细则编写要求

（1）严格执行国家的规范、规程并考虑项目的自身特点

国家的标准、规范、规程及施工技术文件等，是开展监理工作的主要依据。但是对于国家非强制性的规范、规程可以结合项目当地专业施工的自身特点和监理目标，有选择地采纳，决不能照抄照搬。

（2）对技术指标量化、细化，使其具有可操作性

编写监理实施细则的目的是指导项目实施过程中的各项活动，并对各专业的实施活动

进行监督和对结果进行评价。在监理实施细则编写中，要明确国家规范、规程和规定中的技术指标及要求。只有这样，才能使监理实施细则更具针对性、可操作性。

(3) 统筹兼顾，突出本专业特点但要兼顾其他专业的施工

监理实施细则虽然是具体指导各专业开展监理工作的技术性文件，但一个项目的目标实现，必须依靠各专业间相互配合协调，如果只管自己的专业特点而不考虑别的专业，那么整个项目的有序实施就会出现混乱，甚至影响到目标的实现。

2.2.4　监理实施细则的主要内容

监理实施细则的编写应突出专业监理工作的特点和目标控制的重点，其主要内容有：监理项目的特点、监理工作的流程、监理工作控制的要点及目标值、监理工作的方法及措施。具体到各个阶段的监理实施细则的编制，应有各自的侧重点。

施工阶段监理实施细则编写的主要内容有：

(1) 工程进度计划

1) 要求施工单位根据合同要求提交工程总进度计划，项目总监理工程师提出审查意见，要求施工单位修正。

2) 在总的进度计划前提下，审查施工单位的季、月各工种的具体计划与安排，组织各专业监理工程师，就计划能否落实提出意见，经项目总监理工程师审核后督促施工单位调整计划。

(2) 工程进度控制

1) 现场监理部应建立工程监理日志制度，详细记录工程进度、质量、设计变更、洽商等问题和有关施工过程中必须记录的问题。

2) 组织工程进度协调会，听取施工单位的问题汇报，对其中有关进度问题提出监理意见。

3) 督促施工单位按月提出施工进度报表，由各专业监理工程师审查认定，最后由项目总监理工程师汇编出监理月报，报送监理单位和建设单位。

(3) 工程质量控制

1) 各专业监理工程师应认真熟悉施工图纸及有关设计说明资料，了解设计要求，明确土建与设备、安装相关部位及工序之间的关系，审查图纸有无差错和表达不清楚的地方，对工程关键部位和施工难点做到心中有数，并做好设计图纸会审工作。

2) 图纸会审要求施工单位做好会审纪要的记录、整理及各方的签认工作，经建设单位、设计单位、监理单位、施工单位签字后成为设计文件的补充资料，是施工单位的施工技术资料。

3) 要求施工单位严格按照施工安装规范、验收标准、设计图纸进行施工，并经常深入现场检查施工质量和保证质量措施的落实情况。

4) 执行国家、部门和地方政府有关施工安装的质量检验报表制度，严格要求施工单位按照施工质量检验程序的规定，认真填报，各专业监理工程师对施工单位交验的有关施工质量报表，应进行核查或认定。对于隐蔽工程，未经总监理工程师核查签字，不能开始施工。

(4) 审查设计变更、洽商

1) 对各方提出的设计修改应通过项目总监理工程师，报请建设单位后由设计单位研究

确定并提出修改通知，经专业监理工程师会签后交施工单位施工。

2）对有关设计变更、洽商经监理工程师签字并经建设单位同意后，由施工单位向设计单位办理设计变更、洽商。

3）监理工程师会签有关各种设计变更，应侧重审查对工程质量、进度、投资是否有不利影响。如发现影响监理目标的实现时，应明确提出监理意见，必要时向建设单位提出书面意见。

(5) 监督检查施工安全防护措施

1）审查施工单位提出的安全防护措施方案，并监督其实现，但施工安全防护的责任仍由施工单位承担。

2）施工过程中的安全防护措施，应由施工单位负责定期检查，监理部配合监督。如发现施工中存在重大安全隐患，可直接提出停止施工通知，并写出书面监理意见，并向建设单位及政府主管部门反映。

(6) 审查主要建筑材料、设备的订货和核定其性能

1）主要建筑材料、构配件及设备订货前，施工单位应提供样品（或看样）和有关订货厂家资质证明以及单价等资料，向专业监理工程师申报。经专业监理工程师会同设计、建设单位研究同意后方可订货。

2）主要设备订货，在订货前施工单位应向监理部提出申请，由专业监理工程师会同设计、建设单位研究同意后方可订货。设备到货后应及时向项目监理部报送出厂合格证及有关设备的技术参数资料，由监理工程师核定是否符合设计要求。

3）对用于工程的主要材料，进场时必须具备正式的出厂合格证和材质化验单。如不具备或对检验证明有疑问时，应向施工单位说明原因并要求施工单位补做检验。所有材料检验合格证必须经专业监理工程师验证，否则一律不准用于工程。

4）工程中所用各种构配件必须具有生产厂家、批号和出厂合格证。由于运输安装等原因出现的构配件质量问题，应进行分析研究。采取措施处理后需经专业监理工程师同意方能使用。

5）专业监理工程师应检查工程上所采用的主要设备是否符合设计文件或标书所规定的厂家、型号、规格和标准。

6）进口设备必须具有海关商检证书。

(7) 认定工程数量，签发（或会签）付款凭证

1）针对施工单位工程进度月报所反映完成工程数量，专业监理工程师应进行认真核实。

2）按照建设单位与施工单位签订的承包合同规定的工程付款办法，根据核实的完成工程数量，在扣除预付款和保修金等后，签发（或会签）付款凭证。

3）针对超出承包合同之外的设计变更、洽商，由施工安装单位做出预算，项目监理部可根据建设单位委托审查预算由此而引起的追加合同价款，并于当月付款时予以调整。

(8) 工程验收

1）现场监理部根据施工单位有关阶段的、分部工程的以及单位工程的竣工验收申请报告，负责组织初验。工程的各阶段、各分部和单位工程的正式验收由建设单位组织完成。

2）监理部接到施工单位有关竣工验收申请报告后，项目总监理工程师负责组织有关专业监理工程师进行初验，并将初验意见书面答复施工单位。对工程存在的质量问题和漏项工程限定处理期限和再次复验日期。

3）项目总监理工程师应严格掌握阶段的或部位的工程正式验收，通过正式验收合格后，方可同意继续下阶段施工。单位工程正式竣工验收合格后方可办理移交手续。

4）经初验全部合格后，由项目总监理工程师在相应的工程竣工验收报告单上签认，然后向建设单位提出竣工验收报告，要求建设单位组织有关部门和人员参加相应阶段的正式验收工作。

(9) 整理工程有关文件并归档

1）督促检查施工单位完成各阶段的竣工图和最后全套竣工图的工作。

2）检查施工过程中的各种设计变更、洽商和监理文件等整理工作，并交建设单位存档。

(10) 组织工程质量事故的处理

1）对工程质量事故，监理工程师负责组织有关方面进行事故原因分析，并责成事故责任方及时写出事故报告和提出处理方案。

2）责任方提出的质量事故处理方案，经监理工程师同意后，由责任方提出事故处理文件并对处理技术负责，监理工程师监督检查实施情况。

本章小结

本章要求掌握建设工程项目监理规划、监理实施细则的概念、作用、编制原则；理解建设工程项目监理规划、监理实施细则的内容；了解建设工程项目监理规划、监理实施细则的编制方法。

建设工程项目监理规划一般包括工程项目概况，工程项目建设监理阶段、范围和目标，施工项目建设监理工作内容，主要的监理控制目标与措施，监理组织，施工项目监理工作制度，项目监理组织内部工作制度等七个方面内容。

建设工程项目监理实施细则一般包括工程进度计划，工程进度控制，工程质量控制，审查设计变更、洽商，监督检查施工安全防护措施，审查主要建筑材料、设备的订货和核定其性能，认定工程数量，签发(或会签)付款凭证，工程验收，整理工程有关文件并归档，组织工程质量事故的处理等十个方面内容。

复习思考题

1. 建设工程监理规划有何作用？
2. 简述建设工程监理大纲、监理规划、监理细则三者的关系。
3. 监理规划在编写时应注意哪些问题？
4. 建设工程监理规划编写的依据是什么？
5. 建设工程监理规划一般包括哪些主要内容？
6. 监理工作一般包括哪些主要内容？
7. 监理实施细则的作用有哪些？
8. 监理实施细则的编写依据有哪些？
9. 监理实施细则编写要求有哪些？
10. 监理实施细则的主要内容有哪些？

第3章 建设工程项目合同管理

知识目标：

- 熟悉建设工程合同的概念及施工合同中承发包双方的一般权利和义务；
- 了解合同的分类、订立、履行、担保、变更和解除的程序和方式；
- 掌握建设工程施工合同的内容及建设工程委托监理合同示范文本的内容；
- 熟悉建设工程项目合同管理中监理机构合同管理的内容；
- 了解建设工程风险管理和保险的相关内容。

3.1 合同法概述

3.1.1 合同的概念

合同又称契约，是平等主体的自然人、法人、其他组织之间设立、变更、终止民事权利义务关系的协议。建筑市场的各方主体，包括建设单位、勘察设计单位、施工单位、咨询单位、监理单位、材料设备供应单位之间都要依靠合同来确立相互之间的权利和义务关系。

合同具有以下几个特征：

1）合同是平等主体之间的民事法律关系；

2）合同是两方以上当事人的法律行为；

3）合同是从法律角度明确当事人间特定权利与义务关系的文件；

4）合同是具有相应法律效力的协议；

5）合同的法律行为是当事人各方意愿一致的表示。

3.1.2 合同法的概念

合同法是调整平等主体之间交易关系的法律，主要规范合同的订立、效力、履行、变更、转让、终止、违反合同的责任等问题。《合同法》规定了合同订立的基本原则。

1. 平等原则

合同当事人的法律地位平等，一方不得将自己的意志强加给另一方。

2. 自愿原则

当事人依法享有自愿订立合同的权利，任何单位和个人不得非法干预。

3. 公平原则

当事人应当遵循公平原则确定各方的权利和义务。

4. 诚实信用原则

当事人行使权利、履行义务应当遵循诚实信用原则。

5. 遵守法律、行政法规,尊重社会公德的原则

当事人订立、履行合同,应当遵守法律、行政法规,尊重社会公德,不得扰乱社会经济秩序,损害社会公共利益。

3.1.3 合同的分类

合同作为商品交换的法律形式,其类型因交易方式的不同而不同。尤其是随着交易关系的发展和内容的复杂化,合同的形态也在不断地发展和变化。一般情况,合同可以分为以下几类:

1. 有名合同与无名合同

根据合同法或者其他法律是否对合同规定有确定的名称与调整规则为标准,可将合同分为有名合同与无名合同。有名合同又称典型合同,是指法律上已经确定了一定的名称及规则的合同。如《合同法》中规定的买卖合同、赠与合同、借款合同、租赁合同等15类合同。无名合同又称非典型合同,是指法律上尚未确定一定的名称与规则的合同。

2. 双务合同与单务合同

根据合同当事人是否互相享有权利、承担义务,可将合同分为双务合同和单务合同。双务合同是指双方当事人互相享有权利、承担义务的合同。单务合同是指仅有一方当事人承担义务的合同。

3. 有偿合同与无偿合同

根据合同当事人是否可以从合同中获取某种利益,可以将合同分为有偿合同与无偿合同。有偿合同是指合同当事人为从合同中得到利益要支付相应对价给付(此给付并不局限于财产的给付,也包含劳务、事务等)的合同,如买卖、租赁、雇佣、承揽合同。有偿合同是商品交换最典型的法律形式。在实践中,绝大多数合同都是有偿合同。无偿合同是指一方给付某种利益,对方取得该利益时并不支付任何报酬的合同,如赠与合同。

4. 诺成合同与实践合同

根据合同是自当事人意思表示一致时成立,还是在当事人意思表示一致以后,仍须有实际交付标的物的行为才能成立,可将合同分为诺成合同与实践合同。实践合同是指除当事人双方意思表示一致以外尚须交付标的物才能成立的合同。

5. 要式合同与不要式合同

根据合同的成立是否必须符合一定的形式为标准,可将合同分为要式合同与不要式合同。要式合同是指根据法律规定必须采用特定形式的合同。不要式合同是对合同成立的形式没有特别要求的合同,当事人可以采用口头形式,也可以采用书面形式。

6. 主合同与从合同

根据合同是否必须以其他合同的存在为前提而存在,可将合同分为主合同与从合同。所谓主合同,是指不需要其他合同的存在即可独立存在的合同。从合同,又称附属合同,是以其他合同的存在为其存在前提的合同。

7. 格式合同与非格式合同

根据合同条款是否由当事人一方预先拟定,可以将合同分为格式合同与非格式合同。格式合同又被称为定式合同、标准合同、附从合同,是指合同条款由当事人一方为了重复使用而预先拟定并在签订合同时未与对方协商的合同。非格式合同是指合同条款由当事人协商确定的合同。

3.1.4 合同的订立

1. 合同订立的形式

当事人订立合同，一般可采用书面形式、口头形式和其他形式。法律、行政法规规定采用书面形式的，应当采用书面形式。当事人约定采用书面形式的，应当采用书面形式。书面形式是指合同书、信件和数据电文(包括电报、电传、传真、电子数据交换和电子邮件)等可以有形地表现所载内容的形式。

2. 合同的内容

合同的内容由当事人约定，《合同法》规定合同内容一般包括以下条款：

1）当事人的名称或者姓名和住所；

2）标的；

3）数量；

4）质量；

5）价款或者报酬；

6）履行期限、地点和方式；

7）违约责任；

8）解决争议的方法。

当事人可以参照各类合同的示范文本订立合同。

3. 合同订立的程序

合同订立的程序一般包括：要约、承诺、合同成立的时间和地点、格式条款、缔约过失责任。所有的合同订立都必须经过要约和承诺过程。

(1) 要约

要约是希望和他人订立合同的意思表示。提出要约的一方称为要约人，接受要约的一方称为受要约人。要约应当具备下列条件：

1）内容具体确定；

2）表明经受要约人承诺，要约人即受该意思表示的约束。

要约邀请是希望他人向自己发出要约的意思表示。它是当事人订立合同的预备行为，并不是合同订立过程中的必经过程，在法律上无需承担责任。

要约到达受要约人时生效。要约可以撤回。撤回要约的通知应当在要约到达受要约人之前或者与要约同时到达受要约人。要约可以撤销。撤销要约的通知应当在受要约人发出承诺通知之前到达受要约人。

(2) 承诺

承诺是受要约人同意要约的意思表示。它是受要约人在要约的有效期内，按照要约所指定的方式对要约内容表示同意的意思表示。

承诺的有效条件如下：

1）承诺必须由受要约人做出。对于特定人的要约，须由受要约人在有效期限内做出承诺。否则，超过承诺期发生的承诺，视为新要约，但要约人及时通知受要约人该迟到的承诺有效的除外。

2）承诺必须向要约人做出。承诺不仅是向要约人做出接受要约的意思表示，且要向特定的要约人表示。

3）承诺必须是对要约的完全同意。如果受要约人仅对要约的一部分作承诺，这实际上是对要约的修改，因而不会发生合同成立的法律效果。

承诺应当以通知的方式做出，但根据交易习惯或者要约表明可以通过行为作出承诺的除外，并且承诺应当在要约确定的期限内到达要约人。

承诺通知到达要约人时生效。承诺可以撤回。撤回承诺的通知应当在承诺通知到达要约人之前或者与承诺通知同时到达要约人。承诺只能撤回，不能撤销。

(3) 合同成立的时间和地点

当事人采用合同书形式订立合同的，自双方当事人签字或者盖章时合同成立。当事人采用信件、数据电文等形式订立合同的，可以在合同成立之前要求签订确认书。签订确认书时合同成立。承诺生效的地点为合同成立的地点。如果当事人采用合同书形式订立合同的，双方当事人签字或者盖章的地点为合同成立的地点。

(4) 格式条款

格式条款是当事人为了重复使用而预先拟定，并在订立合同时未与对方协商的条款。采用格式条款订立合同的，提供格式条款的一方应当遵循公平原则确定当事人之间的权利和义务，并采取合理的方式提请对方注意免除或者限制其责任的条款，按照对方的要求，对该条款予以说明。对格式条款的理解发生争议的，应当按照通常理解予以解释。对格式条款有两种以上解释的，应当做出不利于提供格式条款一方的解释。格式条款和非格式条款不一致的，应当采用非格式条款。

(5) 缔约过失责任

《合同法》第42条确立了缔约过失责任制度，该条规定：当事人在订立合同过程中有下列情形之一，给对方造成损失的，应当承担损害赔偿责任：

1）假借订立合同，恶意进行磋商；

2）故意隐瞒与订立合同有关的重要事实或者提供虚假情况；

3）有其他违背诚实信用原则的行为。

可见缔约过失责任实质上是诚实信用原则在缔约过程中的体现。

3.1.5　合同的效力

1. 合同生效

合同生效是指已经成立的合同具有法律约束力。合同是否生效，取决于是否符合法律规定的有效条件。合同生效须具备两点：一是合同成立；二是合同依法成立。

当事人对合同的效力可以约定附生效条件或附生效期限，那么，自条件成就或期限届满时，合同生效。

2. 无效合同

无效合同是相对于有效合同而言的，是指合同虽然成立，但因其违反法律、行政法规、社会公共利益，被确认为无效。无效合同是已经成立的合同，是欠缺生效条件，不具有法律约束力的合同，不受国家法律保护。

合同无效的情形有：

1）一方以欺诈、胁迫的手段订立，损害国家利益的合同；

2）恶意串通，损害国家、集体或者第三人利益的合同；

3）以合法形式掩盖非法目的的合同；

4）损害社会公共利益的合同；

5）违反法律、行政法规的强制性规定的合同。

此外，合同中的下列免责条款无效：一是造成对方人身伤害的，二是故意或重大过失造成对方财产损失的。提供格式条款一方免除责任、加重对方责任、排除对方主要权利的条款无效。

合同一旦被确认为无效，就会产生溯及力，使合同自订立时起就不具有法律效力。合同无效后，因该合同取得的财产，应当予以返还；不能返还或者没有必要返还的，应当折价补偿。有过错的一方应当赔偿对方因此所受到的损失，双方都有过错的，应当各自承担相应的责任。当事人恶意串通，损害国家、集体或者第三人利益的，因此取得的财产收归国家所有或者返还集体、第三人。

3. 可变更或可撤销合同

可变更或可撤销的合同，是指欠缺生效条件，但一方当事人可依照自己的意思使合同的内容变更或者使合同的效力归于消灭的合同。

有下列情况之一的，当事人一方有权请求人民法院或者仲裁机构变更或者撤销合同：

1）因重大误解而订立的合同；

2）在订立合同时显失公平的合同；

3）一方以欺诈、胁迫的手段或者乘人之危，使对方在违背真实意思的情况下订立的合同。

可变更或可撤销的合同不同于无效合同，当事人提出请求是合同被变更、撤销的前提，人民法院或者仲裁机构不得主动变更或者撤销合同。当事人如果只要求变更，人民法院或者仲裁机构不得撤销其合同。

此外，针对当事人订立合同后合并的，由合并后的法人或者其他组织行使合同权利，履行合同义务。当事人订立合同后分立的，除债权人和债务人另有约定的以外，由分立的法人或者其他组织对合同的权利和义务享有连带债权，承担连带债务。

3.1.6 合同的履行、变更和转让

1. 合同的履行

（1）合同履行的概念

合同的履行是指合同各方当事人按照合同的规定，全面履行各自的义务，实现各自的权利，使各方的目的得以实现的过程。

合同履行的原则如下：

1）全面履行的原则

当事人应当按照合同约定全面履行自己的义务，即按合同约定的质量、价款或者报酬、履行地点、期限、数量、方式等全面履行各自的义务。

2）诚实信用的原则

当事人应当遵循诚实信用原则，根据合同的性质、目的和交易习惯履行通知、协助、保密

等义务。

(2) 合同履行中的抗辩权

合同履行中的抗辩权主要是指在双务合同履行中,如果一方或双方具有法律规定的事由的话,法律授权当事人可以私自救济,即可以拒绝履行自己的义务来保护自己的合法权益,而不承担违约责任。依其具体情形可分为同时履行抗辩权、先履行抗辩权和不安抗辩权3种。

1) 同时履行抗辩权。是指在没有规定履行顺序的双务合同中,当事人一方在当事人另一方未为对待给付以前,有权拒绝先为给付的权利。

《合同法》第66条规定,当事人互负债务,没有先后履行顺序的,应当同时履行。一方在对方履行之前有权拒绝其履行要求。一方在对方履行债务不符合约定时,有权拒绝其相应的履行要求。

2) 先履行抗辩权。是指当事人互负债务,有先后履行顺序,先履行一方未履行或者履行债务不符合约定的,后履行一方有权拒绝先履行一方的履行要求。

3) 不安抗辩权。是指先履行合同的当事人一方因后履行合同一方当事人欠缺履行债务能力或信用,而拒绝履行合同的权利。

《合同法》第68条规定,应当先履行债务的当事人,有确切证据证明对方有下列情形之一的,可以中止履行:

① 经营状况严重恶化;

② 转移财产、抽逃资金以逃避债务;

③ 丧失商业信誉;

④ 有丧失或者可能丧失履行债务能力的其他情形。当事人没有确切证据中止履行的,应当承担违约责任。

(3) 合同履行中债的保全

1) 代位权的概念

代位权是指债权人为了保障其债权不受损害,而以自己的名义代替债务人行使债权的权利。

《合同法》第73条规定,因债务人怠于行使到期债权,对债权人造成损害的,债权人可以向人民法院请求以自己的名义代位行使债务人的债权,但该债权专属于债务人自身的除外。代位权的行使范围以债权人的债权为限。债权人行使代位权的必要费用,由债务人负担。

2) 代位权的行使

债权人行使代位权的,必须以自己的名义提起诉讼,因此,代位权诉讼的原告只能是债权人。代位权必须通过诉讼程序行使,并且债权人代位行使的债权数额应当与其对债务人享有的债权数额为上限。

3) 代位权行使的效力

在债务链中,如果原债务人的债务人向原债务人履行债务,原债务人拒绝受领时,则债权人有权代原债务人受领。但在接受之后,应当将该财产交给原债务人,而不能直接独占财产。然后,再由原债务人向债权人履行其债务。如原债务人不主动履行债务时,债权人可请求强制履行受偿。

2. 合同的变更

合同变更是指有效成立的合同在尚未履行或未履行完毕之前，由于一定法律事实的出现而使合同内容发生改变，当事人协商一致，可以变更合同。当事人对合同变更的内容约定不明确的，推定为未变更。合同变更后，当事人应按变更后的合同内容履行，未变更的权利义务继续有效，已经履行的债务不因合同的变更而失去合法性。

合同变更的条件如下：

1）原已存在有效的合同关系；

2）合同内容发生变化；

3）经当事人协商一致，或依法律规定；

4）法律、行政法规规定变更合同应当办理批准、登记等手续的，应遵守其规定。

3. 合同的转让

合同转让，是指合同权利、义务的转让，即当事人一方将合同的权利或义务全部或部分转让给第三人的法律行为。也就是说由新的债权人代替原债权人，由新的债务人代替原债务人，不过债的内容保持一致。

合同的转让包括债权转让、债务转移（债务承担）、权利义务的概括转移。债权转让是指不改变合同的内容，债权人通过协议将债权全部或部分移转于第三人的行为。债务转移是指不改变债务内容，债权人、债务人、第三人订立转让债务协议，转让部分或全部债务。合同权利义务的概括转移，又称为合同债权债务的概括转让，是指合同当事人一方将合同权利义务一并转移给第三人，由第三人概括地承担这些权利义务的法律现象。

债权转让应当通知债务人。未经通知，该转让对债务人不发生效力。债务转移应当经债权人同意。权利义务的概括转移需经对方的同意。

3.1.7 合同的解除和终止

1. 合同的解除

合同的解除是指合同有效成立后，在一定条件下通过当事人的单方行为或者双方合意终止合同效力或者溯及地消灭合同关系的行为。根据《合同法》相关规定，合同解除可分为：

（1）约定解除

《合同法》第93条规定，当事人协商一致，可以解除合同。当事人可以约定一方解除合同的条件。解除合同的条件成就时，解除权人可以解除合同。

（2）法定解除

法定解除是指在符合法定条件时，当事人一方有权通知另一方解除合同。

《合同法》第94条规定，有下列情形之一的，当事人可以解除合同：

1）因不可抗力致使不能实现合同目的；

2）在履行期限届满之前，当事人一方明确表示或者以自己的行为表明不履行主要债务；

3）当事人一方迟延履行主要债务，经催告后在合理期限内仍未履行；

4）当事人一方迟延履行债务或者有其他违约行为致使不能实现合同目的；

5）法律规定的其他情形。

2. 合同的终止

合同的终止是指因发生法律规定或当事人约定的情况，使当事人之间的权利义务关系消灭，而使合同终止法律效力。合同的终止有3种情况：即履行终止、强行终止（裁决、判决终止）和协议终止。

《合同法》规定的合同终止的原因有：

1）债务已经按照约定履行；

2）合同解除；

3）债务相互抵消；

4）债务人依法将标的物提存；

5）债权人免除债务；

6）债权债务同归于一人；

7）法律规定或者当事人约定终止的其他情形。

3.1.8　违约责任

违约责任是指合同当事人一方不履行合同义务或履行合同义务不符合合同约定所应承担的民事责任。《合同法》规定：当事人一方不履行合同义务或者履行合同义务不符合约定的，应当承担继续履行、采取补救措施或者赔偿损失等违约责任。除此之外，违约责任还有其他形式，如违约金和定金责任。当事人双方都违反合同的，应各自承担相应的责任。

因不可抗力不能履行合同的，根据不可抗力的影响，部分或全部免除责任。

3.1.9　合同争议的解决

所谓合同争议，又称合同纠纷，是指合同当事人对合同规定的权利义务产生了不同的理解。解决合同争议是维护当事人正当合法权益，保证工程施工顺利进行的重要手段。按我国《合同法》规定，合同争议的解决方法有4种，即和解、调解、仲裁和诉讼。

1. 和解和调解

合同发生争议后，当事人应优选通过和解解决纠纷。当通过和解不能达成协议时，可在合同管理机关或有关机关、团体的主持下，通过对当事人进行说服教育，促使双方互相作出适当的让步，平息争端，自愿达成协议，以求解决合同争议。和解和调解方式简便易行，能经济及时地解决纠纷，有利于维护合同双方的友好合作关系，使合同能够更好得到履行。但缺点是和解和调解的结果没有强制执行的法律效力，要靠当事人自觉履行。

2. 仲裁

仲裁，也称“公断”，是当事人双方在争议发生前或争议发生后达成协议，自愿将争议交给第三者作出裁决，并负有自动履行义务的一种解决争议的方式。

仲裁的原则如下：

（1）自愿原则

当发生合同争议时，合同当事人有权协议选择是否采用仲裁方式解决争议。如有一方不同意进行仲裁的，仲裁机构即无权受理合同纠纷。

根据《仲裁法》规定，该原则的主要内容包括：

1）当事人采用仲裁方式解决纠纷，必须出于双方自愿，并以书面表示；

2）仲裁地点和仲裁机构，均由双方当事人共同选定，不再实行法定管辖；

3）仲裁事项指定；

4）仲裁是否开庭与公开进行，由当事人协议决定；

5）在仲裁过程中，当事人可以自行和解和自愿调解；

6）裁决书是否写明争议事实和裁决理由，由当事人协议决定等。

（2）公平合理原则

仲裁的公平合理，是仲裁制度的生命力所在。这一原则要求仲裁机构要充分收集证据，听取纠纷双方的意见。仲裁应当根据事实，同时，仲裁应当符合法律规定。

（3）仲裁依法独立进行原则

仲裁机构是独立的组织，相互之间无隶属关系。仲裁依法独立进行，不受行政机关、团体或个人的干涉。

（4）一裁终局原则

一裁终局制，是指当事人的纠纷一旦提交仲裁，仲裁机构作出的裁决，即具有终局的法律效力，对双方当事人均具有约束力。裁决作出后，当事人就同一纠纷再申请仲裁或向人民法院起诉的，仲裁委员会或者人民法院不予受理。

3. 诉讼

诉讼是指合同当事人依法请求人民法院行使审判权，审理双方之间发生的合同争议，作出由国家强制力保证实现其合法权益、从而解决纠纷的审判活动。

当事人没有订立仲裁协议或者仲裁协议无效的，可以向人民法院起诉。人民法院审理民事案件，依照法律实行合议、回避、公平审判和两审终审制度。

4. 争议发生后允许停止履行合同的情况

一般发生争议后，双方都应继续履行合同，保持施工连续，保护好已完工程。只有出现下列情况时，当事人方可停止履行施工合同：

1）单方违约导致合同确已无法履行，双方协议停止施工；

2）调解要求停止施工，且双方同意；

3）仲裁机关要求停止施工；

4）法院要求停止施工。

3.2 建设工程施工合同及建设工程委托监理合同

3.2.1 建设工程施工合同

1. 建设工程合同的基本概念

《合同法》规定，建设工程合同是承包人进行工程建设，发包人支付价款的合同。建设工程合同包括勘察、设计、施工和委托监理合同。

建设工程合同是一种特殊的承揽合同。因此，对建设工程合同没有规定的，适用承揽合同的有关规定。

2. 建设工程施工合同的作用

建设工程施工合同是指发包方（建设单位）和承包方（施工单位）为完成商定的施工工

程,明确相互权利、义务的协议。依照施工合同,施工单位应完成建设单位交给的施工任务,建设单位应按照规定提供必要条件并支付工程价款。

建设工程施工合同的作用为:

(1) 施工合同明确了在施工阶段承包人和发包人的权利和义务;

(2) 施工合同是施工阶段实行监理的依据;

(3) 保护建设工程施工过程中发包人和承包人权益的依据。

3. 建设工程施工合同示范文本的组成

根据有关工程建设施工的法律、法规,并结合我国工程建设施工的实际情况,借鉴国际上广泛使用的土木工程施工合同(特别是FIDIC土木工程施工合同条件),以及国家建设部、国家工商行政管理局1999年12月24日发布的《建设工程施工合同(示范文本)》(GF—1999-0201)。配合建设工程施工合同的操作运用,住建部和国家工商管理总局于2003年颁布的《建设工程施工专业分包合同(示范文本)》(GF—2003-0213)和《建设工程施工劳务分包合同(示范文本)》(GF—2003-0214)两个合同范本。现住房与城乡建设部、国家工商行政管理总局对《建设工程施工合同(示范文本)》(GF—1999-0201)进行修订,制定了《建设工程施工合同(示范文本)》(GF—2013-0201)(以下简称《示范文本》),自2013年7月1日起执行。

1. 建设工程施工合同(示范文本)结构

《示范文本》由合同协议书、通用合同条款和专用合同条款3部分组成,并附有11个附件。如表3-1所示。

表3-1 建设工程施工合同示范文本内容

组成文件	文件内容
协议书	1. 工程概况 包括工程名称、工程地点、工程内容、工程立项批准文号、资金来源、工程内容、工程承包范围等。 2. 合同工期 包括开工日期、竣工日期、合同工期总日历天数。 3. 质量标准 4. 签约合同价与合同价格形式 包括签约合同价(其中安全文明施工费、材料和工程设备暂估价金额、专业工程暂估价金额、暂列金额)、合同价格形式。 5. 项目经理 6. 合同文件构成 协议书与下列文件一起构成合同文件: 1) 中标通知书(如果有); 2) 投标函及其附录(如果有); 3) 专用合同条款及其附件; 4) 通用合同条款; 5) 技术标准和要求; 6) 图纸; 7) 已标价工程量清单或预算书; 8) 其他合同文件。

（续表）

组成文件	文件内容
协议书	7. 承诺 （1）发包人承诺按照法律规定履行项目审批手续、筹集工程建设资金并按照合同约定的期限和方式支付合同价款。 （2）承包人承诺按照法律规定及合同约定组织完成工程施工，确保工程质量和安全，不进行转包及违法分包，并在缺陷责任期及保修期内承担相应的工程维修责任。 （3）发包人和承包人通过招投标形式签订合同的，双方理解并承诺不再就同一工程另行签订与合同实质性内容相背离的协议。 8. 词语含义 9. 签订时间 10. 签订地点 11. 补充协议 12. 合同生效 13. 合同份数
通用条款	1. 一般约定 1.1 词语定义与解释 1.2 语言文字 1.3 法律 1.4 标准和规范 1.5 合同文件的优先顺序 1.6 图纸和承包人文件 1.7 联络 1.8 严禁贿赂 1.9 化石、文物 1.10 交通运输 1.11 知识产权 1.12 保密 1.13 工程量清单错误的修正 2. 发包人 2.1 许可或批准 2.2 发包人代表 2.3 发包人人员 2.4 施工现场、施工条件和基础资料的提供 2.5 资金来源证明及支付担保 2.6 支付合同价款 2.7 组织竣工验收 2.8 现场统一管理协议 3. 承包人 3.1 承包人的一般义务 3.2 项目经理 3.3 承包人人员 3.4 承包人现场查勘 3.5 分包 3.6 工程照管与成品、半成品保护 3.7 履约担保 3.8 联合体

（续表）

组成文件	文件内容
通用条款	4. 监理人 4.1　监理人的一般规定 4.2　监理人员 4.3　监理人的指示 4.4　商定或确定 5. 工程质量 5.1　质量要求 5.2　质量保证措施 5.3　隐蔽工程检查 5.4　不合格工程的处理 5.5　质量争议检测 6. 安全文明施工与环境保护 6.1　安全文明施工 6.2　职业健康 6.3　环境保护 7. 工期和进度 7.1　施工组织设计 7.2　施工进度计划 7.3　开工 7.4　测量放线 7.5　工期延误 7.6　不利物质条件 7.7　异常恶劣的气候条件 7.8　暂停施工 7.9　提前竣工 8. 材料与设备 8.1　发包人供应材料与工程设备 8.2　承包人采购材料与工程设备 8.3　材料与工程设备的接收与拒收 8.4　材料与工程设备的保管与使用 8.5　禁止使用不合格的材料和工程设备 8.6　样品 8.7　材料与工程设备的替代 8.8　施工设备和临时设施 8.9　材料与设备专用要求 9. 试验与检验 9.1　试验设备与试验人员 9.2　取样 9.3　材料、工程设备和工程的试验和检验 9.4　现场工艺试验 10. 变更 10.1　变更的范围 10.2　变更权 10.3　变更程序 10.4　变更估价 10.5　承包人的合理化建议 10.6　变更引起的工期调整

（续表）

<table>
<tr><th>组成文件</th><th>文件内容</th></tr>
<tr><td>通用条款</td><td>10.7　暂估价
10.8　暂列金额
10.9　计日工
11. 价格调整
11.1　市场价格波动引起的调整
11.2　法律变化引起的调整
12. 合同价格、计量与支付
12.1　合同价格形式
12.2　预付款
12.3　计量
12.4　工程进度款支付
12.5　支付账户
13. 验收和工程试车
13.1　分部分项工程验收
13.2　竣工验收
13.3　工程试车
13.4　提前交付单位工程的验收
13.5　施工期运行
13.6　竣工退场
14. 竣工结算
14.1　竣工结算申请
14.2　竣工结算审核
14.3　甩项竣工协议
14.4　最终结清
15. 缺陷责任与保修
15.1　工程保修的原则
15.2　缺陷责任期
15.3　质量保证金
15.4　保修
16. 违约
16.1　发包人违约
16.2　承包人违约
16.3　第三人造成的违约
17. 不可抗力
17.1　不可抗力的确认
17.2　不可抗力的通知
17.3　不可抗力后果的承担
17.4　因不可抗力解除合同
18. 保险
18.1　工程保险
18.2　工伤保险
18.3　其他保险
18.4　持续保险
18.5　保险凭证
18.6　未按约定投保的补救
18.7　通知义务</td></tr>
</table>

（续表）

组成文件	文件内容
通用条款	19. 索赔 19.1　承包人的索赔 19.2　对承包人索赔的处理 19.3　发包人的索赔 19.4　对发包人索赔的处理 19.5　提出索赔的期限 20. 争议解决 20.1　和解 20.2　调解 20.3　争议评审 20.4　仲裁或诉讼 20.5　争议解决条款效力
专用条款	《专用条款》的条款号与《通用条款》相一致，但主要是空格，由当事人根据工程的具体情况予以明确或者对《通用条款》进行修改。
附件	附件1:承包人承揽工程项目一览表 专用合同条款附件 附件2:发包人供应材料设备一览表 附件3:工程质量保修书 附件4:主要建设工程文件目录 附件5:承包人用于本工程施工的机械设备表 附件6:承包人主要施工管理人员表 附件7:分包人主要施工管理人员表 附件8:履约担保格式 附件9:预付款担保格式 附件10:支付担保格式 附件11:暂估价一览表

1)《协议书》是《示范文本》中总纲性文件。主要包括：工程概况、合同工期、质量标准、签约合同价和合同价格形式、项目经理、合同文件构成、承诺以及合同生效条件等重要内容，集中约定了合同当事人基本的合同权利义务。

2)《通用合同条款》是合同当事人根据《中华人民共和国建筑法》、《中华人民共和国合同法》等法律法规的规定，就工程建设的实施及相关事项，对合同当事人的权利义务做出的原则性约定。

通用合同条款共计20条，具体条款分别为：一般约定、发包人、承包人、监理人、工程质量、安全文明施工与环境保护、工期和进度、材料与设备、试验与检验、变更、价格调整、合同价格、计量与支付、验收和工程试车、竣工结算、缺陷责任与保修、违约、不可抗力、保险、索赔和争议解决。前述条款安排既考虑了现行法律法规对工程建设的有关要求，也考虑了建设工程施工管理的特殊需要。

3)《专用合同条款》是对通用合同条款原则性约定的细化、完善、补充、修改或另行约定的条款。合同当事人可以根据不同建设工程的特点及具体情况，通过双方的谈判、协商对相应的专用合同条款进行修改补充。在使用专用合同条款时，应注意以下事项：

① 专用合同条款的编号应与相应的通用合同条款的编号一致；

② 合同当事人可以通过对专用合同条款的修改，满足具体建设工程的特殊要求，避免直接修改通用合同条款；

③ 在专用合同条款中有横道线的地方，合同当事人可针对相应的通用合同条款进行细化、完善、补充、修改或另行约定；如无细化、完善、补充、修改或另行约定，则填写“无”或划“/”。

4. 建设工程施工合同文件的解释顺序

《示范文本》规定了合同文件的优先顺序。

组成合同的各项文件应互相解释，互为说明。除专用合同条款另有约定外，解释合同文件的优先顺序如下：

1）合同协议书；

2）中标通知书(如果有)；

3）投标函及其附录(如果有)；

4）专用合同条款及其附件；

5）通用合同条款；

6）技术标准和要求；

7）图纸；

8）已标价工程量清单或预算书；

9）其他合同文件。

上述各项合同文件包括合同当事人就该项合同文件所做出的补充和修改，属于同一类内容的文件，应以最新签署的为准。

在合同订立及履行过程中形成的与合同有关的文件均构成合同文件组成部分，并根据其性质确定优先解释顺序。

3.2.2 建设工程委托监理合同

随着我国改革开放的不断深入，建设监理已成为我国工程建设中不可缺少的重要环节，所起的作用也越来越明显。工程建设监理制度是保证工程质量、规范市场主体行为及提高管理水平的一项重要措施。在工程建设过程中，发包人必须以合同形式委托监理任务，这就形成了建设工程委托监理合同。

1. 建设工程委托监理合同概述

(1) 建设工程委托监理合同的概念

建设工程委托监理合同简称监理合同，是指委托人与监理人就委托的工程项目管理内容签订的明确双方权利、义务的协议。

(2) 建设工程委托监理合同的特征

监理合同是委托合同的一种，除具有委托合同的共同特点外，还具有以下特点：

1）监理合同的当事人双方应当是具有民事权力能力和民事行为能力、取得法人资格的企事业单位及其他社会组织，个人在法律允许的范围内也可以成为合同当事人。

在监理合同中应特别注意：

① 委托人必须是具有国家批准建设项目的、落实投资计划的企事业单位或其他社会组织及个人；

② 受托人必须是依法成立具有法人资格的监理企业，并且所承担的工程监理业务应与企业的资质等级和业务范围相符合。

2）监理合同委托的工作内容必须符合工程项目建设程序，遵守有关法律、行政法规。监理合同是以对建设工程项目实施控制和管理为主要内容，因此监理合同必须符合建设工程项目的程序，符合国家和建设行政主管部门颁发的有关建设工程的法律、行政法规、部门规章和各种标准、规范要求。

3）监理合同的标的是服务。建设工程实施阶段所签订的其他合同，如勘察设计合同、施工承包合同、物资采购合同、加工承揽合同的标的物是产生的新物质成果或信息成果，而监理合同的标的是服务，即监理工程师凭借自己的知识、经验、技能受业主委托为其所签订其他合同的履行实施监督和管理。

2. 建设工程委托监理合同的形式

工程实际中，一般是业主通过招投标方式择优选定监理单位。监理单位在接受业主的委托后，必须与业主签订建设工程委托监理合同，才能对工程项目进行监理。建设工程委托监理合同主要有以下四种形式：

(1) 双方协商签订的合同

这种监理合同是依据法律要求制订，合同双方根据委托监理工作的内容和特点，通过协商订立有关条款，其内容和格式不受限制，双方就权利和义务达成一致后签字盖章生效。

(2) 信件式合同

信件式合同通常是指由监理单位编制有关内容，以信件形式请示发包人，经发包人签署批准意见，并留一份备案后退给监理单位执行。这种形式的合同一般适用于规模较小、较简单的工程，或是在正式合同的履行过程中，依据实际工程进展情况，监理单位认为需要增加某些监理工作任务时，采用的补充合同文件形式。

(3) 委托通知单

委托通知单是由委托方(发包方)发出执行任务，由监理单位进行确认。一般是指正式合同履行过程中，发包人以通知单形式，把监理单位在订立监理合同时提出的建议增加而当时未接受的工作内容进一步委托给监理方。如果监理单位不表示异议，则委托通知单就成为监理单位所接受的协议，也就成为监理合同的补充文件。

(4) 标准委托合同

现在世界上较为常见的一种标准委托合同格式是国际咨询工程师联合会(FIDIC)颁布的《雇主与咨询工程师项目管理协议书国际范本与国际通用规则》，最新版本是《业主、咨询工程师标准服务协议书》。

国内为了使委托监理行为规范化，减少合同履行过程中的争议和纠纷，建设部与国家工商行政管理局联合组织制定出标准化的合同示范文本《建设工程委托监理合同(示范文本)》，供委托监理任务时采用。这种标准委托合同通用性强，条款内容覆盖面广，有利于双方在签订合同时达成共识，而且有助于监理工作的规范化实施。

3.《建设工程监理合同(示范文本)》的内容

建设部与国家工商行政管理局联合制定并颁布了《建设工程委托监理合同(示范文本)》

(GF—2000-0202)。使用该示范文本以后,当事人订立合同时更加认真、规范,同时,对于当事人在订立合同时明确各自的权利和义务、减少合同约定缺款少项、防止合同纠纷,起到了积极作用。

2012年3月27日,为规范建设工程监理活动,维护建设工程监理合同当事人的合法权益,住房和城乡建设部、国家工商行政管理总局对《建设工程委托监理合同(示范文本)》(GF—2000-2002)进行修订,制定了《建设工程监理合同(示范文本)》(GF—2012-0202),原《建设工程委托监理合同(示范文本)》(GF—2000-2002)同时废止。

《建设工程委托监理合同(示范文本)》由以下3部分组成:

1) 协议书(以下称"合同")

"合同"是一个总的协议,是纲领性的法律文件。其中明确了当事人双方确定的委托监理工程的概况(工程名称、地点、工程规模、总投资);委托人向监理人支付报酬的期限和方式;合同签订、生效、完成日期;双方愿意履行约定的各项义务的承诺。经双方当事人在合同上填写具体规定的内容并签字盖章后,即发生法律效力。合同包括工程概况、词语限定、组成本合同的文件、总监理工程师、签约酬金、期限、双方承诺、合同订立等内容。

2) 通用条件

通用条件的内容涵盖了合同中所用词语和定义,适用范围和法规,签约双方的责任、权利和义务,合同生效、变更与终止,监理报酬,争议的解决以及其他一些事项。它是委托监理合同的通用文件,适用于各类建设工程项目管理,各个委托人、监理人都应遵守。

3) 专用条件

专用条件是对通用条件的补充和修正。由于通用条件适用于各种专业和专业项目的建设工程监理,其中某些条款规定得比较笼统,需要在签订具体工程项目监理合同时,结合地域特点、专业特点和工程项目的特点,对通用条件的某些条款进行补充和修改。

所谓"补充"是指对通用条件中某些条款,在条款确定的原则下,在专用条件的条款中进一步明确具体内容,使两个条件中相同序号的条款共同组成一条内容完备的条款。所谓"修改"是指通用条件中规定的程序方面的内容,如果双方认为不合适,可以协议进行修改。

4. 建设工程委托监理合同的订立

建设工程委托监理合同的签订,意味着委托关系的形成,因而合同的签订必须经双方法定代表人或经法定代表人授权的委托人签署并监督执行。

监理合同的订立包括:委托监理业务的范围;对监理工作的要求;监理合同的履行期限、地点和方式;双方的权利。

(1) 委托监理业务的范围

监理合同的范围是监理工程师为委托人提供服务的范围和工作量。委托人委托监理业务的范围可以非常广泛。按工程建设各阶段来分,监理业务可以包括项目前期立项咨询、设计阶段、实施阶段及保修阶段的全部监理工作或某一阶段的监理工作。在某一阶段内,又可以进行投资、质量、工期的三大控制及信息、合同、安全的三项管理,以及对参加建设项目的有关方之间进行组织与协调,简称监理工作的三控、三管、一协调。但就具体项目而言,要根据工程的特点、监理人的能力、建设不同阶段的监理任务等方面因素,将委托的监理任务详细写入合同的专用条件中。

施工阶段委托监理工作的范围为:

1）协助委托人选择承包人，组织设计、施工、设备采购等招标；

2）技术监督和检查，包括检查工程设计、材料和设备质量以及对操作或施工质量的监理和检查等；

3）施工管理，包括质量控制、成本控制、计划和进度控制等。

通常施工监理合同中“监理工作范围”条款，一般应与工程项目总概算、单位工程概算所涵盖的工程范围相一致，或与工程总承包合同、单项工程承包合同所涵盖的工程范围相一致。

（2）对监理工作的要求

在监理合同中明确约定的监理人执行监理工作的要求，应当符合《建设工程监理规范》的规定。应针对工程项目的实际情况派出监理工作需要的监理机构及人员，编制监理规划和监理实施细则，采取实现监理工作目标相应的监理措施，才能保证监理合同得到真正的履行。

（3）监理合同的履行期限、地点和方式

订立监理合同时约定的履行期限、地点和方式是指合同中规定的当事人履行自己的义务，完成工作的时间、地点以及结算酬金。

在当事人双方签订《建设工程委托监理合同》时，必须商定监理期限，标明开始和完成的时间。合同中注明的监理工作开始实施和完成日期是根据工程情况估算的时间，合同约定的监理酬金是根据这个时间估算的。如果委托人根据实际需要增加委托工作范围或内容，导致需要延长合同期限，双方可以通过协商，另行签订补充协议。监理酬金的支付方式也必须事先约定。

（4）双方的权利

委托人和监理人构成了合同的“主体”。委托人和监理人在合同当中具有平等的法律地位。委托人和监理人经协商一致签订监理合同，在履行合同过程中双方都依法享有权利和义务。

由于监理合同是双方当事人协商一致后签订的，因此无论委托人是还是监理人，未经双方的书面同意，均不能将所签订合同的议定权利和义务转让给第三者，而单方面变更合同主体。

1）委托人权利

① 授予监理人权限的权利。委托人授予监理人权限的大小，要根据自身的管理能力、工程建设项目的特点及需要等因素考虑。监理合同内授予监理人的权限，在执行过程中可随时通过书面附加协议予以扩大或减小。

② 对其他合同承包人的选定权。委托人是建设资金的持有者和建筑产品的所有人，因此对设计合同、施工合同、加工制造合同等的承包单位有选定权和订立合同的签字权。监理人在选定其他合同承包人的过程中仅有建议权而无决定权。

③ 委托监理工程重大事项的决定权。委托人有对工程规模、规划设计、生产工艺设计、设计标准和使用功能等要求的认定权及工程设计变更审批权。

④ 对监理人履行合同的监督控制权。委托人对监理人履行合同的监督权利体现在以下3个方面：

a. 对监理合同转让和分包的监督。除了支付款的转让外，监理人不得将所涉及到的利益或规定义务转让给第三方。监理人所选择的监理工作分包单位必须事先征得委托人的认可。在没有取得委托人的书面同意前，监理人不得开始实行、更改或终止全部或部分服务的任何分包合同。

b. 对监理人员的控制监督。合同专用条款或监理人的投标书内，应明确总监理工程师人选，监理机构派驻人员计划。合同开始履行时，监理人应向委托人报送委派的总监理工程师及其监理机构主要成员名单，以保证完成监理合同专用条件中约定的监理工作范围内的任务。当监理人调换总监理工程师时，须经委托人同意。

c. 合同履行的监督权。监理人有义务按时提交监理报告，委托人也可以随时要求监理人提交合同专用条款中明确约定的有关重大问题的专项报告。委托人按照合同约定检查监理工作的执行情况时，如果发现监理人员不按监理合同履行职责或与承包方串通，给委托人或工程造成损失，有权要求监理人更换监理人员，直至终止合同，并承担相应赔偿责任。

2）监理人权利

① 监理合同中赋予监理人的权利

a. 获得酬金和相应奖励的权利。监理人完成合同内规定的监理任务后，可获得正常监理任务酬金。如完成委托人同意的附加工作和额外工作后，也有权按照专用条件中约定的计算方法，得到额外工作的酬金。此外，在工作过程中如监理人提出合理化建议，使委托人获得实际经济利益，则应按照合同中规定的奖励办法，得到委托人给予的适当物质奖励。奖励办法通常参照国家颁布的合理化建议奖励办法，写明在专用条件相应的条款内。

b. 依法终止合同的权利。如果由于委托人违约严重拖欠应付监理人的酬金，或由于非监理人责任而使监理暂停的期限超过半年以上，监理人可按照终止合同规定程序，单方面提出终止合同，以保护自己的合法权益。

② 执行监理业务可以行使的权利

a. 工程有关事项和工程设计的建议权。

b. 对实施项目质量、工期和费用的监督控制权。包括征得委托人同意的指令权（开工、停工、复工）；选择总承包单位的建议权、对分包单位的批准权或否决权；在工程承包合同范围内，工程款支付的审核和签认权，以及结算工程款的复核确认与否定权等。

c. 工程建设有关协作单位组织协调的主持权。

d. 紧急情况下，发布变更权。为了工程和人身安全，尽管变更指令已超越了委托人授权而又不能事先得到批准时，也有权发布变更指令，但事后应尽快通知委托人。

e. 审核承包人索赔的权利。

5. 建设工程委托监理合同的履行

监理合同的有效期为双方签订合同后，自工程准备工作开始，到监理人向委托人办理完竣工验收或工程移交手续，承包人和委托人已签订工程保修责任书，监理人收到监理报酬尾款为止。如果保修期仍需监理人执行监理工作，双方应在合同的专用条款中另行约定。

（1）委托人的履行

建设工程监理单位和委托单位之间是一种合同关系，委托单位应按照监理合同履行自己应当履行的合同义务。监理合同中规定的应当由委托方负责的工作，是保障合同最终实现的基础，如外部关系的协调，为监理工作提供外部条件，为监理单位提供获取本工程使用的原材料、构配件、机械设备等生产厂家名录等，都是监理人做好工作的先决条件。委托人必须严格按照监理合同的规定，履行应尽的义务，才有权要求监理人履行合同。

委托人应当履行的义务主要有以下几个方面：

1）严格按照监理合同的规定履行应尽的义务，提供工程顺利进行所必需的辅助条件；

2）负责工程的外部关系的协调工作，满足开展监理工作所需提供的外部条件；

3）与监理人做好协调工作；

4）在合理的时间内，对监理书面要求作出书面决定；

5）提供工程相关信息、物质及人员服务。

（2）监理人的履行

为保证监理合同的顺利执行，监理人在合同履行期间应尽的义务如下：

1）认真工作，公正地维护有关方面的合法权益；

2）按合同约定派驻足够人员从事现场监理工作；

3）在合同期内或合同终止后，未征得有关方同意，不得泄露与本工程及合同业务有关的保密资料；

4）使用委托人提供的设施和物品的，监理工作完成或中止后应及时归还委托人；

5）非经委托人书面同意，监理人及其职员不应接受委托监理合同约定以外的与监理工程有关的报酬；

6）不得参与可能与合同规定的与委托人利益相冲突的任何活动；

7）负责合同的协调管理工作。

（3）监理合同的变更

监理合同涉及合同变更的条款主要是指合同责任期的变更和委托监理工作内容的变更2个方面。

1）合同责任期的变更

监理合同的通用条款规定，监理合同的有效期即监理人的责任期。但在监理过程中如因工程建设进度推迟或延误而超过约定的日期，监理合同并不能到期终止，合同责任期经与委托人商议后应进行相应的变更。

2）委托监理工作内容的变更

监理合同的专用条款中注明了监理工作范围和内容，属于正常的监理人必须履行的合同义务。但在合同履行过程中，常会发生一些订立合同时未能或不能合理预见的事件，这些附加的和额外的工作常会引起委托监理工作内容的变更，也需要监理人完成。

（4）监理合同的违约责任与索赔

1）违约责任

合同履行过程中，由于当事人一方的过错，造成合同不能履行或者不能完全履行，由有过错的一方承担违约责任；如属双方的过错，根据实际情况，由双方分别承担各自的违约责任。为保证监理合同规定的各项权利义务的顺利实现，在《建设工程委托监理合同（示范文本）》中，制定了约束双方行为的条款："委托人责任"、"监理人责任"，分别如下：

① 委托人责任

a. 委托人违约应承担违约责任，赔偿监理人的经济损失；

b. 委托人索赔不成立时，由此引起监理人的费用，应给予补偿。

② 监理人责任

a. 因监理人过失造成经济损失，应向委托人进行赔偿，累计总额不应超出监理酬金总

额(除去税金);

b. 向委托人索赔不成立时,由此引起委托人的费用,应给予补偿。

2) 监理人的责任限度

在委托监理合同的标准条件中规定:监理人在责任期内,如果因过失而造成经济损失,要负监理失职的责任;监理人不对责任期以外发生的任何事情所引起的损失或损害负责,也不对第三方违反合同规定的质量要求和完工时限承担责任。

3.3 建设工程施工合同管理

对建设工程而言,从项目的勘察设计、建设施工到材料、设备的采购等各项环节,合同管理都要求监理工程师从投资、进度、质量目标控制的角度出发,依据有关法律、法规、办法、条例、合同文件,认真处理好合同的签订、分析及工程项目实施过程中出现的违约、变更、索赔、延期、分包、纠纷调解和仲裁等问题。施工阶段项目监理机构合同管理的内容主要包括以下几个方面。

3.3.1 施工阶段项目监理机构的合同管理

1. 施工合同的管理

监理工程师对施工合同管理的主要目的是约束业主与承包双方遵守合同规则,避免双方责任的分歧以及不严格执行合同而造成经济损失,保证工程项目目标的实现。因此,施工合同的管理是项目监理机构一项重要的工作。

监理工程师在工程建设施工阶段合同管理的职责主要有:

(1) 施工合同的签订管理

监理单位应积极参加工程招投标及评标工作,协助建设单位选择最优的承包单位,并参与协助建设单位签订施工合同,保证施工合同内容的合法、合理,协助施工合同的执行及工程建设的顺利实施。

(2) 施工合同的履行管理

在合同履行中,监理工程师应监督承包单位严格按照施工合同的规定,履行应尽的义务。同时,督促建设单位完成施工合同内规定应由建设单位负责的工作,为承包单位开工、施工创造有利条件。在施工合同履行中,项目监理机构应进行以下合同管理工作:

1) 项目监理机构总监理工程师任命一名监理人员作为专职或兼职的合同管理员,负责本工程项目的合同管理工作。

2) 总监理工程师组织项目监理机构监理人员对施工合同进行分析,重点熟悉、了解合同的以下内容:

① 工程概况;

② 工期目标;

③ 质量目标;

④ 承包方式及工程造价(承包价);

⑤ 控制工程质量的标准;

⑥ 与监理工作有关的条款;

⑦ 风险及责任分析；

⑧ 违约处理条款；

⑨ 其他有关事项。

3）将施工合同分析结果书面报告建设单位。

4）合同归档、分解。

在工程建设过程中，项目监理机构合同管理员应注意收集建设单位与第三方签订的涉及监理业务的合同（包括工程分包合同、材料、设备订货合同等），进行归档管理并将其内容分解到三大控制中去，由各专业监理工程师分别按其专业或内部职务分工进行控制与管理，并及时将信息反馈给合同管理员。

5）信息反馈及处理。

合同管理员将收集到的各方反馈的关于施工合同执行情况的信息进行综合、分析、对比与检查，并根据预控的原则进行跟踪管理。对比检查内容主要有：

① 工程质量是否可能违反施工合同规定的目标；

② 工程进度是否符合进度计划；

③ 工程造价是否可能超过计划；

④ 建设、承包单位是否有违约行为；

⑤ 签订的工程分包合同及材料、设备订货合同执行情况；

⑥ 其他有关合同执行的情况。

如发现合同执行情况不正常，应报告总监理工程师采取纠正措施，并通知建设、承包单位共同研究后执行。合同管理员应将合同执行情况写入监理月报。

2. 监理合同的管理

总监理工程师应组织项目监理机构监理人员对监理合同进行分析，重点熟悉、了解合同的以下内容：

1）监理服务范围；

2）双方权利、义务和责任；

3）工期目标；

4）质量目标；

5）成本目标；

6）违约处理条款；

7）监理酬金支付条款；

8）其他有关事项。

3. 合同档案的管理

合同档案的管理是项目监理机构的一项常规工作，应有专职或兼职的合同管理员负责收集施工合同的有关档案资料。工程项目全部竣工之后，应将全部合同文件加以系统整理，建档保管。在合同履行过程中，对合同文件，包括有关的鉴证、记录、协议、补充合同、备忘录、函件等都应做好系统分类，认真管理。

4. 合同索赔的管理

监理工程师对合同索赔管理的职责主要有以下几方面：

1）对导致索赔的原因有充分的预测和防范；

2）通过有力的合同管理，防止在施工过程中发生不能控制的、影响合同正常履行的干扰事件；

3）对已发生的干扰事件及时采取措施，降低影响、减少损失、避免或减少索赔；

4）合同实施过程中，监理工程师应注意对工程实施情况作记录，建立完整的文档系统，不断收集相关的工程资料，为反索赔作准备；

5）监理工程师在起草招标文件、合同文件、各种信件和下达指令、答复请示、作各种决策时要有预见性，减少漏洞、错误和矛盾。在合同实施中，保证自己不违约，完全按合同办事，做好协调工作，正确履行自己的职责；

6）参与索赔的处理过程，审查索赔报告，反驳承包商不合理的索赔要求或索赔要求中不合理的部分，经与建设单位协商、同意后，确认索赔金额，并签发“费用索赔审批表”，使索赔得到圆满解决。

5. 合同变更的管理

施工过程中应尽量减少合同变更的次数，变更的时间也应尽量提前，并在事件发生后的一定时限内提出，以避免或减少给工程项目建设带来的影响和损失；合同变更应以监理工程师、建设单位和承包单位共同签署的合同变更书面指令为准，并以此作为结算工程价款的凭据。紧急情况下，监理工程师的口头通知也可接受，但必须在48小时内，追补合同变更书。承包单位对合同变更若有不同意见也可在7～10天内书面提出，但建设单位决定继续执行的指令，承包单位应继续执行。

合同变更一经成立，原合同中的相应条款就应解除。

3.3.2 合同其他事项的管理工作

合同其他事项的管理主要包括：工程变更的管理；工程暂停及复工的管理；工程延期及工期延误的处理；费用索赔的处理；合同争议的调解；违约处理；合同的生效、终止与解除。

1. 工程变更的管理

在项目实施过程中，工程变更在工程索赔中所占的份额最大，也是最容易发生的事件。工程变更的责任分析是工程变更起因与工程变更问题处理，即确定赔偿问题的桥梁，因此，施工阶段项目监理机构的合同管理中也应重视工程变更的管理。

（1）工程变更的发生

工程变更一般包括两大类：

1）设计变更

设计变更是指在设计交底后、施工过程中，建设单位、设计单位或监理单位对工程的材料、工艺、功能、构造、尺寸、技术标准及施工方法等提出的对设计进行的修改与变更。设计变更需要经过设计单位审查同意。设计变更会引起工程量的增加或减少、工程分项的新增或删除、工程质量和进度的变化、实施方案的变化，因此，应尽量减少设计变更。如果必须对设计进行变更，必须严格按照国家的规定和合同约定的程序进行。

2）工程洽商

工程洽商是对施工中的工程做法的改变、工程量的增减、临时用工等问题，由建设单位与承包单位之间达成的协议，一般不牵涉设计单位或虽涉及设计单位但尚不构成设计变更。工程洽商通常也被称为施工方案的变更。

(2) 工程变更的处理程序

项目监理机构应按下列程序处理工程变更:

1) 设计单位对原设计存在的缺陷提出的工程变更,应编制设计变更文件;建设单位或承包单位提出的工程变更,应提交总监理工程师,由总监理工程师组织专业监理工程师审查。审查同意后,应由建设单位转交原设计单位编制设计变更文件。当设计变更涉及安全、环保等内容时,应按规定经有关部门审定。

施工中建设单位需对原工程设计变更,应提前 14 天以书面形式向承包单位发出变更通知。

2) 项目监理机构应了解实际情况和收集与工程变更有关的资料。

3) 总监理工程师必须根据实际情况、设计变更文件和其他有关资料,按照施工合同的有关条款,在指定专业监理工程师完成下列工作后,对工程变更的费用和工期作出评估:

① 确定工程变更项目与原工程项目之间的类似程度和难易程度;

② 确定工程变更项目的工程量、单价或总价;

③ 确定工程变更对工期的影响;

④ 变更后对工程质量和使用功能的影响。

以上评估结论作为项目监理机构是否同意此项工程变更,并与建设单位、承包单位进行协商的依据。

4) 总监理工程师应就工程变更费用及工期的评估情况与承包单位和建设单位进行协调。

5) 总监理工程师签发工程变更单。

工程变更单应符合《建设工程监理规范》中的基本格式,并应包括工程变更要求、工程变更说明、工程变更费用和工期、必要的附件等内容,有设计变更文件的工程变更应附设计变更文件。

6) 项目监理机构应根据工程变更单监督承包单位实施。

(3) 工程变更的处理原则

项目监理机构处理工程变更应符合下列原则:

1) 项目监理机构在工程变更的质量、费用和工期方面取得建设单位授权后,总监理工程师应按施工合同规定与承包单位进行协商,经协商达成一致后,总监理工程师应将协商结果向建设单位通报,并由建设单位与承包单位在变更文件上签字。

2) 在项目监理机构未能就工程变更的质量、费用和工期方面取得建设单位授权时,总监理工程师应协助建设单位和承包单位进行协商,并达成一致。

3) 在建设单位和承包单位未能就工程变更的费用等方面达成协议时,项目监理机构应提出一个暂定的价格,作为临时支付工程进度款的依据。该项工程款最终结算时,应以建设单位和承包单位达成的协议为依据。

4) 在总监理工程师签发工程变更单之前,承包单位不得实施工程变更。

5) 未经总监理工程师审查同意而实施的工程变更,项目监理机构不得予以计量。

2. 工程暂停及复工的管理

1) 总监理工程师在签发工程暂停令时,应根据暂停工程的影响范围和影响程度,按照施工合同和监理合同的约定签发。

2）在发生下列情况之一时，总监理工程师可签发工程暂停令：

① 建设单位要求暂停施工、且工程需要暂停施工；

② 为了保证工程质量而需要进行停工处理；

③ 施工出现了安全隐患，总监理工程师认为有必要停工以消除隐患；

④ 发生了必须暂时停止施工的紧急事件；

⑤ 承包单位未经许可擅自施工，或拒绝项目监理机构管理；

⑥ 其他必须暂停施工的紧急事件。

3）总监理工程师在签发工程暂停令时，应根据停工原因的影响范围和影响程度，确定工程项目停工范围。

4）由于建设单位原因，或其他非承包单位原因导致工程暂停时，总监理工程师在签发工程暂停令之前，应就有关工期和费用等事宜与承包单位进行协商。暂停施工前及停工期间，项目监理机构应如实记录所发生的实际情况。总监理工程师应在施工暂停原因消失、具备复工条件时，及时签署工程复工报审表，指令承包单位继续施工。

5）由于承包单位原因导致工程暂停，在具备恢复施工条件时，项目监理机构应审查承包单位报送的复工申请及有关材料，同意后由总监理工程师签署工程复工报审表，指令承包单位继续施工。

6）总监理工程师在签发工程暂停令到签发工程复工报审表之间的时间内，宜会同有关各方按照施工合同的约定，处理因工程暂停引起的与工期、费用等有关的问题。

工程暂停施工、复工的程序框图如图 3-1 所示。

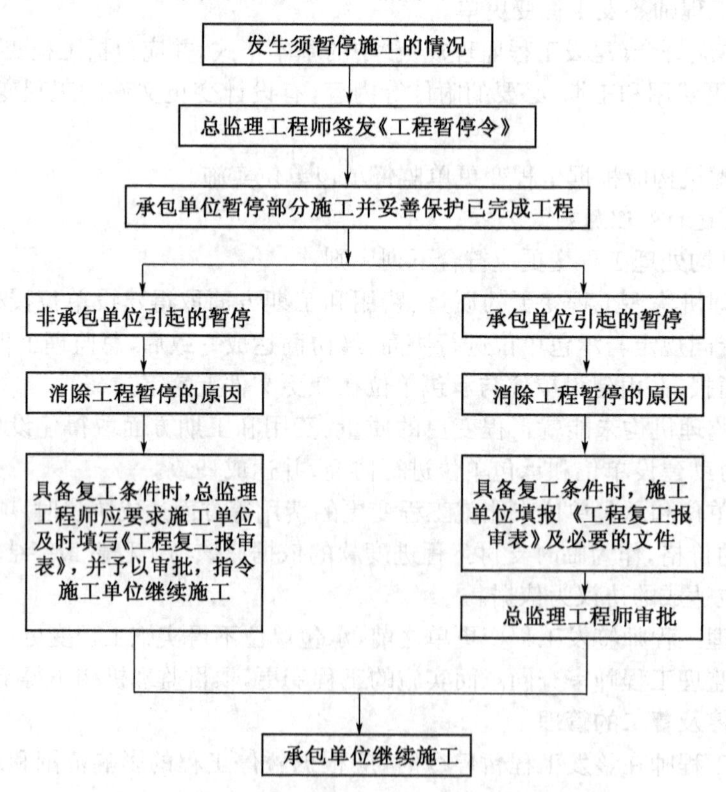

图 3-1　工程暂停及复工监理的基本程序框图

3. 工程延期及工期延误的处理

(1) 工程延期的条件

当发生非承包单位原因造成的持续性影响工期的事件时，承包单位有权向监理单位提出延长工期的申请。经监理工程师确认，可批准为工程延期的原因如下：

1) 建设单位未按施工合同专用条款的约定提供施工图及其他开工所需的条件；

2) 建设单位未按约定日期支付工程预付款和进度款，致使施工不能正常进行；

3) 监理工程师未按施工合同的约定提供所需的指令、批准等，致使施工不能正常进行；

4) 设计发生重大变更和工程量增加过多；

5) 一周内由于非承包单位原因停水、停电、停气造成的停工累计超过8小时；

6) 不可抗力；

7) 专用条款中约定或监理工程师同意工期顺延的其他情况。

(2) 监理单位处理工程延期的原则

1) 当承包单位提出工程延期要求符合施工合同文件的规定条件时，项目监理机构应予以受理。

2) 当影响工期事件具有持续性时，项目监理机构可在收到承包单位提交的阶段性工程延期申请表并经过审查后，先由总监理工程师签署工程临时延期审批表并通报建设单位。当承包单位提交最终的工程延期申请表后，项目监理机构应复查工程延期及临时延期情况，并由总监理工程师签署工程最终延期审批表。

3) 项目监理机构在作出临时工程延期批准或最终的工程延期批准之前，均应与建设单位和承包单位进行协商。

4) 项目监理机构在审查工程延期时，应依下列情况确定批准工程延期的时间：

① 施工合同中有关工程延期的约定；

② 工期拖延和影响工期事件的事实和程度；

③ 影响工期事件对工期影响的量化程度。

5) 工程延期造成承包单位提出费用索赔时，项目监理机构应按费用索赔的规定处理。

6) 当承包单位未能按照施工合同要求的工期竣工交付造成工期延误时，项目监理机构应按施工合同规定从承包单位应得款项中扣除误期损害赔偿费。

7) 经监理工程师确认的顺延的工期应纳入合同工期，作为合同工期的一部分。如果承包单位不同意监理工程师的确认结果，则按合同规定的争议解决方式处理。

(3) 工期延期的处理程序

承包单位在工期可以顺延的情况发生后14天内，应将延误的工期向监理工程师提出书面报告。监理工程师在收到报告后14天内予以确认答复，逾期不予答复，视为同意顺延工期。

监理工程师确认工期是否应予顺延，主要是根据事件实际造成的延误时间，然后依据合同、施工进度计划、工期定额等进行判定。

4. 索赔的处理

(1) 索赔的概念

建设工程索赔是指在合同的实施过程中，合同方不履行或未能正确履行合同所规定的义务或未能保证承诺的合同条件实现而造成损失，或一方在对方要求或同意时，尽了比原合同约定的更多的义务后，向对方提出的赔偿要求。索赔是相互的，承包单位可以向建设单位索赔，建设单位也可以向承包单位索赔。

监理工程师应按照预控原则，尽量控制不发生或少发生索赔事件，减轻建设单位的损失。

(2) 索赔的分类

1) 按索赔的目的分为工期索赔和费用索赔。

2) 按索赔的当事人分为建设单位与承包单位间的索赔、总承包单位与分包单位间的索赔、承包单位同供货商之间的索赔。

其中，建设单位与承包单位间的索赔在施工过程中是最普遍的索赔形式。最常见的是承包单位向建设单位提出工期索赔和费用索赔；有时，建设单位也向承包单位提出经济补偿的要求。

3) 按索赔的原因分为工程延误索赔、工程范围变更索赔、加速施工索赔、不利现场条件索赔。

其中，加速施工索赔又称为赶工索赔，一般指建设单位要求承包单位比合同规定的工期提前完工，承包单位可以因施工加速，成本超过原计划而提出索赔。

不利现场条件索赔是指合同的图纸和技术规范中所描述的条件与实际情况有实质性的不同或虽合同中未作描述，但实际却是一个有经验的承包商无法预料的。一般是地下水文地质条件，但也包括某些隐藏着的不可知的地面条件。

4) 按索赔的合同依据分为合同内索赔、合同外索赔和道义索赔。

合同外索赔是指合同中虽然未写明，但根据条款隐含的意思可以判定应由建设单位承担赔偿责任，以及根据适用法律建设单位应承担责任的情况。

道义索赔又称为额外支付，是指承包单位在合同内无法找到索赔依据，但承包单位认为自己有要求补偿的道义基础，而对其遭受的损失提出具有优惠性质的补偿要求。通常道义索赔的主动权在建设单位手中，只有在特殊情况下，建设单位才会同意道义索赔。

工程建设中常见的是以合同条款为依据的合同内索赔。

5) 按索赔处理方式分为单项索赔和综合索赔。

(3) 引起工程索赔的原因

1) 合同文件引起的索赔(如合同缺陷)；

2) 不可抗力和不可预见因素引起的索赔；

3) 建设单位原因引起的索赔；

4) 施工单位原因引起的索赔；

5) 监理工程师原因引起的索赔；

6) 价格调整引起的索赔；

7) 法规变化引起的索赔。

(4) 项目监理机构处理索赔的依据

1) 国家有关的法律、法规和工程项目所在地的地方法规；

2) 工程的施工合同文件；

3) 国家、部门和地方有关的标准、规范和定额；

4) 施工合同履行过程中与索赔事件有关的凭证材料。

(5) 项目监理机构处理索赔的原则

1）参与索赔事件处理的全过程，实事求是，严肃调查，严格确定索赔额；

2）维护建设单位的合法权益，也不损害承包单位的正当权益。

(6) 项目监理机构处理索赔的程序

1）承包单位在施工合同规定的期限内，向监理单位提交索赔意向通知书；

2）总监理工程师指定专业监理工程师收集与索赔有关的资料；

3）承包单位在合同规定的时间内向项目监理机构提交"索赔申请表"及有关详细资料和证明材料；

4）总监理工程师初步审查"索赔申请表"及有关资料，符合索赔条件则予以受理；

5）总监理工程师对索赔事件进行详细审查，初步确定一个索赔额度后与承包单位、建设单位进行协商；

6）总监理工程师在施工合同规定的时间内签署"索赔审批表"或在合同规定的时间内发出要求承包单位提交有关索赔的进一步详细资料或证明材料的通知，待收到承包单位送来的资料和材料后，重新按程序进行。

(7) 索赔依据的资料

1）项目监理机构的监理日志；

2）双方的往来信件（包括承包单位的申请表、监理工程师通知单、审批表等）；

3）施工进度记录；

4）会议记录；

5）工程照片、录像资料；

6）付款凭证及单据；

7）各种试验记录；

8）合同、标书、施工图及有关文件、设计变更和工程洽商文件；

9）其他资料。

(8) 反索赔

索赔是双向的，由于承包单位的原因造成建设单位的额外损失时，建设单位也可向承包单位提出反索赔。这里的反索赔指的是狭义的反索赔，是指业主向承包商提出的索赔要求。而广义的反索赔是指反驳、反击或者防止对方提出的索赔，不让对方索赔成功或者全部成功。下面我们仅对业主向承包商提出的反索赔进行分析：

1）反索赔的理由

① 由于承包单位原因造成工期延误，根据合同规定，承包单位应向建设单位支付违约金；

② 由于承包单位的质量事故给工程带来永久性缺陷；

③ 在施工过程中承包单位对建设单位的财产造成损失；

④ 其他属于索赔范围的事件。

2）反索赔的程序

① 建设单位提出索赔意见后，与监理单位协商取得一致意见；

② 监理单位向承包单位发出"监理工程师通知单"，说明索赔理由、索赔金额，并附有关资料或证明材料；

③ 建设单位、承包单位双方协商，监理单位进行协调，根据事实和依据，尽可能取得一致意见，商定补偿金的数额及支付办法；如协商不成，按合同争议处理。

5. 合同争议的调解

(1) 常见的争议内容

施工过程中，建设单位与承包单位常发生的争议内容有：

1) 索赔争议；

2) 违约赔偿争议；

3) 工程质量争议；

4) 中止合同争议；

5) 终止合同争议；

6) 计量与支付争议；

7) 其他争议。

(2) 合同争议的调解

1) 项目监理机构接到合同争议的调解要求后应进行以下工作：

① 及时了解合同争议的全部情况，包括进行调查和取证；

② 及时与合同争议的双方进行磋商；

③ 在项目监理机构提出调解方案后，由总监理工程师进行争议调解；

④ 当调解未达成一致时，总监理工程师应在施工合同规定的期限内提出处理该合同争议的意见；

⑤ 在争议调解过程中，除已达到施工合同规定的暂停履行合同的条件之外，项目监理机构应要求施工合同的双方继续履行施工合同。

2) 在总监理工程师签发合同争议处理意见后，如果建设单位及承包单位在施工合同规定的期限内未提出异议，则在符合施工合同的前提下，此意见成为最后的决定，双方必须执行。

3) 在合同争议的仲裁或诉讼过程中，项目监理机构接到仲裁机关或法院要求提供有关证据的通知后，应公正地向仲裁机关或法院提供与争议有关的证据。

6. 违约处理

(1) 项目监理机构处理违约的原则

1) 监理单位有义务经常提醒建设单位、承包单位不发生违约事件；

2) 在监理过程中如发现有违约可能时，应及时劝阻有违约可能的一方不发生或少发生违约事件；

3) 已发生违约事件后，监理单位应在充分调查事件的基础上，以事实为依据，以合同约定为准绳，公平合理地予以处理；

4) 处理过程中应充分听取双方的意见，充分协商，尽量做到双方都能基本满意。

(2) 违约处理程序

1) 受损失一方提出书面文件通知项目监理机构；

2) 项目监理机构对违约事件进行调查研究，提出处理方案，组织双方进行协商。如协商一致，双方应签订书面协议，并执行协议；协调不成可按合同争议有关规定处理。

7. 合同的生效、终止与解除

(1) 合同的生效

建设单位与承包单位履行完签订施工合同所规定的手续后，合同即行生效。

(2) 合同的终止

建设单位、承包单位均已履行完施工合同中规定的全部义务，合同即行终止。但承包单位仍有按合同中质量保修条款的规定，在工程质量保修期内承担工程质量保修的责任。

(3) 合同的解除

施工合同依法订立后，当事双方应当按照合同的约定行使各自的权利和履行义务。但是，在一定的条件下，合同没有被履行或者没有完全被履行，根据《合同法》和施工承包合同的约定，经过双方协商，也可以解除合同。

1) 合同解除的原因

有下列情况之一的，双方可以解除合同：

① 施工合同当事人双方协商，一致同意解除合同关系；

② 因为不可抗力使合同无法履行；

③ 因一方违约致使合同无法履行。

2) 合同解除的程序

如果合同一方主张解除合同，应向对方发出解除合同的书面通知，并在发出通知前按合同要求或根据法律规定提前告知对方。如果另一方对解除合同有异议的，按照解决合同争议程序处理。

3) 合同解除后的善后处理

① 合同解除后不影响当事双方在合同中约定的结算和清理工程款的效力。

② 承包单位应按照建设单位要求妥善做好已完工程和已购材料、设备的保护和移交工作，按照建设单位要求将自有机械设备和人员撤出施工现场。建设单位应为承包单位撤出提供必要条件，支付以上所发生的费用，并按合同约定支付已完工程款。

③ 已经订货的材料、设备由订货方负责退货或解除订货合同；不能退还货款和退货的，解除订货合同发生的费用由导致合同解除的违约方承担。但未及时退货造成的损失由责任方承担。

④ 有过错的一方应当赔偿因合同解除给对方造成的损失，赔偿的金额按照解决合同争议的方式处理。

4) 合同解除中监理的工作

根据合同解除的原因不同，项目监理机构在合同解除中应做的工作也有所区别。

① 建设单位违约导致施工合同最终解除时，项目监理机构应就承包单位按施工合同规定应得到的工程款与建设单位、承包单位进行协商，并按合同的规定从下列应得的款项中确定承包单位应得到的全部款项，并书面通知建设单位和承包单位。

a. 核对承包单位已完成的工程量表，对所列的各项工作进行计量，并根据施工合同和已支付的工程款确定承包单位应得的款项；

b. 按批准的采购计划订购的建筑材料、构配件、设备等，承包单位所支付的款项；

c. 承包单位将施工设备撤离至原基地或其他目的地的合理费用；

d. 承包单位所有人员的合理遣返费用；

e. 合理的利润补偿；

f. 施工合同规定的建设单位支付的违约金。

② 承包单位违约导致施工合同最终解除时，项目监理机构应按下列程序清理承包单位应得的工程款，或偿还建设单位的相关款项，并书面通知建设单位和承包单位。

a. 施工合同终止时，清理承包单位已按施工合同规定实际完成的工作所应得的款项和已经得到支付的款项；

b. 施工现场余留的材料、设备及临时工程的价值；

c. 对已完工程进行检查和验收、移交工程资料、该部分工程的清理、质量缺陷修复等所需的费用；

d. 施工合同规定的施工单位应支付的违约金。

③ 总监理工程师按照施工合同的约定，在与建设单位、承包单位协商后，书面提交承包单位应得的款项或应偿还建设单位款项的证明文件，并督促建设单位、承包单位双方履行。

④ 由于不可抗力或非建设单位、承包单位原因导致施工合同终止时，项目监理机构应按施工合同规定处理合同解除后的有关事宜。

3.4 风险与保险

3.4.1 建设工程风险与风险管理

1. 建设工程风险的概念及特点

建设工程风险是指在建设工程中存在的不确定性因素以及可能导致结果出现差异的可能性。建设工程风险的特点主要有以下 3 点：

1）建设工程风险大。

2）参与工程建设的各方均有风险，但是各方的风险不尽相同。例如：发生通货膨胀风险事件，在可调价格合同下，对业主来说是相当大的风险，而对承包方来说则风险较小；但如果是在固定总价合同条件下，对业主就不是风险，对承包商来说就是相当大的风险。

3）建设工程风险在决策阶段主要表现为投机风险（即可能带来损失，也可能带来收益的风险），而实施阶段则主要表现为纯风险（即只会造成损失而绝无收益的可能的风险）。

2. 建设工程风险的种类

工程中常见的风险有如下几类：

（1）外界环境的风险

由于外界环境的变化使实际成本的风险和工期风险加大。

1）国际政治环境的变化。对于国际工程，政治环境的变化影响巨大。如发生战争、禁运、罢工、社会动乱等造成工程中断或终止。

2）经济环境的变化。如发生通货膨胀、汇率调整、工资和物价上涨等，对工程影响都非常大。

3）合同所依据的法律的变化。如新的法律颁布，国家调整税率或增加新税种，新的外汇管理政策等。

4）自然环境的变化。如洪水、地震、台风等，以及工程水文、地质条件存在不确定性，复杂且恶劣的气候天气条件和现场条件，可能存在其他方面对项目的干扰等。

环境风险是工程项目中的其他风险的根源。

(2) 工程技术和实施方法等方面的风险

现代工程规模大、系统复杂、功能要求高、施工技术难度大，实施过程不可预见因素多。

(3) 项目组织成员资信和能力风险

1) 业主(包括投资者)资信与能力风险。如业主经常随意改变设计方案，又不愿意给承包商以补偿；工程实施中利用权力苛刻刁难承包商，或对承包商的合理索赔要求不作答复，或拒不支付；业主不及时交付场地，不及时支付工程款等。

2) 承包商(分包商、供应商)资信和能力风险。如承包商的技术能力、施工力量、装备水平和管理能力不足，没有适合的技术专家和项目经理，不能积极地履行合同等。

3) 项目管理者(如监理工程师)的信誉和能力风险。如监理工程师没有与本工程相适应的管理能力、组织能力和经验。

4) 管理过程风险。如合同风险、业主决策风险、技术方案错误等。

3. 建设工程风险管理过程

风险管理是一个识别、确定和度量风险，并制定、选择和实施风险处理方案的过程。风险管理是一个系统的、完整的过程，一般也是一个循环过程。

风险管理过程包括：风险识别、风险评价、风险决策、决策的实施、实施情况的检查五个方面的内容。

(1) 风险识别。即通过一定的方式，系统而全面地分辨出影响目标实现的风险事件，并进行归类处理的过程，必要时还需对风险事件的后果定性分析和估计。

(2) 风险评价。指将建设工程风险事件发生的可能性和损失后果进行定量化的过程，风险评价的结果主要在于确定各种风险事件发生的概率及其对建设工程目标的严重影响程度，如投资增加的数额、工期延误的时间等。

(3) 风险决策。是选择确定建设工程风险事件最佳对策组合的过程，通常有风险回避、损失控制、风险自留和风险转移四种措施。

(4) 决策的实施。即制订计划并付诸实施的过程。如制订预防计划、灾难计划、应急计划等；又如，在决定购买工程保险时，要选择保险公司，确定恰当的保险范围、赔偿额、保险费等。这些都是实施风险决策的重要内容。

(5) 检查。即跟踪了解风险决策的执行情况，并根据变化的情况，及时调整对策，并评价各项风险对策的执行效果。除此之外，还需要检查是否有被遗漏的工程风险或者发现了新的工程风险，也就是进行新一轮的风险识别，开始新的风险管理过程。

3.4.2 合同风险与管理

1. 合同风险的概念

合同风险是指合同中的以及由合同引起的不确定性。合同风险可能有如下几种：

(1) 由合同种类所定义的风险

合同风险首先与所签订的合同类型有关。如果签订的是固定总价合同，则承包商承担全部物价和工程量变化的风险；而对于成本加酬金合同，承包商则不承担任何风险；对常见的单价合同，风险由双方共同承担。

（2）合同中明确规定的应由一方承担的风险

（3）合同缺陷导致的风险

1）条文不全面，不完整，没有将合同双方的责权利关系全面表达清楚，没有预计到合同实施过程中可能发生的各种情况。如缺少工期提前的奖励条款；缺少业主拖欠工程款的处罚条款；缺少对工程量变更、通货膨胀、汇率变化等引起的合同价格调整的条款等。

2）合同表达不清楚、不细致、不严密，有错误、矛盾、二义性。

3）合同签订、合同实施控制中的问题。对合同内容理解错误，不完善的沟通和不适宜的合同管理等导致的损失。

招标文件的语言表达方式、表达能力、承包商的外语水平、专业理解能力或工作细致程度，以及做标期和评标期的长短等原因都可能导致合同风险。

2. 合同风险的对策

工程合同风险的对策可分为经济措施、合同措施等。

（1）经济措施

1）业主在投资预算中采取的措施

① 业主在投资预算中考虑可能的风险，留有一定的风险准备金。

② 在单价合同中专门列“暂定金额”项，以考虑在本合同实施中可能有的遗漏或不确定的工作的费用。

2）承包商在报价中采用的措施

① 提高报价中的不可预见风险费。

② 采取一些报价策略。如在报价单中，建议将一些花费大、风险大的分项工程按成本加酬金的方式结算；采用多方案报价，分别提出多个报价供业主选择等。

3）在法律和招标文件允许的条件下，在投标书中使用保留条件、附加或补充说明，这样可以给合同谈判和索赔留下伏笔。

（2）合同措施

1）合同中的保全措施。如保留金、工程担保等。

2）通过谈判完善合同。通过合同谈判，完善合同条文，使合同能体现双方责权利关系的平衡和公平合理。

（3）工程保险

工程保险是业主和承包商转移风险的一种重要手段。当出现保险范围内的风险，造成财产损失时，业主和承包商可以向保险公司索赔，以获得一定数量的赔偿。

（4）技术和组织措施

在承包合同的签订和实施过程中，采取相应的技术和组织措施，以提高应变能力和对风险的抵抗能力。如组织得力的投标队伍，进行详细的招标文件分析，作详细的环境调查，通过周密的计划和组织，作精细的报价以降低投标风险；选择资信好、能力强、能够圆满完成合同任务的承(分)包商、设计单位和供应商；对风险大的工程，做更周密的计划，采取有效的检查、监督和控制手段等。

（5）在工程实施过程中加强索赔管理

用索赔和反索赔来弥补或减少由风险造成的损失。

(6) 采取合作措施,与其他方面共同承担风险

通过与其他企业合作,提高工程实施的效率,充分发挥各自的技术、管理、财力的优势,借助各方面核心竞争力的优势互补降低风险。

3.4.3 建设工程保险

1. 建设工程保险的概念

建设工程保险是以承保土木建筑为主体的工程,在整个建设期间,由于保险责任范围内的风险造成保险工程项目的物质损失和列明费用损失的保险。它是一种建设工程风险的转嫁方式,即指通过购买保险的办法将风险转移给保险公司或保险机构。建设工程业主或承包商作为投保人将本应由自己承担的工程风险(包括第三方责任)转移给保险公司,从而使自己免受风险损失,免赔额的数额或比例要由投保人自己确定。

2. 建设工程保险的特征

1) 承保风险的特殊性。建设工程保险承保的保险标的大部分都裸露于风险中,同时,在建工程在施工过程中始终处于动态过程,各种风险因素错综复杂,风险程度增加。

2) 风险保障的综合性。建设工程保险既承保被保险人财产损失的风险,又承保被保险人的责任风险,还可以针对工程项目风险的具体情况提供运输过程中、工地外储存过程中、保证期间等各类风险。

3) 被保险人的广泛性。包括业主、承包人、分承包人、技术顾问、设备供应商等其他关系方。

4) 费率的特殊性。建设工程保险采用的是工期费率,而不是年度费率。

一般在合同文件中,业主都已指定承包商投保的种类,并在工程开工后就承包商的保险作出审查和批准。通常承包工程保险有工程一切险、施工设备保险、第三方责任险、人身伤亡保险等。

现代工程采取较为灵活的保险策略,即保险范围、投保人和保险责任可以在业主和承包商之间灵活地确定。

业主和承包商应充分了解这些保险所保的风险范围、保险金计算、赔偿方法、程度、赔偿额等详细情况,以作出正确的保险决策。

案 例

【背景】

某房地产公司开发一栋框架结构高层写字楼工程项目,在委托了一家设计单位完成施工图设计后,通过招投标方式选择了监理单位和施工单位,并分别签订了施工阶段监理合同和工程施工合同。

中标的施工单位在投标书中提出了桩基础工程、防水工程等的分包计划,在签订施工合同时,房地产公司考虑到过多分包可能会影响工期,只同意桩基础工程的分包,而施工单位坚持都应分包。在施工单位未确定桩基础分包单位的情况下,房地产公司为保证工期和工程质量,自行选择了一家桩基施工单位,承担桩基础工程施工任务(尚未签订正式合同),并书面通知总监理工程师和施工单位,已确定分包单位进场时间,要求配合施工。

在施工过程中，房地产公司根据预售客户的要求，对某楼层的使用功能进行了工程变更。

在主体结构施工完成时，由于房地产公司资金周转出现了问题，无法按施工合同及时支付施工单位的工程款。施工单位由于未得到房地产公司的付款，从而也没有按分包合同规定的时间向分包单位付款。

【问题】

1. 房地产公司应先选定监理单位还是先选定施工单位？为什么？

2. 房地产公司不同意桩基础工程以外其他分包的做法有理吗？为什么？

3. 房地产公司自行选择分包单位的做法有哪些不妥？总监理工程师接到房地产公司通知后应如何处理？

4. 根据施工合同示范文本和监理规范，项目监理机构对房地产公司提出的工程变更按什么程序处理？

5. 施工单位由于未得到房地产公司的付款，从而也没有按分包合同规定的时间向分包单位付款。妥当吗？为什么？

6. 在施工招标文件中，按工期定额计算，工期为 550 天。但在施工合同中，开工日期为 2005 年 12 月 15 日，竣工日期为 2007 年 7 月 20 日，日历天数为 581 天，请问监理的工期目标应为多少天？为什么？

7. 施工合同中规定，房地产公司给施工单位提供图纸 7 套，施工单位在施工中要求房地产公司再提供 3 套图纸，施工图纸的费用应由谁来支付？

8. 在主体结构施工中，施工单位需要在夜间浇筑混凝土，经房地产公司同意并办理了有关手续。接地方政府有关规定，在晚上 11 点以后一般不得施工，若有特殊情况需要施工，应给受影响居民补贴，此项费用应由谁承担？

9. 主体施工中，由于房地产公司供电线路事故原因，造成施工现场连续停电 3 天。停电后施工单位为了减少损失，经过调剂，工人尽量安排其他生产工作。但现场一台塔吊，两台混凝土搅拌机停止工作，施工单位按规定时间就停工情况和经济损失向监理工程师提出赔偿报告，要求索赔工期和费用，监理工程师应该如何批复？

【参考答案】

1. 房地产公司应先选定监理单位，因为：

（1）先选定监理单位，可以协助建设单位进行招标，有利于优选出最佳的施工单位；

（2）根据《建设工程委托监理合同（示范文本）》和有关规定引申出应先选定监理单位。

2. 无理。因为投标书是要约，房地产公司合法地向施工单位发出的中标通知书即为承诺，房地产公司应根据投标书和中标通知书为依据签订合同。

3. 房地产公司违背了施工合同的约定，在未事先征得监理工程师同意的情况下，自行确定了分包单位。也未事先与施工单位进行充分协商，而是确定了分包单位以后才通知施工单位。并在没有正式签订分包合同情况下，即确定分包单位的进场作业时间。

当总监理工程师接到房地产公司通知后，应首先及时与房地产公司沟通，签发该分包意向无效的书面监理通知，尽可能采取措施阻止分包单位进场，避免问题进一步复杂化。总监理工程师应对房地产公司意向的分包单位进行资质审查，若资质审查合格，可与施工单位协商，建议施工单位与该合格的桩基础分包单位签订桩基分包合同；若资质审查不合格，总监理工程师应与房地产公司协商，建议由施工单位另选合格的桩基础分包单位。总监理工程师应及时将处理结果报告房地产公司备案。

4. 根据《建设工程施工合同(示范文本)》，应在工程变更前14天以书面形式向施工单位发出变更的通知。根据《建设工程监理规范》，项目监理机构应按下列程序处理工程变更：

(1) 建设单位应将拟提出的工程变更提交总监理工程师，由总监理工程师组织专业监理工程师审查；审查同意后由建设单位转交设计单位编制设计变更文件；当工程变更涉及安全、环保等内容时，应按规定经有关部门审定。

(2) 项目监理机构应了解实际情况和收集与工程变更有关的资料。

(3) 总监理工程师根据设计情况、设计变更文件和有关资料，按照施工合同的有关条款，在指定专业监理工程师完成一些具体工作后，对工程变更的费用和工期作出评估。

(4) 总监理工程师就工程变更的费用和工期与承包单位和建设单位进行协调。

(5) 总监理工程师签发工程变更单。

(6) 项目监理机构应根据工程变更单监督承包单位实施。

5. 不妥。因为房地产公司根据施工合同与施工单位进行结算，分包单位根据分包合同与施工单位进行结算，两者在付款上没有前因后果关系，施工单位未得到房地产公司的付款不能作为不向分包单位付款的理由。

6. 按照合同文件的解释顺序，合同条款与招标文件在内容上有矛盾时，应以合同条款为准。故监理的工期目标为581天。

7. 合同规定房地产公司提供图纸7套，施工单位再要3套图纸，超出合同规定，故增加的图纸费用应由施工单位支付。

8. 夜间施工已经房地产公司同意，并办理了有关手续，应由房地产公司承担有关费用。

9. 由于施工单位以外的原因造成连续停电，在一周内超过8 h，施工单位又按规定提出索赔，监理工程师应批复工期顺延。由于工人已安排进行其他生产工作，监理工程师应批复因改换工作引起的生产效率低的费用。造成施工机械停止工作，监理工程师应按合同约定批复机械设备租赁费或折旧费的补偿。

本章小结

怎样管理好建设工程项目是工程实践中所面临的最实际的问题。就目前的合同条款及详细程度来看，管理好合同，也就做好了建设工程项目的质量控制、投资控制、进度控制工作，因此，合同管理是管理好项目的关键。

合同管理是一个多环节的过程，包括合同起草、合同签订、合同履行、合同变更、合同解除以及合同争议的解决等部分管理，合同管理是整个工程项目管理的核心工作。监理工程师的合同管理工作不仅包括承包合同(如设计、施工等)的管理，也应重视与自身利益密切相关的监理合同的管理。

复习思考题

1. 什么是合同？如何订立合同？

2. 如何解决合同争议?
3. 什么情况下合同可以解除?
4. 试述建设工程施工合同的概念和示范文本的组成。
5. 试述建设工程施工合同文件的优先解释顺序。
6. 什么是建设工程委托监理合同?委托监理合同的形式有哪些?
7.《建设工程委托监理合同(示范文本)》的内容有哪些?
8. 建设工程委托监理合同双方的权利有哪些?
9. 如何进行委托监理合同的管理?
10. 什么是建设工程风险?如何进行风险管理?
11. 工程项目中的合同风险表现在哪些方面?

第 4 章　建设工程项目质量控制

知识目标：

- 了解工程质量和质量控制的概念；
- 了解 ISO 质量管理体系的概念；
- 掌握质量统计常用方法；
- 熟悉施工准备阶段质量控制的主要内容；
- 掌握施工实施阶段质量控制的内容、程序、措施和质量事故的处理程序。

能力目标：

- 会进行旁站监理；
- 能填报质量评定相关表格。

4.1　工程质量控制概述

4.1.1　工程质量和质量控制的概念及工程质量特性、特点

1. 建设工程质量概念

建设工程质量简称工程质量。工程质量是指工程满足业主需要的，符合国家法律、法规、技术规范标准、设计文件及合同规定的特性综合。

2. 工程质量的特性

建设工程作为一种特殊的产品，除具有一般产品共有的质量特性，如性能、寿命、可靠性、安全性、经济性等满足社会需要的使用价值及其属性外，还具有特定的内涵。

建设工程质量的特性主要表现在以下 6 个方面：

1) 适用性。即功能，是指工程满足使用目的的各种性能。包括：理化性能，如尺寸、规格、保温、隔热、隔音等物理性能，耐酸、耐碱、耐腐蚀、防火、防风化、防尘等化学性能；结构性能，如地基基础牢固程度，结构的足够强度、刚度和稳定性；使用性能，如民用住宅工程要能使居住者安居，工业厂房要能满足生产活动需要，道路、桥梁、铁路、航道要能通达便捷等。建设工程的组成部件、配件、水、暖、电、卫器具、设备也要能满足其使用功能；外观性能，指建筑物的造型、布置、室内装饰效果、色彩等美观大方、协调等。

2) 耐久性。即寿命，是指工程在规定的条件下，满足规定功能要求使用的年限，也就是工程竣工后的合理使用寿命周期。由于建筑物本身结构类型不同、质量要求不同、施工方法不同、使用性能不同的个性特点，目前国家对建设工程的合理使用寿命周期还缺乏统一的规定，仅在少数技术标准中提出了明确要求。如民用建筑主体结构耐用年限分为四级(15～30年，30～50 年，50～100 年，100 年以上)，公路工程设计年限一般按等级控制在 10～20 年，

城市道路工程设计年限，视不同道路构成和所用的材料，设计的使用年限也有所不同。对工程组成部件（如塑料管道、屋面防水、卫生洁具、电梯等等）也视生产厂家设计的产品性质及工程的合理使用寿命周期而规定不同的耐用年限。

（3）安全性。是指工程建成后在使用过程中保证结构安全、保证人身和环境免受危害的程度。建设工程产品的结构安全度、抗震、耐火及防火能力，人民防空的抗辐射、抗核污染、抗爆炸波等能力，是否能达到特定的要求，都是安全性的重要标志。工程交付使用之后，必须保证人身财产、工程整体都能免遭工程结构破坏及外来危害的伤害。工程组成部件，如阳台栏杆、楼梯扶手、电器产品漏电保护、电梯及各类设备等，也要保证使用者的安全。

（4）可靠性。是指工程在规定的时间和规定的条件下完成规定功能的能力。工程不仅要求在交工验收时要达到规定的指标，而且在一定的使用时期内要保持应有的正常功能。如工程上的防洪与抗震能力、防水隔热、恒温恒湿措施、工业生产用的管道防“跑、冒、滴、漏”等，都属可靠性的质量范畴。

（5）经济性。是指工程从规划、勘察、设计、施工到整个产品使用寿命周期内的成本和消耗的费用。工程经济性具体表现为设计成本、施工成本、使用成本三者之和。包括从征地、拆迁、勘察、设计、采购（材料、设备）、施工、配套设施等建设全过程的总投资和工程使用阶段的能耗、水耗、维护、保养乃至改建更新的使用维修费用。通过分析比较，判断工程是否符合经济性要求。

（6）与环境的协调性。是指工程与其周围生态环境协调，与所在地区经济环境协调以及与周围已建工程相协调，以适应可持续发展的要求。

上述6个方面的质量特性彼此之间是相互依存的，总体而言，适用、耐久、安全、可靠、经济、与环境适应性，都是必须达到的基本要求，缺一不可。但是对于不同门类不同专业的工程，如工业建筑、民用建筑、公共建筑、住宅建筑、道路建筑，可根据其所处的特定地域环境条件、技术经济条件的差异，有不同的侧重面。

3. 工程质量的特点

建设工程质量的特点是由建设工程本身和建设生产的特点决定的。建设工程（产品）及其生产的特点：一是产品的固定性，生产的流动性；二是产品多样性，生产的单件性；三是产品形体庞大、高投入、生产周期长、具有风险性；四是产品的社会性，生产的外部约束性。建设工程的上述特点形成了工程质量本身有以下特点：

（1）影响因素多

建设工程质量受到多种因素的影响，如决策、设计、材料、机具设备、施工方法、施工工艺、技术措施、人员素质、工期、工程造价等，这些因素直接或间接地影响工程项目质量。

（2）质量波动大

由于建筑生产的单件性、流动性，不像一般工业产品的生产那样，有固定的生产流水线、有规范化的生产工艺和完善的检测技术、有成套的生产设备和稳定的生产环境，所以工程质量容易产生波动且波动大。同时由于影响工程质量的偶然性因素和系统性因素比较多，其中任何因素发生变动，都会使工程质量产生波动。如材料规格品种使用错误、施工方法不当、操作未按规程进行、机械设备过度磨损或出现故障、设计计算失误等等，都会发生质量波动，产生系统因素的质量变异，造成工程质量事故。为此，要严防出现系统性因素的质量变异，要把质量波动控制在偶然性因素范围内。

(3) 质量隐蔽性

建设工程在施工过程中，分项工程交接多、中间产品多、隐蔽工程多，因此质量存在隐蔽性。若在施工中不及时进行质量检查，事后只能从表面上检查，就很难发现内在的质量问题，这样就容易产生判断错误，即第二类判断错误(将不合格品误认为合格品)。

(4) 终检的局限性

工程项目建成后不可能像一般工业产品那样依靠终检来判断产品质量，或将产品拆卸、解体来检查其内在的质量及更换不合格零部件；工程项目的终检(竣工验收)无法进行工程内在质量的检验，无法发现隐蔽的质量缺陷。因此，工程项目的终检存在一定的局限性。这就要求工程质量控制应以预防为主，防患于未然。

(5) 评价方法的特殊性

工程质量的检查评定及验收是按检验批、分项工程，分部工程，单位工程进行的。检验批的质量是分项工程乃至整个工程质量检验的基础，检验批合格质量主要取决于主控项目和一般项目经抽样检验的结果。隐蔽工程在隐蔽前要检查合格后验收，涉及结构安全的试块、试件以及有关材料，应按规定进行见证取样检测，涉及结构安全和使用功能的重要分部工程要进行抽样检测。工程质量是在施工单位按合格质量标准自行检查评定的基础上，由监理工程师(或建设单位项目负责人)组织有关单位、人员进行检验确认验收。这种评价方法体现了“验评分离、强化验收、完善手段、过程控制”的指导思想。

4. 质量控制

2008版GB/T 19000—ISO 9000族标准中，质量控制的定义是：质量管理的一部分，致力于满足质量要求。

上述定义可以从以下几方面去理解：

1) 质量控制是质量管理的重要组成部分，其目的是为了使产品、体系或过程的固有特性达到规定的要求，即满足顾客、法律、法规等方面所提出的质量要求(如适用性、安全性等)。所以，质量控制是通过采取一系列的作业技术和活动对各个过程实施的控制。

2) 质量控制的工作内容包括了作业技术和活动，也就是包括专业技术和管理技术两个方面。围绕产品形成全过程每一阶段的工作如何能保证做好，应对影响其质量的人、机、料、法、环(4M1E)因素进行控制，并对质量活动的成果进行分阶段验证，以便及时发现问题，查明原因，采取相应纠正措施，防止不合格的发生。因此，质量控制应贯彻预防为主与检验把关相结合的原则。

3) 质量控制应贯穿在产品形成和体系运行的全过程。每一过程都有输入、转换和输出等3个环节，通过对每一个过程三个环节实施有效控制，对产品质量有影响的各个过程处于受控状态，才能保证持续提供符合规定要求的产品。

4.1.2 施工项目质量控制的原则

1. 工程质量控制

工程质量控制是指致力于满足工程质量要求，也就是为了保证工程质量满足工程合同、规范标准的要求所采取的一系列措施、方法和手段。工程质量要求主要表现为工程合同、设计文件、技术规范标准规定的质量标准。

（1）工程质量控制按其实施主体不同，分为自控主体和监控主体。前者是指直接从事质量职能的活动者，后者是指对他人质量能力和效果进行监测的监控者，主要包括以下四个方面：

1）政府的工程质量控制。政府属于监控主体，它主要是以法律法规为依据，通过抓工程报建、施工图设计文件审查、施工许可、材料和设备准用、工程质量监督、重大工程竣工验收备案等主要环节进行的。

2）工程监理单位的质量控制。工程监理单位属于监控主体，它主要是受建设单位的委托，代表建设单位对工程实施全过程进行质量监督和控制，包括勘察设计阶段质量控制、施工阶段质量控制，以满足建设单位对工程质量的要求。

3）勘察设计单位的质量控制。勘察设计单位属于自控主体，它是以法律、法规及合同为依据，对勘察设计的整个过程进行控制，包括工作程序、工作进度、费用及成果文件所包含的功能和使用价值，以满足建设单位对勘察设计质量的要求。

4）施工单位的质量控制。施工单位属于自控主体，它是以工程合同、设计图纸和技术规范为依据，对施工准备阶段、施工阶段、竣工验收交付阶段等施工全过程的工作质量和工程质量进行控制，以达到合同文件规定的质量要求。

（2）工程质量控制按工程质量形成过程，包括全过程和各阶段的质量控制，主要是：

1）决策阶段的质量控制，主要是通过项目的可行性研究，选择最佳建设方案，使项目的质量要求符合业主的意图，并与投资目标相协调，与所在地区环境相协调。

2）工程勘察设计阶段的质量控制，主要是要选择好勘察设计单位，要保证工程设计符合决策阶段确定的质量要求，保证设计符合有关技术规范和标准的规定，要保证设计文件、图纸符合现场和施工的实际条件，其深度能满足施工的需要。

3）工程施工阶段的质量控制，一是择优选择能保证工程质量的施工单位，二是严格监督承建商按设计图纸进行施工，并形成符合合同文件规定质量要求的最终建筑产品。

2. 施工项目质量控制的原则

监理工程师在施工项目质量控制过程中，应遵循以下原则：

（1）坚持质量第一的原则

建设工程质量不仅关系工程的适用性和建设项目投资效果，而且关系到人民群众生命财产的安全。所以，监理工程师在进行投资、进度、质量三大目标控制时，在处理三者关系时，应坚持“百年大计，质量第一”，在工程建设中自始至终把“质量第一”作为对工程质量控制的基本原则。

（2）坚持以人为核心的原则

人是工程建设的决策者、组织者、管理者和操作者。工程建设中各单位、各部门、各岗位人员的工作质量水平和完善程度，都直接和间接地影响工程质量。所以在工程质量控制中，要以人为核心，重点控制人的素质和人的行为，充分发挥人的积极性和创造性，以每个人的工作质量保证整个工程的质量。

（3）坚持以预防为主的原则

工程质量控制应该是积极主动的，应事先对影响质量的各种因素加以控制，而不能是消极被动的，等出现质量问题再进行处理。要重点做好质量的事先控制和事中控制，以预防为主，加强过程和中间产品的质量检查和控制。

(4) 坚持质量标准的原则

质量标准是评价产品质量的尺度，工程质量是否符合合同规定的质量标准要求，应通过质量检验并与质量标准对照，符合质量标准要求的才是合格，不符合质量标准要求的就是不合格，必须返工处理。

(5) 坚持科学、公正、守法的职业道德规范

在工程质量控制中，监理人员必须坚持科学、公正、守法的职业道德规范，要尊重科学，尊重事实，以数据资料为依据，客观、公正地处理质量问题。要坚持原则，遵纪守法，秉公监理。

4.1.3　工程质量形成过程及影响因素

1. 工程建设各阶段对质量形成的作用与影响

工程建设的不同阶段，对工程项目质量的形成起着不同的作用和影响。

(1) 项目可行性研究

项目可行性研究是在项目建议书和项目策划的基础上，运用经济学原理对投资项目的有关技术、经济、社会、环境及所有方面进行调查研究，对各种可能的拟建方案和建成投产后的经济效益、社会效益和环境效益等进行技术经济分析、预测和论证，确定项目建设的可行性，并在可行的情况下，通过多方案比较从中选择出最佳建设方案，作为项目决策和设计的依据。在此过程中，需要确定工程项目的质量要求，并与投资目标相协调。因此，项目的可行性研究直接影响项目的决策质量和设计质量。

(2) 项目决策

项目决策阶段是通过项目可行性研究和项目评估，对项目的建设方案做出决策，使项目的建设充分反映业主的意愿，并与地区环境相适应，做到投资、质量、进度三者协调统一。所以，项目决策阶段对工程质量的影响主要是确定工程项目应达到的质量目标和水平。

(3) 工程勘察、设计

工程的地质勘察是为建设场地的选择和工程的设计与施工提供地质资料依据。而工程设计是根据建设项目总体需求(包括已确定的质量目标和水平)和地质勘察报告，对工程的外形和内在的实体进行筹划、研究、构思、设计和描绘，形成设计说明书和图纸等相关文件，使得质量目标和水平具体化，为施工提供直接依据。

工程设计质量是决定工程质量的关键环节，工程采用什么样的平面布置和空间形式、选用什么样的结构类型、使用什么样的材料、构配件及设备等等，都直接关系到工程主体结构的安全可靠，关系到建设投资的综合功能是否充分体现规划意图。在一定程度上，设计的完美性反映了一个国家的科技水平和文化水平；设计的严密性、合理性，也决定了工程建设的成败，是建设工程的安全、适用、经济与环境保护等措施得以实现的保证。

(4) 工程施工

工程施工是指按照设计图纸和相关文件的要求，在建设场地上将设计意图付诸实现的测量、作业、检验，形成工程实体建成最终产品的活动。任何优秀的勘察、设计成果，只有通过施工才能变为现实。因此工程施工活动决定了设计意图能否体现，直接关系到工程的安全可靠、使用功能的实现，以及建筑设计艺术水平的体现。在一定程度上，工程施工是形成实体质量的决定性环节。

(5) 工程竣工验收

工程竣工验收就是对项目施工阶段的质量通过检查评定、试车运转,考核项目质量是否达到设计要求,是否符合决策阶段确定的质量目标和水平,并通过验收确保工程项目的质量。所以工程竣工验收是最终产品质量的保证。

2. 影响工程质量的因素

影响工程的因素很多,但归纳起来主要有5个方面,即人(Man)、材料(Material)、机械(Machine)、方法(Method)和环境(Environment),简称为4M1E因素。

(1) 人员素质

人是生产经营活动的主体,也是工程项目建设的决策者、管理者、操作者,工程建设的全过程,如项目的规划、决策、勘察、设计和施工,都是通过人来完成的。人员的素质,即人的文化水平、技术水平、决策能力、管理能力、组织能力、作业能力、控制能力、身体素质及职业道德等都将直接或间接地对规划、决策、勘察、设计和施工的质量产生影响,而规划是否合理,决策是否正确,设计是否符合所需要的质量功能,施工能否满足合同、规范、技术标准的需要等,都将对工程质量产生不同程度的影响,所以人员素质是影响工程质量的一个重要因素。因此,建筑行业实行经营资质管理和各类专业从业人员持证上岗制度是保证人员素质的重要管理措施。

(2) 工程材料

工程材料泛指构成工程实体的各类建筑材料、构配件、半成品等,它是工程建设的物质条件,是工程质量的基础。工程材料选用是否合理、产品是否合格、材质是否经过检验、保管使用是否得当等等,都将直接影响建设工程的结构刚度和强度,影响工程外表及观感,影响工程的使用功能,影响工程的使用安全。

(3) 机械设备

机械设备可分为两类:一是指组成工程实体及配套的工艺设备和各类机具,如电梯、泵机、通风设备等,它们构成了建筑设备安装工程或工业设备安装工程,形成完整的使用功能。二是指施工过程中使用的各类机具设备,包括大型垂直与横向运输设备、各类操作工具、各种施工安全设施、各类测量仪器和计量器具等,简称施工机具设备,它们是施工生产的手段。机具设备对工程质量也有重要的影响。工程用机具设备质量的优劣,直接影响工程使用功能质量。施工机具设备的类型是否符合工程施工特点,性能是否先进稳定,操作是否方便安全等,都将会影响工程项目的质量。

(4) 方法

方法是指工艺方法、操作方法和施工方案。在工程施工中,施工方案是否合理,施工工艺是否先进,施工操作是否正确,都将对工程质量产生重大的影响。大力推进采用新技术、新工艺、新方法,不断提高工艺技术水平,是保证工程质量稳定提高的重要因素。

(5) 环境条件

环境条件是指对工程质量特性起重要作用的环境因素,包括:工程技术环境,如工程地质、水文、气象等;工程作业环境,如施工环境作业面大小、防护设施、通风照明和通讯条件等;工程管理环境,主要指工程实施的合同结构与管理关系的确定,组织体制及管理制度等;周边环境,如工程邻近的地下管线、建(构)筑物等。环境条件往往对工程质量产生特定的影响。加强环境管理,改进作业条件,把握好技术环境,辅以必要的措施,是控制环境对质量影响的重要保证。

4.1.4　工程质量责任体系及工程质量管理制度

在工程项目建设中，参与工程建设的各方，应根据国家颁布的《建设工程质量管理条例》以及合同、协议及有关文件的规定承担相应的质量责任。

1. 建设单位的质量责任

1）建设单位要根据工程特点和技术要求，按有关规定选择相应资质等级的勘察、设计单位和施工单位，在合同中必须有质量条款，明确质量责任，并真实、准确、齐全地提供与建设工程有关的原始资料。凡建设工程项目的勘察、设计、施工、监理以及工程建设有关重要设备材料等的采购，均实行招标，依法确定招标程序和方法，择优选定中标者。不得将应由一个承包单位完成的建设工程项目分解成若干部分发包给几个承包单位；不得迫使承包方以低于成本的价格竞标；不得任意压缩合理工期；不得明示或暗示设计单位或施工单位违反建设强制性标准，降低建设工程质量。建设单位对其自行选择的设计、施工单位发生的质量问题承担相应责任。

2）建设单位应根据工程特点，配备相应的质量管理人员。对国家规定强制实行监理的工程项目，必须委托有相应资质等级的工程监理单位进行监理。建设单位应与监理单位签订监理合同，明确双方的责任和义务。

3）建设单位在工程开工前，负责办理有关施工图设计文件审查、工程施工许可证和工程质量监督手续，组织设计和施工单位认真进行设计交底；在工程施工中，应按国家现行有关工程建设法规、技术标准及合同规定，对工程质量进行检查，涉及建筑主体和承重结构变动的装修工程，建设单位应在施工前委托原设计单位或者相应资质等级的设计单位提出设计方案，经原审查机构审批后方可施工。工程项目竣工后，应及时组织设计、施工、工程监理等有关单位进行施工验收，未经验收备案或验收备案不合格的，不得交付使用。

4）建设单位按合同的约定负责采购供应的建筑材料、建筑构配件和设备，应符合设计文件和合同要求，对发生的质量问题，应承担相应的责任。

2. 勘察、设计单位的质量责任

1）勘察、设计单位必须在其资质等级许可的范围内承揽相应的勘察设计任务，不许承揽超越其资质等级许可范围以外的任务，不得将承揽工程转包或违法分包，也不得以任何形式用其他单位的名义承揽业务或允许其他单位或个人以本单位的名义承揽业务。

2）勘察、设计单位必须按照国家现行的有关规定、工程建设强制性技术标准和合同要求进行勘察、设计工作，并对所编制的勘察、设计文件的质量负责。勘察单位提供的地质、测量、水文等勘察成果文件必须真实、准确。设计单位提供的设计文件应当符合国家规定的设计深度要求，注明工程合理使用年限。设计文件中选用的材料、构配件和设备，应当注明规格、型号、性能等技术指标，其质量必须符合国家规定的标准。除有特殊要求的建筑材料、专用设备、工艺生产线外，不得指定生产厂、供应商。设计单位应就审查合格的施工图文件向施工单位作出详细说明，解决施工中对设计提出的问题，负责设计变更。参与工程质量事故分析，并对因设计造成的质量事故，提出相应的技术处理方案。

3. 施工单位的质量责任

1）施工单位必须在其资质等级许可的范围内承揽相应的施工任务，不许承揽超越其资质等级业务范围以外的任务，不得将承接的工程转包或违法分包，也不得以任何形式用其他施工单位的名义承揽工程或允许其他单位或个人以本单位的名义承揽工程。

2）施工单位对所承包的工程项目的施工质量负责。应当建立健全质量管理体系，落实质量责任制，确定工程项目的项目经理、技术负责人和施工管理负责人。实行总承包的工程，总承包单位应对全部建设工程质量负责。建设工程勘察、设计、施工、设备采购的一项或多项实行总承包的，总承包单位应对其承包的建设工程或采购的设备的质量负责；实行总分包的工程，分包应按照分包合同约定对其分包工程的质量向总承包单位负责，总承包单位与分包单位对分包工程的质量承担连带责任。

3）施工单位必须按照工程设计图纸和施工技术规范标准组织施工。未经设计单位同意，不得擅自修改工程设计。在施工中，必须按照工程设计要求、施工技术规范标准和合同约定，对建筑材料、构配件、设备和商品混凝土进行检验，不得偷工减料，不使用不符合设计和强制性技术标准要求的产品，不使用未经检验和试验或检验和试验不合格的产品。

4. 工程监理单位的质量责任

1）工程监理单位应按其资质等级许可的范围承担工程监理业务，不许超越本单位资质等级许可的范围或以其他工程监理单位的名义承担工程监理业务，不得转让工程监理业务，不许其他单位或个人以本单位的名义承担工程监理业务。

2）工程监理单位应依照法律、法规以及有关技术标准、设计文件和建设工程承包合同，与建设单位签订监理合同，代表建设单位对工程质量实施监理，并对工程质量承担监理责任。监理责任主要有违法责任和违约责任两个方面。如果工程监理单位故意弄虚作假，降低工程质量标准，造成质量事故的，要承担法律责任。若工程监理单位与承包单位串通，谋取非法利益，给建设单位造成损失的，应当与承包单位承担连带赔偿责任。如果监理单位在责任期内，不按照监理合同约定履行监理职责，给建设单位或其他单位造成损失的，属违约责任，应当向建设单位赔偿。

5. 建筑材料、构配件及设备生产或供应单位的质量责任

建筑材料、构配件及设备生产或供应单位对其生产或供应的产品质量负责。生产厂或供应商必须具备相应的生产条件、技术装备和质量管理体系，所生产或供应的建筑材料、构配件及设备的质量应符合国家和行业现行的技术规定的合格标准和设计要求，并与说明书和包装上的质量标准相符，且应有相应的产品检验合格证，设备应有详细的使用说明等。

4.1.5 ISO 质量管理体系

1. 质量管理体系概述

ISO（国家标准化组织）是世界上最大的国际标准化组织，成立于 1947 年 2 月 23 日，其前身是 1928 年成立的“国际标准化协会国际联合会”（简称 ISA）。IEC（国际电工委员会）组织于 1906 年在英国伦敦成立，也是世界上最早的国际标准化组织。IEC 主要负责电工、电子领域的标准化活动。而 ISO 负责除电工、电子领域之外的所有其他领域的标准化活动。ISO 宣称其宗旨是“在世界上促进标准化及其相关活动的发展，以便于商品和服务的国际交换，在智力、科学、技术和经济领域开展合作”。

ISO主要是通过它的2 856个技术机构开展技术活动。其中包括:技术委员会(简称TC)共185个,分技术委员会(SC) 611个,工作组(WG)2 022个,特别工作组38个。ISO的2 856个技术机构技术活动的成果(产品)是"国际标准"。ISO现已制定出国际标准共10 300多个,主要涉及各行各业各种产品(包括服务产品、知识产品等)的技术规范。ISO制定出来的国际标准除了有规范的名称之外,还有编号,其编号的格式是:ISO+标准号+[杠+分标准号]+:+发布年号(方括号中的内容可有可无),例如:ISO 8402:1987、ISO 9000-1:1994等,分别是某一个标准的编号。但是,"ISO 9000"不是指一个标准,而是一族标准的统称。根据ISO 9000-1:1994的定义:"'ISO 9000族'是由ISO/TC176制定的所有国际标准。"

1994年,ISO/TC176完成了对标准的第一次修订,提出了"ISO 9000族"的概念,并由ISO发布了1994版ISO 9000族标准。

2000年,ISO/TC176完成了对标准的第二次修订。同年12月15日由ISO正式发布ISO 9000: 2000、ISO 9001:2000和ISO 9004:2000,分别取代1994版ISO 8402和ISO 9000-1,1994版ISO 9001、ISO 9002和ISO 9003,以及1994版ISO 9004-1,通称2000版ISO 9000族标准。

ISO 9000系列标准包括5个部分:ISO 9000、ISO 9001、ISO 9002、ISO 9003和ISO 9004。其中,ISO 9000标准是ISO 9000系列标准的选用导则,主要阐述几个质量术语基本概念之间的关系、质量体系环境的特点、质量体系国际标准的分类、在质量管理中质量体系国际标准的应用以及合同环境中质量体系国际标准的应用。除ISO 9000之外的其他4个标准可以分为2个大类:ISO 9001—ISO 9003标准是在合同环境下用以指导企业质量管理的标准;ISO 9004标准是在非合同环境下用以指导企业质量管理的标准。在合同环境下,供需双方建有契约关系。需方应对供方的质量体系提出要求,而ISO 9001、ISO 9002、ISO 9003是两种不同的质量保证模式,其中以ISO 9001建立的质量体系最为全面。ISO 9002标准要求供方建立生产和安装的质量保证模式,比ISO 9001标准减少了设计控制和售后服务两个质量体系要素。ISO 9003标准适用于相当简单的产品,它只要求供方建立最终检验和试验的质量保证模式,比ISO 9002少6个质量体系要素。

ISO组织最新颁布的ISO 9000:2008系列标准,有4个核心标准:

ISO 9000:2008 质量管理体系　基础和术语

ISO 9001:2008 质量管理体系　要求

ISO 9004:2008 质量管理体系　业绩改进指南

ISO 19011:2002 质量和(或)环境管理体系审核指南

1993年,为便于与国际惯例接轨,提高企业管理水平,并有利于企业开拓市场,我国发布了等同ISO 9000标准的国家标准(GB/T 19000)。2008年国际标准化组织发布了修订后的ISO 9000族标准后,我国也及时将其等同转化为国家标准。《质量管理体系　基础和术语》(GB/T 19000-2008)、《质量管理体系　要求》(GB/T 19001-2008)、《质量管理体系　质量计划指南》(GB/T 19015-2008)等三项修订后的国家标准已于2009年1月1日实施。

2. ISO标准的主要特点

1) 标准的结构与内容更好地适应于所有产品类别、不同规模和各种类型的组织。

2) 采用"过程方法"的结构,同时体现了组织管理的一般原理,有助于组织结合自身的生产和经营活动采用标准来建立质量管理体系，并重视有效性的改进与效率的提高。

任何得到输入并将其转化为输出的活动均可视为过程。为使组织有效运行，必须识别和管理许多内部相互联系的过程。通常，一个过程的输出将直接形成下一个过程的输入。系统识别和管理组织内使用的过程，特别是这些过程之间的相互作用，称为过程方法。

图 4－1 是该标准中所提出的过程方法模式的一个概念图解，该图给出了组织进行质量管理的循环过程，从“管理职责”过程开始，逆时针进行过程循环，首先在“管理职责”中，对管理者规定了要求，在“资源管理”中涉及了资源的提供，人力资源、设施及工作环境等要素；在“产品实现”过程中，确定并实施各过程；后继通过“测量分析和改进”对过程和过程结果进行分析、认可、纠正和改进，最后通过管理评审向管理职责提供反馈，以实现质量管理体系的持续改进；从水平方向的箭头所指示的逻辑关系看，该过程模式同时也实现从识别需要到评定需要是否得到满足的所有活动过程的总体概括。

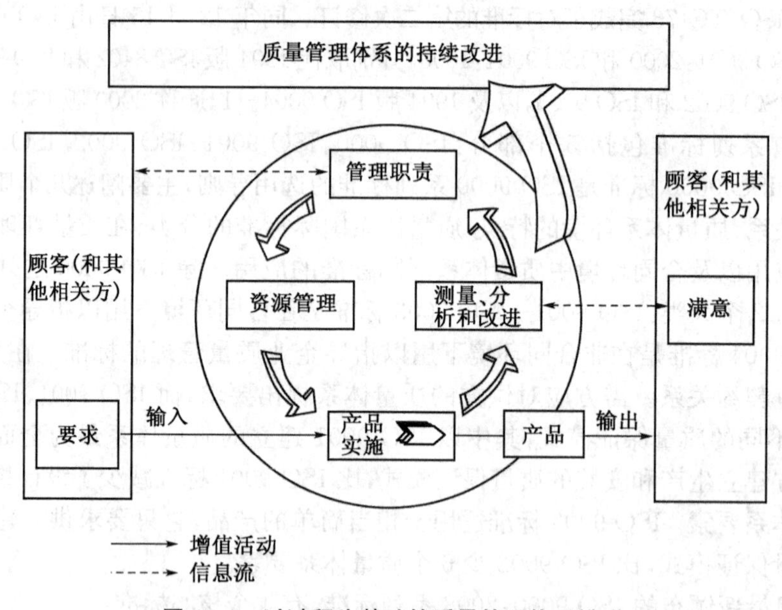

图 4－1 以过程为基础的质量管理体系模式

3）提出了质量管理八项原则并在标准中得到了充分体现。八项质量管理原则是在总结质量管理实践经验的基础上用高度概括的语言所表述的最基本最通用的一般规律，可以指导组织在一定时期内通过关注顾客的需求预期而达到改进其总体业绩的目的，它可以作为组织文化的一个重要组成部分。

4）对标准要求的适应性进行了更加科学与明确的规定，在满足标准要求的途径与方法方面，提倡组织在确保有效性的前提下，可以根据自身经营管理的特点做出不同的选择，给予组织更多的灵活度。

5）更加强调管理者的作用，最高管理者通过确定质量目标，制定质量方针，进行质量评审以及确保资源的获得和加强内部沟通等活动，对其建立、实施质量管理体系并持续改进其有效性的承诺提供证据，并确保顾客的要求得到满足，旨在增强顾客满意。

6）突出了“持续改进”是提高质量管理体系有效性和效率的重要手段。

7）强调质量管理体系的有效性和效率，引导组织以顾客为中心并关注相关方的利益，关注产品与过程而不仅仅是程序文件与记录。

8）对文件化的要求更加灵活，强调文件应能够为过程带来增值，记录只是证据的一种形式。

9）将顾客和其他相关方满意或不满意的信息作为评价质量管理体系运行状况的一种重要手段。

10）概念明确，语言通俗，易于理解、翻译和使用，术语用概念图形式表达术语间的逻辑关系。

11）强调了ISO 9001作为要求性的标准，ISO 9004作为指南性的标准的协调一致性，有利于组织的业绩的持续改进。

12）增强了与环境管理体系标准等其他管理体系标准的相容性，从而为建立一体化的管理体系创造了有利条件。

3. 质量管理体系的建立与实施

按照GB/T 19000—2000族标准建立或更新完善质量管理体系的程序，通常包括组织策划与总体设计、质量管理体系的文件编制、质量管理体系的实施运行等三个阶段。

(1) 质量管理体系的策划与总体设计

最高管理者应确保对质量管理体系进行策划，以满足组织确定的质量目标的要求及质量管理体系的总体要求，在对质量管理体系的变更进行策划和实施时，应保持管理体系的完整性。通过对质量管理体系的策划，确定建立质量管理体系要采用的过程方法模式，从组织的实际出发进行体系的策划和实施，明确是否有剪裁的需求并确保其合理性。ISO 9001标准引言中指出"一个组织质量管理体系的设计和实施受各种需求、具体目标、所提供产品、所采用的过程以及该组织的规模和结构的影响，统一质量管理体系的结构或文件不是本标准的目的"。

(2) 质量管理体系文件的编制

质量管理体系文件的编制应在满足标准要求、确保控制质量、提高组织全面管理水平的情况下，建立一套高效、简单、实用的质量管理体系文件。质量管理体系文件由质量手册、质量管理体系程序文件、质量记录等部分组成。

(3) 质量管理体系的实施

为保证质量管理体系的有效运行，要做到两个到位。一是认识到位。思想认识是看待问题、处理问题的出发点，人们认识的不同，决定了处理问题的方式和结果差异。组织的各级领导对问题的认识直接影响本部门质量管理体系的实施效果。如：有人认为搞质量管理体系认证是"形式主义"，对文件及质量记录控制的种种规定是"多此一举"。因此，对质量管理体系的建立与运行问题一定要达成共识。二是管理考核到位。这就要求根据职责和管理内容不折不扣地按质量管理体系运作，并实施监督和考核。

开展纠正与预防活动，充分发挥内审的作用是保证质量管理体系有效运行的重要环节。内审是由经过培训并取得内审资格的人员对质量管理体系的符合性及有效性进行验证的过程。对内审中发现的问题，要制定纠正及预防措施，进行质量的持续改进，内审作用发挥的好坏与贯标认证的实效有着重要的关系。

4.2 施工质量控制

工程施工是使工程设计意图最终实现并形成工程实体的阶段，也是最终形成工程产品质量和工程项目使用价值的重要阶段。因此施工阶段的质量控制不但是施工监理重要的工作内容，也是工程项目质量控制的重点。监理工程师对工程施工的质量控制，就是按合同赋予的权利，围绕影响工程质量的各种因素，对工程项目的施工进行有效的监督和管理。

4.2.1 施工质量控制的系统过程、控制依据

1. 施工质量控制的系统过程

由于施工阶段是使工程设计意图最终实现并形成工程实体的阶段，是最终形成工程实体质量的过程，所以施工阶段的质量控制是一个由对投入的资源和条件的质量控制，进而对生产过程及各环节质量进行控制，直到对所完成的工程产出品的质量检验与控制为止的全过程的系统控制过程。这个过程可以根据在施工阶段工程实体质量形成的时间阶段不同来划分；也可以根据施工阶段工程实体形成过程中物质形态的转化来划分；或者是将施工的工程项目作为一个大系统，按施工层次加以分解来划分。

(1) 按工程实体质量形成过程的时间阶段划分

施工阶段的质量控制可以分为以下 3 个环节：

1) 施工准备控制

指在各工程对象正式施工活动开始前，对各项准备工作及影响质量的各因素进行控制，这是确保施工质量的先决条件。

2) 施工过程控制

指在施工过程中对实际投入的生产要素质量及作业技术活动的实施状态和结果所进行的控制，包括作业者发挥技术能力过程的自控行为和来自有关管理者的监控行为。

3) 竣工验收控制

它是指对于通过施工过程所完成的具有独立的功能和使用价值的最终产品(单位工程或整个工程项目)及有关方面(例如质量文档)的质量进行控制。

上述三个环节的质量控制系统过程及其所涉及的主要方面如图 4-2 所示。

(2) 按工程实体形成过程中物质形态转化的阶段划分

由于工程对象的施工是一项物质生产活动，所以施工阶段的质量控制系统过程也是一个经由以下三个阶段的系统控制过程：

1) 对投入的物质资源质量的控制。

2) 施工过程质量控制。即在使投入的物质资源转化为工程产品的过程中，对影响产品质量的各因素、各环节及中间产品的质量进行控制。

3) 对完成的工程产出品质量的控制与验收。

在上述三个阶段的系统过程中，前两阶段对于最终产品质量的形成具有决定性的作用，而所投入的物质资源的质量控制对最终产品质量又具有举足轻重的影响。所以，质量控制的系统过程中，无论是对投入物质资源的控制，还是对施工及安装生产过程的控制，都应当对影响工程实体质量的五个重要因素方面，即对施工有关人员因素、材料(包括半成品、构配

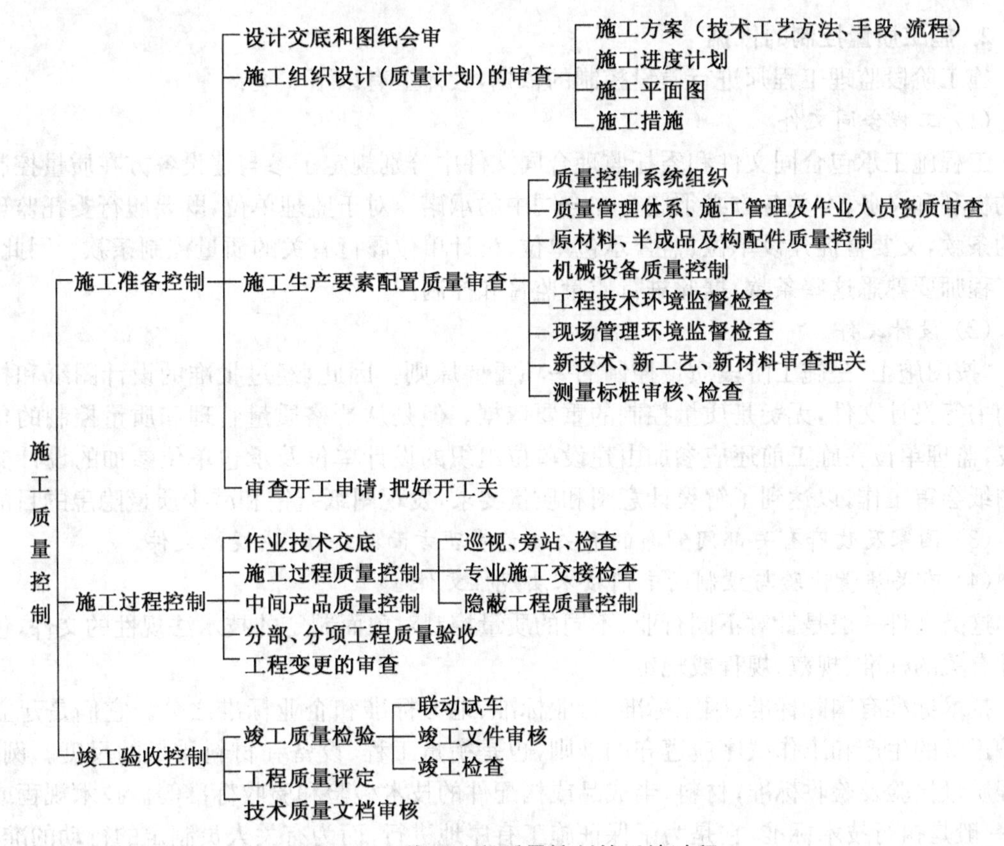

图 4-2　施工阶段质量控制的系统过程

件)因素、机械设备因素(生产设备及施工设备)、施工方法(施工方案、方法及工艺)因素以及环境因素等进行全面的控制。

(3) 按工程项目施工层次划分的系统控制过程

通常任何一个大中型工程建设项目可以划分为若干层次。例如,对于建设工程项目按照国家标准可以划分为单位工程、分部工程、分项工程、检验批等层次;而对于诸如水利水电、港口交通等工程项目则可划分为单项工程、单位工程、分部工程、分项工程等几个层次。各组成部分之间的关系具有一定的施工先后顺序的逻辑关系。显然,施工作业过程的质量控制是最基本的质量控制,它决定了有关检验批的质量;而检验批的质量又决定了分项工程的质量……各层次间的质量控制系统过程如图 4-3 所示。

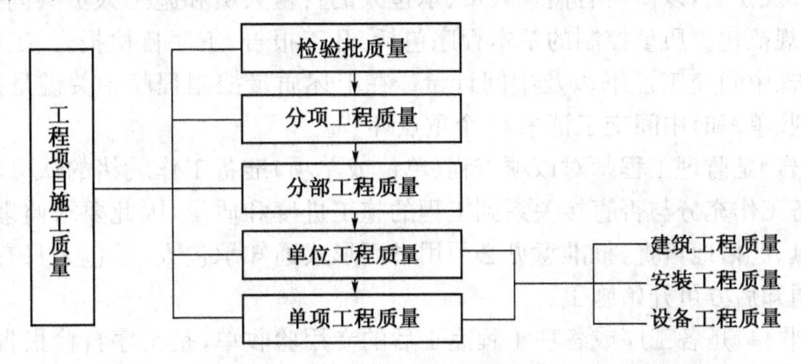

图 4-3　按工程项目施工层次划分的质量控制系统过程

2. 施工质量控制的依据

施工阶段监理工程师进行质量控制的依据，大体上有以下4类：

(1) 工程合同文件

工程施工承包合同文件和委托监理合同文件中分别规定了参与建设各方在质量控制方面的权利和义务，有关各方必须履行在合同中的承诺。对于监理单位，既要履行委托监理合同的条款，又要督促建设单位、监督承包单位、设计单位履行有关的质量控制条款。因此，监理工程师要熟悉这些条款，据此进行质量监督和控制。

(2) 设计文件

"按图施工"是施工阶段质量控制的一项重要原则。因此，经过批准的设计图纸和技术说明书等设计文件，无疑是质量控制的重要依据。但是从严格质量管理和质量控制的角度出发，监理单位在施工前还应参加由建设单位组织的设计单位及承包单位参加的设计交底及图纸会审工作，以达到了解设计意图和质量要求，发现图纸差错和减少质量隐患的目的。

(3) 国家及政府有关部门颁布的有关质量管理方面的法律、法规性文件

(4) 有关质量检验与控制的专门技术法规性文件

这类文件一般是针对不同行业、不同的质量控制对象而制定的技术法规性的文件，包括各种有关的标准、规范、规程或规定。

技术标准有国际标准、国家标准、行业标准、地方标准和企业标准之分。它们是建立和维护正常的生产和工作秩序应遵守的准则，也是衡量工程、设备和材料质量的尺度。例如：工程质量检验及验收标准；材料、半成品或构配件的技术检验和验收标准等。技术规程或规范，一般是执行技术标准，它是为了保证施工有序地进行，而为有关人员制定的行动的准则，通常也与质量的形成有密切关系，应严格遵守。各种有关质量方面的规定，一般是由有关主管部门根据需要而发布的带有方针目标性的文件，它对于保证标准和规程、规范的实施和改善实际存在的问题，具有指令性和及时性的特点。此外，对于大型工程，特别是对外承包工程和外资、外贷工程的质量监理与控制中，可能还会涉及国际标准和国外标准或规范，当需要采用这些标准或规范进行质量控制时，应熟悉这些标准或规范。

4.2.2 施工质量控制流程

1. 质量控制的基本程序

在开工前，监理工程师应向承包人及监理人员提出适用于所有工程项目质量控制的程序(基本程序)及说明，以供所有监理人员、承包人的自检人员和施工人员共同遵循，使质量控制程序化、规范化。质量控制的基本程序包括：开工报告、工序自检报告、工序检查认可、中间交工报告、中间交工证书以及中间计量。在上述质量控制程序中关键是控制《开工报告》、《质量验收单》和《中间交工证书》3个重点环节。

《开工报告》是监理工程师对该项工程(单位或单项)准备工作就绪的认可和批准，承包人开工前准备工作充分与否直接关系到工程的施工进度和质量，因此要求监理工程师对开工报告应认真、严格地审查，批准意见必须用书面形式通知承包人，承包人只有在接到批准开工的书面通知后方可开始施工。

《质量验收单》是各工序或各项工程完工后的专用验收单，是工序自检报告和抽检签认报告的汇总，是监理工程师对工序或分项工程质量的鉴定书。每道工序或分项工程一个部

位完工后，承包人进行质量自检，合格后填写《质量验收单》报监理，监理接到之后立即对申请验收的工序或分部工程部位进行检测和复验，并将检查结果填入《质量验收单》。若检查合格，则通知承包人继续下一道工序或另一个分项、分部工程施工；若不合格，则责令承包人改正或返工。

《中间交工证书》是在一个单项工程完工后签认的。签认的前提条件是：有监理工程师批准的《开工报告》；有承包人对单项工程质量的自检结果；有该项工程各道工序或部位的《质量验收单》；该项工程经监理现场验收合格。《中间交工证书》是监理工程师进行质量控制的最后手段，也是中间计量和支付的依据，所以这个环节十分重要。

在执行质量控制程序中要坚持"四不准原则"：人力、材料、机械设备不足，不准开工；未经检查认可的材料，不准使用；未经批准的施工工艺在施工中不准采用；前一道工序或分项工程部位未经监理人员验收，下一道工序或另一分项工程不准施工。

2. 工序检查程序

各专业监理工程师应在组成工程的各个单位、分部、单元工程开工之前，提出工序检查程序及说明，在这个程序中根据施工的进展，规定不同施工工序监理人员为保证工程质量应做的事情以及承包人应完成的工作。在技术规范中几乎每项工程都可以编制出相应的工序检查程序。

工序检查程序的编制原则：应与合同图纸和工程量清单的分项所含内容一致；应与技术规范及监理工程师批准采用的施工方法和工艺流程相协调；应与国家或合同规定的验收标准、检验频率和检验方法相配合；工序检查程序宜采用框图的形式表示，以便直观，并应与相应的检查记录、报表、证书等相配套。

质量控制的监理内容和监理程序如图4-4～图4-8所示。

4.2.3　施工活动前的质量控制

1. 质量控制点的设置

(1) 质量控制点的概念

质量控制点是指为了保证施工质量而确定的重点控制对象，包括重要工序、关键部位和薄弱环节。就是质量控制人员在分析项目的特点之后，把影响工序施工质量的主要因素、对工程质量危害大的环节等事先列出来，分析影响质量的原因，并提出相应的措施，以及确定预控的关键点。在国际上质量控制点又根据其重要程度分为见证点(Witness Point)、停止点(Hold Point)和旁站点(Stand Point)。

见证点(或截留点)监督也称为W点监督。凡是列为见证点的质量控制对象，在规定的关键工序(控制点)施工前，施工单位应提前通知监理人员在约定的时间内到现场进行见证和对其施工实施监督。如果监理人员未能在约定的时间内到现场见证和监督，则施工单位有权进行该W点的相应的工序操作和施工。工程施工过程中的见证取样和重要的试验等应作为见证点来处理。监理工程师收到通知后，应按规定的时间到现场见证。对该质量控制点的实施过程进行认真的监督、检查，并在见证表上详细记录该项工作所在的建筑物部位、工作内容、数量、质量等后签字，作为凭证。如果监理人员在规定的时间未能到场见证，施工单位可以认为已获监理工程师认可，有权进行该项施工。

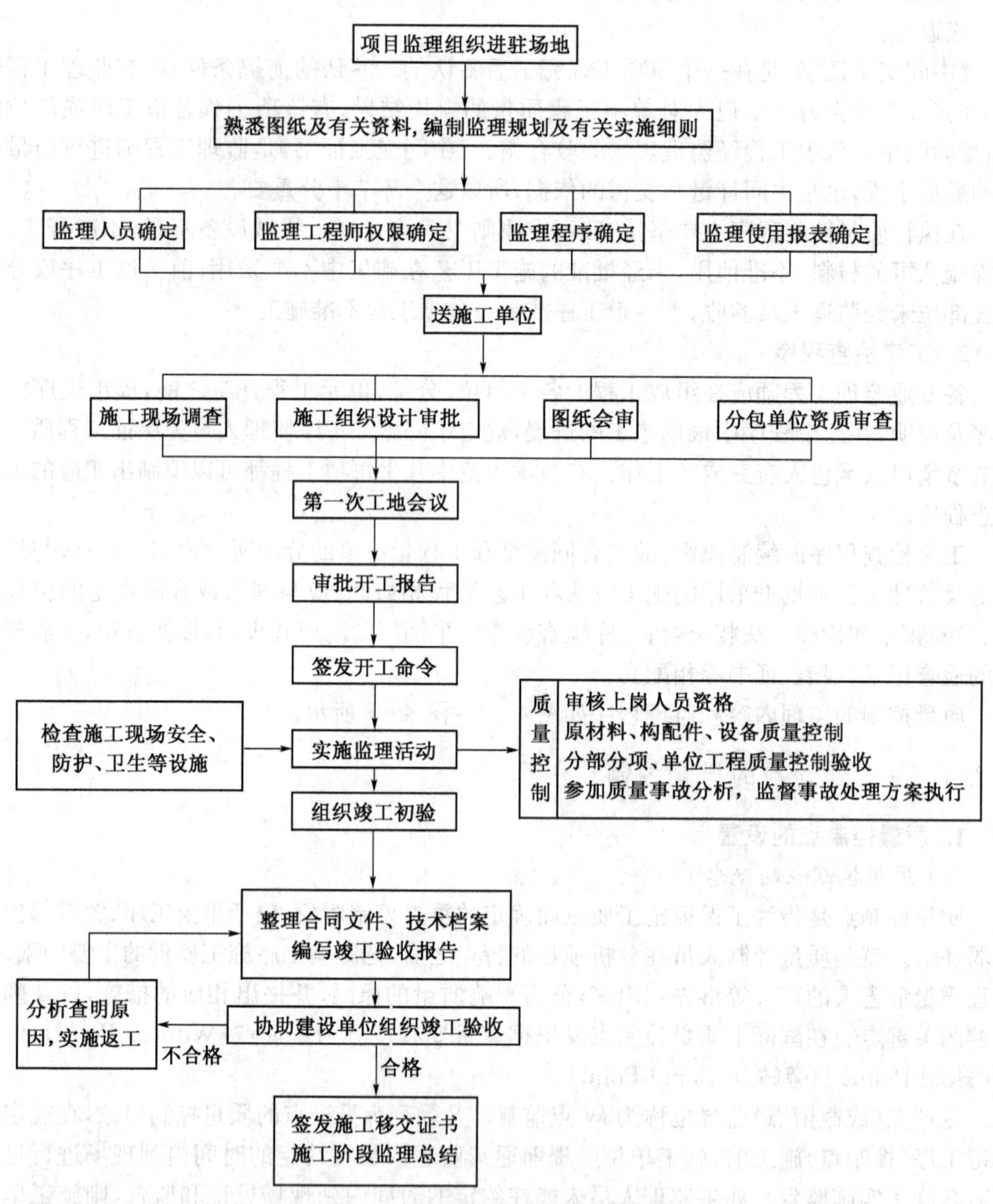

图 4－4 施工阶段质量控制监理程序

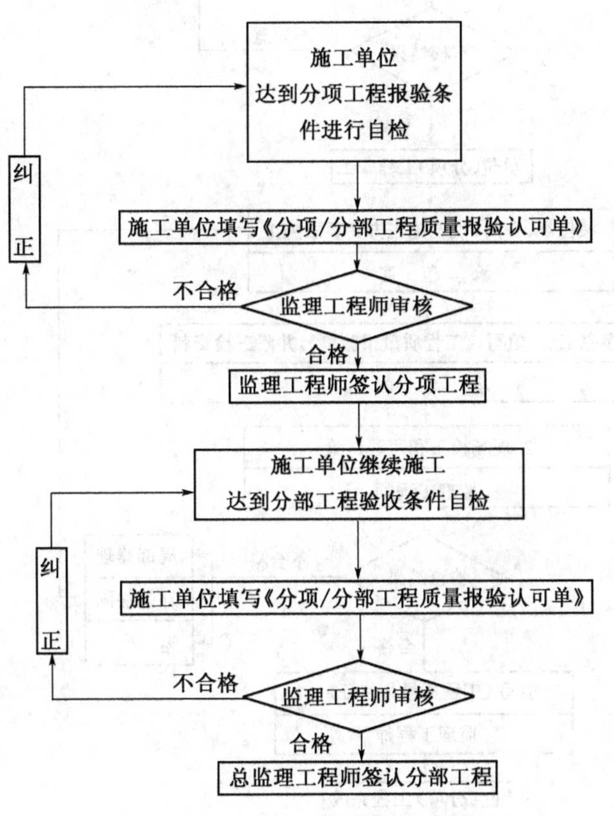

图 4-5　分项、分部工程监理程序

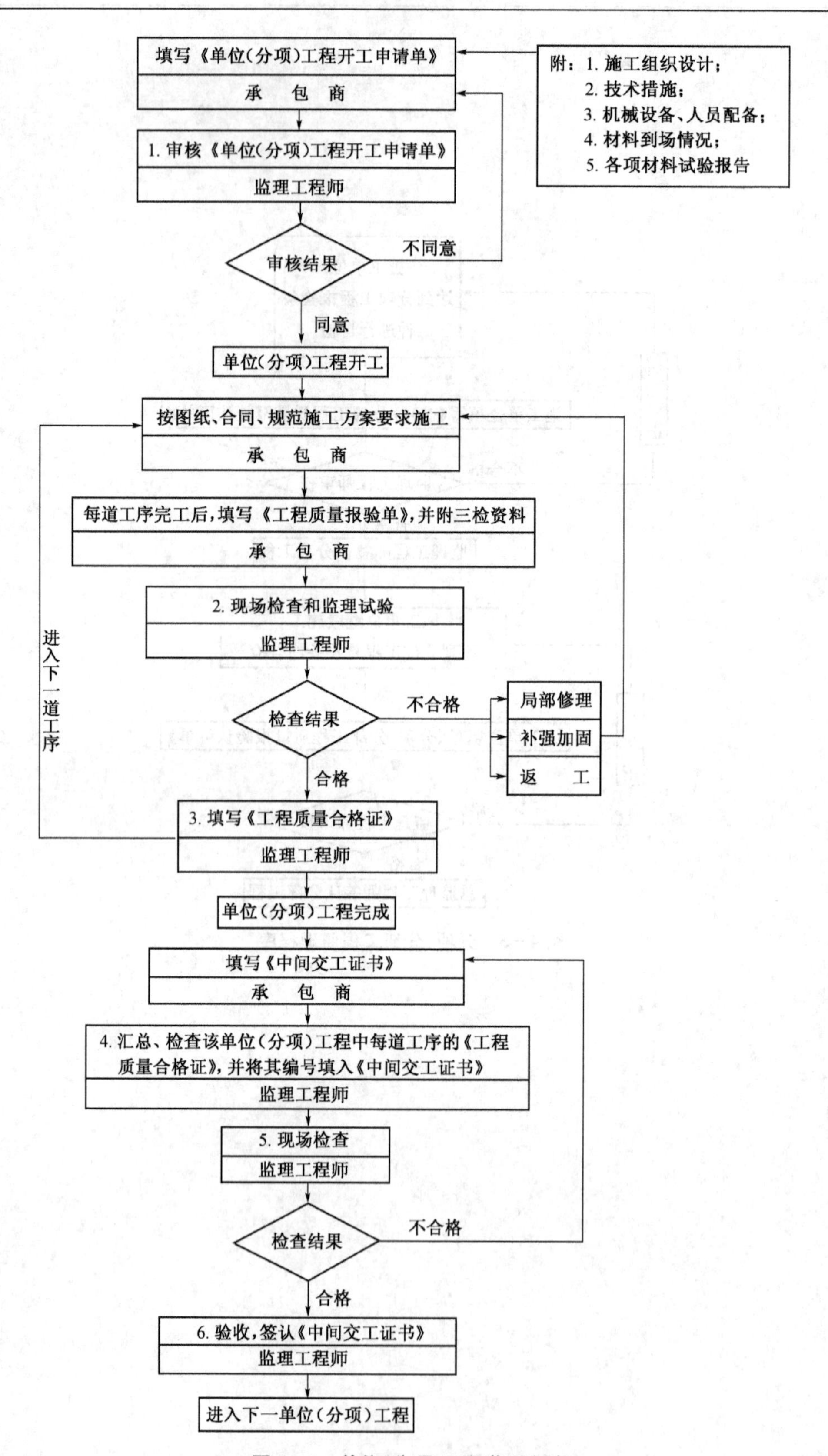

图 4-6　单位(分项)工程监理程序

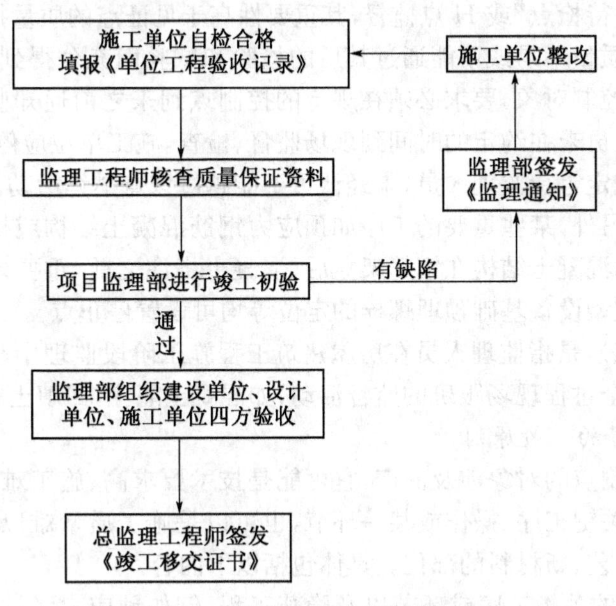

图4-7　单位工程验收监理程序

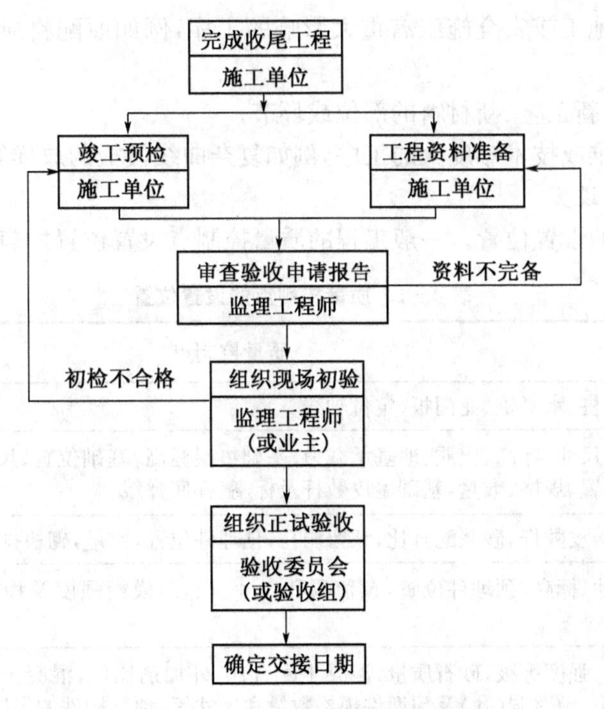

图4-8　工程竣工验收监理程序

停止点也称为“待检点”或 H 点监督，其重要性高于见证点的质量控制点。是指那些施工过程或工序施工质量不易或不能通过其后的检验和试验而充分得到验证的“特殊工序”。凡被列为停止点的控制对象，要求必须在规定的控制点到来之前通知监理人员对控制点实施监控，如果监理人员未在约定的时间到现场监督、检查，施工单位应停止进入该 H 点相应的工序，并按合同规定等待监理人员，未经认可不能越过该点继续活动。所有的隐蔽工程验收点都是停止点。另外，某些重要的工序如预应力钢筋混凝土结构或构件的预应力张拉工序，某些重要的钢筋混凝土结构在钢筋架立后、混凝土浇注之前，重要建筑物或结构物的定位放线后，重要的重型设备基础预埋螺栓的定位等均可设置停止点。

旁站点（或 S 点），是指监理人员在房屋建筑工程施工阶段监理中，对关键部位、关键工序的施工质量实施全过程现场跟班的监督活动，如混凝土灌注，回填土等工序。

(2) 控制点选择的一般原则

可作为质量控制点的对象涉及面广，它可能是技术要求高、施工难度大的结构部位，也可能是影响质量的关键工序、操作或某一环节，也可以是施工质量难以保证的薄弱环节，还可能是新技术、新工艺、新材料的部位。具体包括以下内容：

1) 施工过程中的关键工序或环节以及隐蔽工程，例如预应力张拉工序、钢筋混凝土结构中的钢筋绑扎工序；

2) 施工中的薄弱环节或质量不稳定的工序、部位或对象，例如地下防水工程、屋面与卫生间防水工程；

3) 对后续工程施工或安全施工有重大影响的工序，例如原配料质量、模板的支撑与固定等；

4) 采用新技术、新工艺、新材料的部位或环节；

5) 施工条件困难或技术难度大的工序，例如复杂曲线模板的放样等。

(3) 常见控制点设置

1) 质量控制点的设置位置。一般工程的质量控制点设置位置如表 4-1 所示。

表 4-1 质量控制点的设置位置

分项工程	质量控制点
测量定位	标准轴线桩、水平桩、龙门板、定位轴线
地基、基础	基坑(槽)尺寸、标高、土质、地基承载力、基础垫层标高，基础位置、尺寸、标高、预留洞孔、预埋件的位置、规格、数量，基础墙皮数杆及标高、杯底弹线
砌体	砌体轴线，皮数杆，砂浆配合比，预留洞孔、预埋件位置，数量，砌块排列
模板	位置、尺寸、标高，预埋件位置，预留洞孔尺寸、位置，模板强度及稳定性，模板内部及润湿情况
钢筋混凝土	水泥品种、强度等级，砂石质量，混凝土配合比，外加剂比例，混凝土振捣，钢筋品种、规格、尺寸、接头、预留洞(孔)及预埋件规格数量和尺寸等、预制构件的吊装等
吊装	吊装设备、吊具、索具、地锚
钢结构	翻样图、放大样、胎模与胎架、连接形式的要点(焊接及残余变形)
装修	材料品质、色彩、各工艺

2) 隐蔽工程。一般工程隐蔽验收如表4-2所示。

表4-2　隐蔽工程验收项目表

项目	检查内容
土方工程	基坑(槽或管沟)开挖竣工图,排水盲沟设置情况,填方土料,冻土块含量及填土压实试验记录
地基与基础工程	基坑(槽)底土质情况,基底标高及宽度,对不良基土采取的处理情况,地基夯实施工记录,桩施工记录及桩位竣工图
砖体工程	基础砌体,沉降缝,伸缩缝和防震缝,砌体中配筋
钢筋混凝土工程	钢筋的品种、规格、形状尺寸、数量及位置,钢筋接头情况,钢筋除锈情况,预埋件数量及其位置,材料代用情况
屋面工程	保温隔热层、找平层、防水层的施工记录
地下防水工程	卷材防水层及沥青胶结材料防水层的基层,防水层被土、水、砌体等掩盖的部位,管道设备穿过防水层的封固处
地面工程	地面下的基土;各种防护层以及经过防腐处理的结构或连接件
装饰工程	各类装饰工程的基层情况
管道工程	各种给排水暖卫暗管道的位置、标高、坡度、试压通水试验、焊接、防腐、防锈保温及预埋件等情况
电气工程	各种暗配电气线路的位置、规格、标高、弯度、防腐、接头等情况,电缆耐压绝缘试验记录,避雷针的接地电阻试验
其他	完工后无法进行检查的工程,重要结构部位和有特殊要求的隐蔽工程

(4) 质量控制点的设置

设置质量控制点是保证达到施工质量要求的必要前提。在工程开工前,监理工程师就明确提出要求,要求承包单位在工程施工前根据施工过程质量控制的要求,列出质量控制点明细表,表中详细地列出各质量控制点的名称或控制内容、检验标准及方法等,提交监理工程师审查批准后,在此基础上实施质量预控。监理工程师在拟定质量控制工作计划时,应予以详细的考虑,并以制度来保证落实。

质量控制点表式见表4-3。在工程开工前,由专业监理工程师组织承包单位编制,并由总监理工程师批准后执行。

表4-3　××工程质量控制点

工程编号				工程名称	质量控制点			质量验收标准及方法
分部	子分部	分项	检验批		W点	H点	S点	

(5) 质量控制点的重点控制对象

影响工程施工质量的因素有许多种,对质量控制点的控制重点有以下几方面:

1）人的行为。人是影响施工质量的第一因素。如高空、水下、危险作业等，对人的身体素质或心理素质应有相应的要求；而技术难度大或精度要求高的作业，如复杂模板放样、精密的设备安装则对人的技术水平有相应的要求。

2）物的状态。工程的材料性能、施工机械或测量仪器是直接影响工程质量和安全的主要因素，应予以严格控制。

3）关键的操作。如预应力钢筋的张拉工艺操作过程及张拉力的控制，是可靠地建立预应力值和保证预应力构件质量的关键过程。

4）技术参数。例如对回填地基土进行压实时，填料的含水量、虚铺厚度与碾压遍数等参数是保证填方质量的关键。

5）施工顺序。某些工作必须严格作业之间的顺序。例如，冷拉钢筋应当先对焊、后冷拉，否则会失去冷拉强度。再如屋架固定一般应采取对角同时施焊，以免焊接应力使已校正的屋架发生变形等。

6）技术间歇。有些作业之间需要有必要的技术间歇时间，例如砖墙砌筑与抹灰工序之间，以及抹灰与粉刷或喷涂之间，均应保证有足够的间歇时间；混凝土浇筑后至拆模之间也应保持一定的间歇时间等。

7）新工艺、新技术、新材料的应用。由于缺乏经验，施工时可作为重点进行严格控制。

8）易发生质量通病的工序。例如防水层的铺设，管道接头的渗漏等。

9）对工程质量影响重大的施工方法。如液压滑模施工中的支承杆失稳问题、升板法施工中提升差的控制等，一旦施工不当或控制不严，即可能引起重大质量事故，也应作为质量控制的重点。

10）特殊地基或特种结构。如湿陷性黄土、膨胀土等特殊土地基的处理、大跨度和超高结构等难度大的施工环节和重要部位等都应予特别重视。

2. 审查作业指导书

分项工程施工前，承包单位应将作业指导书报监理工程师审查。无作业指导书或作业指导书未经监理工程师批准，相应的工序或分项工程不得进入正式实施。承包单位强行施工，可视为擅自开工，监理工程师有权令其停止该分项的施工。

3. 测量器具精度与实验室条件的控制

1）施工测量开始前，监理工程师应要求承包单位报验测量仪器的型号、技术指标、精度等级、计量部门的标定证明，测量人员的上岗证明，监理工程师审核确认后，方可进行正式测量作业。在施工过程中，监理工程师也应定期与不定期地检查计量仪器、测量设备的性能、精度状况，保证其处于良好的状态之中。

2）工程作业开始前，监理部应要求承包单位报送试验室（或外委试验室）的资质证明文件，列出该试验室所开展的试验、检测项目，主要仪器、设备，法定计量部门对计量器具的标定证明文件，试验检测人员上岗资质证明，试验室管理制度等。监理工程师也应到实验室考核，确认能满足工程质量检验要求，则予以批准，同意使用，否则，承包单位应进一步完善，补充，在未得到监理工程师同意之前，试验室不得从事该工程项目的试验工作。

4. 劳动组织与人员资格控制

开工前监理工程师应检查承包单位的人员与组织，其内容包括相关制度是否健全，如各类人员的岗位职责、现场的安全消防规定、紧急情况的应急预案等。并应有措施保证其能贯彻落实。应检查管理人员是否到位、操作人员是否持证上岗。如技术负责人,专职质检人员、安全员、测量人员、材料员、试验员必须在岗;特殊作业的人员(如电焊工、电工、起重工、架子工、爆破工),是否持证上岗。

4.2.4 工程材料采购的质量控制

1. 业主直接采购的材料设备

此类设备一般少而重要,监理工程师的主要工作如下:

1) 协助业主发布招标公告、编制招标文件,与设计单位充分沟通,明确材料设备技术指标;

2) 协助业主确定入围厂家,发招标文件;

3) 协助业主评标,确定材料供应商;

4) 材料设备进场质量控制。

2. 承包单位采购的材料设备

此类材料设备是监理工程师控制的重点,一般采用内部招标方式采购。所谓内部招标即经过承包单位、业主及监理三方调查并确认入围供应商,由承包单位编制招标文件并发至已确认的入围供应商,承包单位、业主、监理共同评标,确定材料设备限价,初步选定中标单位和备选单位各一个,由承包单位与供应商签订供货合同的材料设备采购方式。具体步骤如下:

1) 研究设计文件,明确技术指标,承包单位拟定内部招标文件;

2) 进行充分调研,了解市场现状;

3) 承包单位、业主、监理根据调研情况确认入围供应商,一般取3～4家;

4) 承包单位发送内部招标文件,进行小范围招投标;

5) 承包单位、业主、监理共同评标,初步选定中标单位和备选单位各一个,确定材料设备限价;

6) 承包单位拟定备忘录,明确材料设备技术指标及限价,承包单位、业主、监理三方签认;

7) 承包单位与供应商签订供货合同,并将最后确定的供应商报业主、监理;

8) 材料设备进场质量控制。

3. 材料采购中监理工程师的工作要点

1) 分清主次,避免越俎代庖。监理工程师介入材料采购对其控制材料质量和工程成本大有益处,但监理工程师头脑一定要清楚,应时刻注意自己的言行,充分认识监理工作的服务性质和在材料采购中的辅助性质,努力为业主提供优质服务,提高沟通能力,使材料采购工作顺利进行,避免越俎代庖,反客为主,否则监理工作将不能达到控制质量和成本的预期目标。

2) 采购之前一定要明确材料设备的技术指标。监理处于协调各方关系的中心,应与设计单位、业主、承包单位充分沟通,明确材料设备技术指标,若原来设计文件中技术指标不明确,则应由设计单位确认,避免所购材料设备不符合要求,并且如此操作使得参与各方责任明确。

3) 采用内部招标方式采购材料过程中,业主、监理应充分尊重承包单位的意见,以承包单位为主进行此项工作。承包单位与供应商签订供货合同，是材料设备质量的第一责任人，理应以其为主开展工作，从而调动其工作积极性。以承包单位为主开展工作并不意味着监理对此可以不予控制，相反，在此情况下的控制更为重要，且更能体现监理工作的艺术性。

4）市场调查研究应充分，掌握真实的第一手资料。信息对于监理工作的重要性在材料采购控制工作中体现得淋漓尽致。准确的信息可以使监理工程师了解材料质量是否可靠，价格是否合理。在搜集信息过程中监理工程师应注意采用专家调查法，征询专家意见，此种方法成本不高但效果显著。

5）确认限价的备忘录中应详细注明材料的技术指标、价格、工程量计算规则等，避免理解发生歧义。同时提供材料样品，由监理组封存。

6）重视进场材料设备的质量控制。材料设备进场时监理工程师应严格按既定的技术指标和样品进行验收，确保进场材料质量。为了切实做好此项工作，监理组内部应加强交底工作，使每位监理工程师都对技术指标清楚明了，避免出现工作混乱。承包单位在材料设备进场时应提供齐全的材料质量证明资料。需送检的材料必须见证取样送检。

7）在材料采购过程中监理工程师追求的总体目标是“合理”，包括材料的性能价格比合理、承包单位利润合理、供货周期合理等，各项合理指标应优化组合，不可过分追求某一指标，否则将事倍功半。

4.2.5　施工阶段质量控制

1. 现场检验

现场检验的方法有：目测法、量测法和试验法。

1）目测法。即凭借感官进行检查，一般采用看、摸、敲、照等手法对检查对象进行检查。“看”就是根据质量标准要求进行外观检查，例如，钢筋有无锈蚀、批号是否正确；水泥的出厂日期、批号、品种是否正确；构配件有无裂缝；清水墙表面是否洁净，油漆或涂料的颜色是否良好、均匀；工人的施工操作是否规范；混凝土振捣是否符合要求等。“摸”就是通过触摸手感进行检查、鉴别，例如，油漆的光滑度；浆活是否牢固、不掉粉；模板支设是否牢固；钢筋绑扎是否正确等。“敲”就是运用敲击方法进行声感检查，例如，对墙面瓷砖、大理石镶贴、地砖铺砌等的质量均可通过敲击检查，根据声音的虚实、脆闷判断有无空鼓等质量问题。“照”就是通过人工光源或反射光照射，仔细检查难以看清的部位，例如，构件的裂缝、孔隙等。

2）量测法。就是利用量测工具或计量仪表，通过实际量测结果与规定的质量标准或规范的要求相对照，从而判断质量是否符合要求。量测的手法可归纳为：靠、吊、量、套。“靠”是用直尺、塞尺检查诸如地面、墙面的平整度等。一般选用 2 m 靠尺，在缝隙较大处插入塞尺，测出误差的大小。“吊”是指用铅线检查垂直度。如检测墙、柱的垂直度等。“量”是指用量测工具或计量仪表等检测轴线尺寸、断面尺寸、标高、温度、湿度等数值并确定其偏差，例如室内墙角的垂直度、门窗的对角线、摊铺沥青拌和料的温度等。“套”是指以方尺套方辅以塞尺，检查诸如踏角线的垂直度、预制构件的方正，门窗口及构件的对角线等。

3）试验法。通过现场取样，送试验室进行试验，取得有关数据，分析判断质量是否合格。

① 力学性能试验，如测定抗拉强度、抗压强度、抗弯强度、抗折强度、冲击韧性、硬度、承

载力等；

② 物理性能试验，如测定重度、密度、含水量、凝结时间、安定性、抗渗性、耐磨性、耐热性、隔音等；

③ 化学性能试验，如材料的化学成分（钢筋的磷、硫含量等）、耐酸性、耐碱性、抗腐蚀等；

④ 无损测试，如超声波探伤检测、磁粉探伤检测、X射线探伤检测、γ射线探伤检测、渗透液探伤检测、低应变检测桩身完整性等。

2. 巡视监理

现场巡视是监理人员最常用的手段之一，通过巡视，一方面掌握正在施工的工程质量情况，另一方面掌握承包单位的管理体系是否运转正常。具体方法是通过目视或常用工具检查施工质量，比如，用百格网检查砌砖的砂浆饱满度、用坍落筒检测混凝土的坍落度、用尺子检测桩机的钻头直径以保证基桩直径等。在施工过程中发现偏差，及时纠正，并指令施工单位处理。

巡视监理采用定期或不定期的巡视检查，在实施巡视检查时可用两种方法：

1）巡视检查正在作业的部位或工序，应随时发现问题随时处理。

2）随机检查已施工完毕的部位，如发现问题，可用量测或检测的方法进行检查。经量测或检测，如不符合要求，应按下列规定进行处理：

① 返工重做，重新进行验收；

② 经有资质的检测单位检测鉴定能达到设计要求的，应予以验收；

③ 经有资质的检测单位检测鉴定达不到设计要求，但经原设计单位核算认可能够满足结构安全和使用功能的检验批，可予以验收；

④ 经返修或加固处理的分项、分部工程，虽然改变外形尺寸但仍能满足安全使用要求，可按技术处理方案和协商文件进行验收。

在执行巡视检查后，应按要求填好《巡视监理记录表》。必要时可由监理工程师或总监理工程师签发《巡视监理备忘录》。

3. 支付控制手段

支付控制手段是业主按监理委托合同赋予监理工程师的控制权。所谓支付控制权就是：对施工承包单位支付任何工程款项，均需由监理工程师开具支付证书，没有监理工程师签署的支付证书，业主不得向承包方支付工程款。而工程款支付的条件之一就是工程质量要达到施工质量验收规范以及合同规定的要求。如果承包单位的工程质量达不到要求的标准，又不能按监理工程师的指示予以处理使之达到要求的标准，监理工程师有权采取拒绝开具支付证书的手段，停止对承包单位支付部分或全部工程款，由此造成的损失由承包单位负责。监理工程师可以使用计量支付控制权来保障工程质量，这是十分有效的控制和约束手段。

4. 指令文件

下达指令性文件是运用监理工程师指令控制权的具体形式。所谓指令文件是表达监理工程师对施工承包单位提出指示和要求的书面文件，用以向施工单位指出施工中存在的问题，提请施工单位注意，以及向施工单位提出要求或指示其做什么或不做什么等的内容。监理工程师的各项指令都应是书面的或有文件记载方为有效，并作为技术文件资料存档。如因时间紧迫，来不及做出正式的书面指令，也可以用口头指令的方式下达给施工单位，但随即应按合同规定及时补充书面文件对口头指令予以确认。在施工过程中,如发现施工方法与方案不符、所使用的材料与设计要求不符、施工质量与规范标准不符、施工进度与合同要求不符等,监理工程师有权下达指令性文件,令其改正。这些文件有:“监理通知”、“工程暂停令”。

5. 旁站监理

(1) *旁站监理项目*

旁站监理也是现场监理人员经常采用的一种检查形式。建设部于 2002 年 7 月 17 日发布《房屋建筑工程施工旁站监理管理办法(试行)》规定:房屋建筑工程施工旁站监理(以下简称旁站监理),是指监理人员在房屋建筑工程施工阶段监理中,对关键部位、关键工序的施工质量实施全过程现场跟班的监督活动。如在基础工程方面包括:土方回填,混凝土灌注桩浇筑,地下连续墙、土钉墙、后浇带及其他结构混凝土、防水混凝土浇筑,卷材防水层细部构造处理,钢结构安装;在主体结构工程方面包括:梁柱节点钢筋隐蔽过程,混凝土浇筑,预应力张拉,装配式结构安装,钢结构安装,网架结构安装,索膜安装等关键部位和关键工序,需全过程跟班监督。

(2) *旁站监理人员职责*

旁站监理人员的主要职责是:

1) 检查施工企业现场质检人员到岗、特殊工种人员持证上岗以及施工机械、建筑材料准备情况;

2) 在现场跟班监督关键部位、关键工序的施工执行施工方案以及工程建设强制性标准情况;

3) 核查进场建筑材料、建筑构配件、设备和商品混凝土的质量检验报告等,并可在现场监督施工企业进行检验或者委托具有资格的第三方进行复验;

4) 做好旁站监理记录(表 4-4)和监理日记,保存旁站监理原始资料。监理企业在编制监理规划时,应当制定旁站监理方案,明确旁站监理的范围、内容、程序和旁站监理人员职责等。旁站监理方案应当送建设单位和施工单位各一份,并抄送工程所在地的建设行政主管部门或其委托的工程质量监督机构。

表 4-4 旁站监理记录表

工程名称:编号:

日期及气候:	工程地点:
旁站监理的部位或工序:	
旁站监理开始时间:	旁站监理结束时间:
施工情况:	
监理情况:	
发现问题:	
处理意见:	

（续表）

备注：	
施工企业：______ 项目经理部：______ 质检员(签字)：______ 年月日	监理企业：______ 项目监理机构：______ 旁站监理人员(签字)：______ 年月日

6. 平行检验

平行检验是指项目监理机构利用一定的检查或检测手段，在承包单位自检的基础上，按照一定的比例独立进行检查或检测的活动。

7. 见证取样和送检见证试验

见证取样和送检是指在工程监理人员或建设单位驻工地人员的见证下，由施工单位的现场试验人员对工程中涉及结构安全的试块、试件和材料在现场取样，并送至经省级以上建设行政主管部门认证的质量检测单位进行检测的行为。见证试验是指对在现场进行一些检验检测，由施工单位或检测机构进行检测，监理人员全过程进行见证并记录试验检测结果的行为。根据《房屋建筑工程和市政基础设施工程实行见证取样和送检的规定》，下列试块、试件和材料必须实施见证取样和送检：

1）用于承重结构的混凝土试块；

2）用于承重墙体的砌筑砂浆试块；

3）用于承重结构的钢筋及连接接头试件；

4）用于承重墙的砖和混凝土小型砌块；

5）用于拌制混凝土和砌筑砂浆的水泥；

6）用于承重结构的混凝土中使用的掺加剂；

7）地下、屋面、厕浴间使用的防水材料；

8）国家规定必须实行见证取样和送检的其他试块、试件和材料。

文件规定，在施工过程中，见证人员应按照见证取样和送检计划，对施工现场的取样和送检进行见证，取样人员应在试样或其包装上做出标识、封志。标识和封志应标明工程名称、取样部位、取样日期、样品名称和样品数量，并由见证人员和取样人员签字。见证人员应制作见证记录，并将见证记录归入施工技术档案。见证人员和取样人员应对试样的代表性和真实性负责。见证取样的试块、试件和材料送检时，应由送检单位填写委托单，委托单应有见证人员和送检人员签字。检测单位应检查委托单及试样上的标识和封志，确认无误后方可进行检测。检测单位应严格按照有关管理规定和技术标准进行检测，出具公正、真实、准确的检测报告。见证取样和送检的检测报告必须加盖见证取样检测的专用章。

4.2.6　施工活动结果的质量控制

要保证最终单位工程产品的合格，必须使每道工序及各个中间产品均符合质量要求。施工活动结果在土建工程中一般有：基槽（基坑）验收，隐蔽工程验收，工序交接，检验批、分项、分部工程验收，不合格项目处理等。

(1) 基槽(基坑)验收

基槽开挖是地基与基础施工中的一个关键工序,对后续工程质量影响大,一般作为一个检验批进行质量验收,有专用的验收表格。基槽(基坑)开挖质量验收主要涉及地基承载力和地质条件的检查确认,所以基槽开挖验收均要有勘察设计单位的有关人员参加,并请当地或主管质量监督部门参加,经现场检查,测试(或平行检测)确认其地基承载力是否达到设计要求,地质条件是否与设计相符。如相符,则共同签署验收资料,如达不到设计要求或与勘察设计资料不符,则应采取措施进一步处理或变更工程,由原设计单位提出处理方案,经承包单位实施完毕后重新验收。

(2) 隐蔽验收

隐蔽工程验收是指将被后续工程施工所覆盖的分项、分部工程,在隐蔽前所进行的检查验收。由于其检查对象将要被后续工程覆盖,给以后的检查整改造成障碍,所以它是质量控制的一个关键过程,一般有专用的隐蔽验收表格。隐蔽验收项目应在监理规划中列出,比如:基槽开挖及地基处理;钢筋混凝土中的钢筋工程;埋入结构中的避雷导线;埋入结构中的工艺管线;埋入结构中的电气管线;设备安装的二次灌浆;基础、厕所间、屋顶防水;装修工程中吊顶龙骨及隔墙龙骨;预制构件的焊(连)接;隐蔽的管道工程水压试验或闭水试验等等。隐蔽工程施工完毕,承包单位应先进行自检,自检合格后,填写《报验申请表》,附上相应的隐蔽工程检查记录及有关材料证明、试验报告、复试报告等,报送项目监理机构。监理工程师收到报验申请后首先对质量证明资料进行审查,并按规定时间与承包单位的专职质检员及相关施工人员一起到现场检查,如符合质量要求,监理工程师在《报验申请表》及隐蔽工程检查记录上签字确认,准予承包单位隐蔽、覆盖,进入下一道工序施工。否则,指令承包单位整改,整改后,自检合格再报监理工程师复验。

(3) 工序交接

工序交接是指作业活动中一种作业方式的转换及作业活动效果的中间确认,也包括相关专业之间的交接。通过工序交接的检查验收或办理交接手续,保证上道工序合格后方可进入下道工序,使各工序间和相关专业工程之间形成一个有机整体,也使各工序的相关人员担负起各自的责任。

(4) 检验批、分项、分部工程验收

检验批、分项、分部工程完成后,承包单位应先自行检查验收,确认合格后向监理工程师提交验收申请,由监理工程师予以检查、确认。如确认其质量符合要求,则予以确认验收。如有质量问题则指令承包单位进行处理,待质量合乎要求后再予以检查验收。对涉及结构安全和使用功能的重要分部工程应进行抽样检测。

(5) 单位工程或整个工程项目的竣工验收

一个单位工程或整个工程项目完成后,承包单位应先进行竣工自检,自验合格后,向项目监理机构提交《单位工程竣工验收报审表》(附录1表A10),总监理工程师组织专业监理工程师进行竣工初验,初验合格后,总监理工程师对承包单位的《单位工程竣工验收报审表》予以签认,并上报建设单位,同时提出“工程质量评估报告”。由建设单位组织竣工验收。监理单位参加由建设单位组织的正式竣工验收。

1) 初验应检测的内容

① 审查施工承包单位所提交的竣工验收资料,包括各种质量控制资料、安全和功能检

测资料及各种有关的技术性文件等；

② 审核承包单位提交的竣工图，并与已完工程、有关的技术文件（如图纸、工程变更文件、施工记录及其他文件）对照进行核查；

③ 总监理工程师组织专业监理工程师对拟验收工程项目的现场进行检查，如发现质量问题应指令承包单位进行处理。

2）工程质量评估报告。“工程质量评估报告”是监理单位对所监理的工程的最终评价，是工程验收中的重要资料，它由项目总监理工程师和监理单位技术负责人签署。主要包括以下主要内容：

① 工程项目建设概况介绍，参加各方的单位名称、负责人；

② 工程检验批、分项、分部、单位工程的划分情况；

③ 工程质量验收标准，各检验批、分项、分部工程质量验收情况；

④ 地基与基础分部工程中，涉及桩基工程的质量检测结论，基槽承载力检测结论，涉及结构安全及使用功能的检测结论，建筑物沉降观测资料；

⑤ 施工过程中出现的质量事故及处理情况，验收结论；

⑥ 结论。本工程项目（单位工程）是否达到合同约定，是否满足设计文件要求，是否符合国家强制性标准及条款的规定。

4.2.7　施工质量控制制度

1.《工程建设标准强制性条文》落实制度

工程建设强制性标准是指直接涉及工程质量、安全、卫生及环境保护等方面的工程建设标准强制性条文。工程建设标准强制性条文由国务院建设行政主管部门会同国务院有关行政主管部门确定。工程建设强制性标准分为：工程建设规划阶段强制性标准；工程建设勘察、设计阶段强制性标准；工程建设施工阶段强制性标准。工程建设施工阶段强制性标准又分为：水利工程施工强制性标准；公路工程施工强制性标准；工业与民用建筑施工强制性标准等。凡在我国境内从事新建、扩建、改建等工程建设活动，都必须执行工程建设强制性标准。

建设单位不得明示或暗示施工单位使用不合格的建筑材料、建筑构配件和设备；不得明示或暗示设计单位或者施工单位违反工程建设强制性标准，降低工程质量。

施工单位违反工程建设强制性标准的责令改正，造成工程质量不符合规定的质量标准的，负责返工、修理，并赔偿因此造成的损失；情节严重的，应停业整顿，降低资质等级或者吊销资质证书。

工程监理单位违反强制性标准规定，将不合格的建设工程以及建筑材料、建筑构配件和设备按照合格签字的责令改正，情节严重的，降低资质等级或者吊销资质证书；有违法所得的，予以没收；造成损失的，承担连带赔偿责任。

2. 设计文件、图纸审查制度

图纸会审由总监理工程师主持，监理单位、设计单位、施工单位参加，有时建设单位也参加。未经图纸会审，工程不得开工。

施工过程中由施工单位负责设计的图纸，必须经过监理工程师审查批准，未经监理工程师批准的图纸不得用于工程。

3. 设计技术交底制度

监理工程师督促、协助、组织设计单位向施工单位进行设计图纸的全面技术交底。不进行设计技术交底，工程不得开工。

4. 施工组织设计和施工措施审核批准制度

施工单位必须在开工前至少7天内向项目监理部提交施工组织设计和施工措施。项目监理部分别由负责投资、质量、进度控制的监理工程师进行审核，并将审核意见提交总监理工程师。必要时施工单位必须按照监理工程师的要求修改，完善其施工组织设计和施工措施。施工组织设计和施工措施一经批准，不得轻易改变，并作为施工阶段"三控制"(质量控制、进度控制、费用控制)的依据。施工组织设计和施工措施未经批准，工程不得开工。

5. 工程开工申请、审批制度

单项或单位工程开工，施工单位应编写单项或单位工程开工报告书，报送监理部审批。开工报告应包含以下基本内容：

1）申请开工日期；

2）进场施工机械一览表及维修调试情况；

3）管理人员及劳动力到位情况；

4）材料采购及试验情况；

5）合同要求资金到位情况；

6）施工图已经会审；

7）施工组织设计已批准；

8）工程定位及施工测量放线已报验。

由现场监理员逐项核实并提出审核意见，由监理工程师签批开工报告书和下达开工指令。

监理工程师未下达开工令的单项工程或单位工程不得开工。

6. 设计图纸的变更处理制度

不论是建设单位、设计单位、监理单位、施工单位提出的设计变更，一般由设计单位完成，监理工程部审批，最后由监理工程师发布变更指令。未经监理工程师批准的图纸不得用于工程，监理工程师未发出工程变更指令，工程不得进行变更。

7. 隐蔽工程检查制度

隐蔽工程一般应确定为质量控制点的停止点。隐蔽以前，施工单位应根据《工程质量评定验收标准》进行自检，并将评定资料报监理工程师。施工单位应将需检查的隐蔽工程在隐蔽前3日提出计划报监理工程师，监理工程师应排出计划，通知施工单位。监理工程师应按约定的时间派监理人员到现场进行检查，确定质量符合合同《技术条款》要求，并在检查记录上签字后，施工单位才能进行覆盖。

如果监理人员未及时到现场检查，施工单位不得将隐蔽工程进行覆盖。但由此造成的损失，可向业主提出索赔。

8. 工程竣工验收制度

竣工验收的依据是批准的设计文件(包括变更设计)、有关设计施工规范、工程质量验收标准以及合同及协议文件等。施工单位按规定编写和提出验收交接文件是申请竣工验收的必要条件，竣工文件不齐全、不正确清晰，不能验收交接。

施工单位应在验收前将编好的全部竣工文件及绘制的竣工图，提供给监理工程师一份，审查确认完整无误后，报建设单位，其余分发有关接管、使用单位。

工程没有进行竣工验收，不得签发移交证书、不得交付使用、不支付保留金、不进行完工结算。

4.2.8 工程质量控制的统计与分析

1. 工程质量统计的指标内容

(1) 数理统计的基本概念

1) 总体。总体又称母体、检查批或批，是指研究对象全体元素的集合。总体分为有限总体和无限总体。有限总体有一定的数量表现，如一批同规格的材料；无限总体则无一定的数量表现，如一道工序，其源源不断地生产出某一产品，本身是无限的。

2) 样本。从总体中抽出来一部分个体组成样本，样本也可称为子样。从总体中抽取样本的方法有两种：随机抽样和系统抽样。随机抽样排除了人的主观影响，使总体中的每个个体都具有同等被抽取到的机会；系统抽样是指每经过一定的时间间隔或数量间隔抽取若干产品作为样本。

3) 随机现象。在质量检验中，某一产品的检验结果可能是优良、合格或不合格。这种事先不能确定结果的现象称为随机现象。

4)随机事件。每一种随机现象的表现或结果就是随机事件。

(2) 质量数据变异的数字特征及其度量

质量数据变异的数字特征＄通常用集中性和离散性来描述。

1) 集中性

一批数据看起来虽然大小不一，但它们似乎都围绕着某一中心值而变化，并有一种集中的倾向。这种变异的数据所表现出来的集中趋势称为集中性。

度量集中性的主要指标是平均数、中位数和众数。

① 平均数。设有一批数据 $x_1, x_2, x_3, \cdots, x_n$，则平均数为

$$\overline{x} = \frac{x_1 + x_2 + \cdots + x_n}{n} = \frac{1}{n}\sum_{i=1}^{n} x_n$$

平均数是一批数据的中心，围绕这一中心结合着众多的数据，反映了大量现象的典型特征。平均数是一种综合指标，表示这批数据所代表的产品或工序所能达到的平均水平。

② 中位数。一批数据按大小顺序排列后，位于中间的数值即为中位数。当数据的个数为奇数时，最中间的数值就是中位数，当数据个数为偶数时，中位数为中间两个数据的平均值。

③ 众数。众数是一组测量数据中出现次数(频数)最多的数值。

2) 离散性

离散性反映了数据的分散程度或相对集中程度。

① 极差。极差是一组测量数据中的最大值和最小值之差。通常用于表示不分组数据的离散度，用符号 R 表示。

$$R = x_{\max} - x_{\min}$$

它反映了数据的波动范围。极差大，说明数据波动范围大；极差小，说明波动范围小。因此，极差可以非常直观地反映数据的离散程度。

② 标准差。标准差亦称均方差，用 s 或 σ 表示，是每一批数据以平均值为基准相差的大小。标准差比较全面地代表了一批数据的分散程度。

当数据的个数较多时，标准差的计算公式为：

$$\sigma = \sqrt{\frac{\sum_{i=1}^{n}(x_i - \overline{x})^2}{n}}$$

式中，σ—— 标准差；

x_i—— 第 i 个数据，$i = 1,2,\cdots,n$；

$\overline{x}$—— 数据的平均值。

当数据的个数较少时，无偏标准差 s 的计算公式为：

$$s = \sqrt{\frac{1}{n-1}\sum(x_i - \overline{x})^2}$$

在质量管理中，通常用无偏标准差估计总体标准差。样本容量越大，估计的效果就越好。

③ 变异系数。标准差只表示了各组数据的离散程度，它是以平均数为基准计算而得，若两组数据分布的标准差相同，但其平均值不同，则用标准差来比较离散程度便不恰当。因此，就用标准差与平均值的相对数进行比较，该相对数值称为变异系数，通常用 C 表示：

$$C = \frac{s}{\overline{x}}$$

显然，变异系数越大，离散程度也越大；反之，则越小。

2. 质量分析方法

现代质量管理通常利用质量分析法控制工程质量，即利用数理统计的方法，通过收集、整理、分析、利用质量数据，并以这些数据作为判断、决策和解决质量问题的依据，从而预测和控制产品质量。工程质量分析常用的数理统计方法有：分层法、因果分析图法、排列图法、直方图法等。

(1) 分层法

分层法又叫分类法或分组法，是将调查收集的原始数据按照统计分析的目的和要求进行分类，通过对数据的整理将质量问题系统化、条理化，以便从中找出规律，发现影响质量因素的一种方法。

由于产品质量是多方面因素共同作用的结果，因而对同一批数据，可以按不同性质分层，使我们能从不同角度来考虑、分析产品存在的质量问题和影响因素。常用的分层标志有：按不同施工工艺和操作方法分层；按操作班组或操作者分层；按分部分项工程分层；按施工时间分层；按使用机械设备型号分层；按原材料供应单位、供应时间或等级分层；按合同结构分层；按工程类型分层；按检测方法、工作环境等分层。

现举例说明分层法的应用。

【例 4-1】 某钢筋焊接质量调查数据如下：检查了 50 个焊接点，其中不合格 19 个，不合格率为 38%。试用分层法分析质量问题的原因。

为了查清不合格原因，需要进行分层收集数据。现已查明，这批钢筋的焊接是由 A、B、

C三个师傅操作的，而焊条是由甲、乙两个厂家提供的。因此，分别按操作者和焊条生产厂家进行分层分析，即考虑一种因素单独的影响，见表4-5和表4-6。

表4-5　按操作者分层

操作者	不合格	合格	不合格率/%
A	6	13	32
B	3	9	25
C	10	9	53
合　计	19	31	38

表4-6　按供应焊条厂家分层

工厂	不合格	合格	不合格率/%
甲厂	9	14	39
乙厂	10	17	37
合　计	19	31	38

由表4-5和表4-6分层分析可见，操作者B的质量较好，不合格率25%；而不论是采用甲厂还是乙厂的焊条，不合格率都很高且相差不大。为了找出问题之所在，再进一步采用综合分层进行分析，即考虑两种因素共同影响的结果。见表4-7。

表4-7　综合分层分析焊接质量

操作者	焊接质量	甲　厂		乙　厂		合　计	
		焊接点	不合格率/%	焊接点	不合格率/%	焊接点	不合格率/%
A	不合格 合　格	6 2	75	0 11	0	6 13	32
B	不合格 合　格	0 5	0	3 4	43	3 9	25
C	不合格 合　格	3 7	30	7 2	78	10 9	53
D	不合格 合　格	9 14	39	10 17	37	19 31	38

从表4-7的综合分层法分析可知，在使用甲厂的焊条时，应采用B师傅的操作方法为好；在使用乙厂的焊条时，应采用A师傅的操作方法为好，这样会使合格率大大地提高。

分层法是质量控制统计分析方法中最基本的一种方法，其他统计方法一般都要与分层法配合使用。

(2) 因果分析图法

因果分析图法，也称为质量特性要因分析法、鱼刺图法或树枝图法，是一种逐步深入研究和讨论质量问题原因的图示方法。由于工程中的质量问题是多种原因造成的，这些原因有大有小、有主有次。通过因果分析图，层层分解，可以逐层寻找关键问题或问题产生根源，进行有的放矢的处理和管理。

因果分析图的作图步骤是：

1）明确要分析的质量问题，置于主干箭头的前面。

2）对原因进行分类，确定影响质量特性的大原因，并用大枝表示。影响工程质量的因素主要有人员、材料、机械、施工方法和施工环境五个方面。

3）以大原因作为问题，层层分析大原因背后的中原因，中原因背后的小原因，直到可以落实措施为止，在图中用不同的小枝表示。

利用因果分析图分析质量问题及原因，要注意以下事项：

1）一个质量特性或一个质量问题使用一张图分析。

2）通常采用 QC 小组活动的方式进行讨论分析。讨论时，应该充分发扬民主、集思广益、共同分析，必要时可以邀请小组以外的有关人员参与，广泛听取意见。

3）层层深入的分析模式。在分析原因的时候，要求根据问题和大原因以及大原因、中原因、小原因之间的因果关系，层层分析直到能采取改进措施的最终原因。不能半途而废，一定要弄清问题的症结所在。

4）在充分分析的基础上，由各参与人员采取投票或其他方式，从中选择 1 至 5 项多数人达成共识的最主要原因。

5）针对主要原因，有的放矢地制定改进措施，并落实到人。

【例 4-2】 图 4-9 表示混凝土强度不合格的原因分析，其中将混凝土施工的生产要素（人员、材料、机械、施工方法和施工环境）作为第一层面的因素进行分析，然后对第一层面的各个因素再进行第二层面的可能原因的深入分析，依次类推直至将所有可能原因分层次一一罗列。

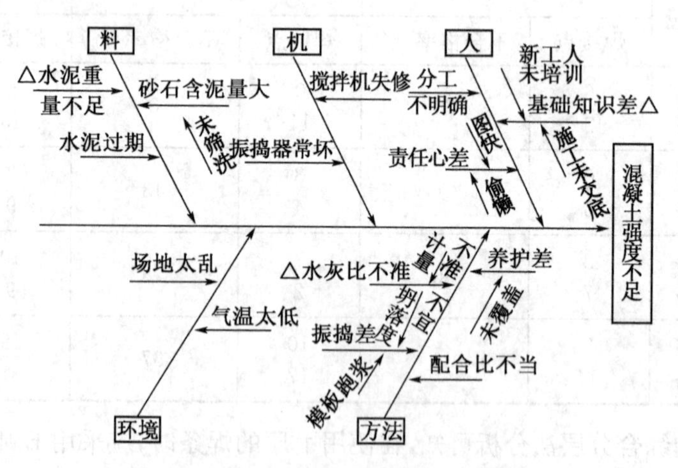

图 4-9 混凝土强度不足的因果分析图

（3）排列图法

意大利经济学家帕累托提出“关键的少数和次要的多数间的关系”，后来美国质量专家朱兰把这原则引入质量管理中。排列图法又称主次因素分析图或帕累托图，是用来寻找工程（产品）质量主要因素的一种有效工具。其特点是把影响产品质量的因素按大小顺序排列。

排列图的组成如图 4－10 所示。排列图由两个纵坐标、一个横坐标、若干个矩形及一条曲线组成。其中左边的纵坐标表示频数，右边的纵坐标表示频率，横坐标表示影响质量的各种因素；若干个直方图分别表示质量影响因素的项目，直方图形的高度则表示影响因素的大小程度，按大小顺序从左向右排列；帕累托曲线：表示各影响因素大小的累计百分数。

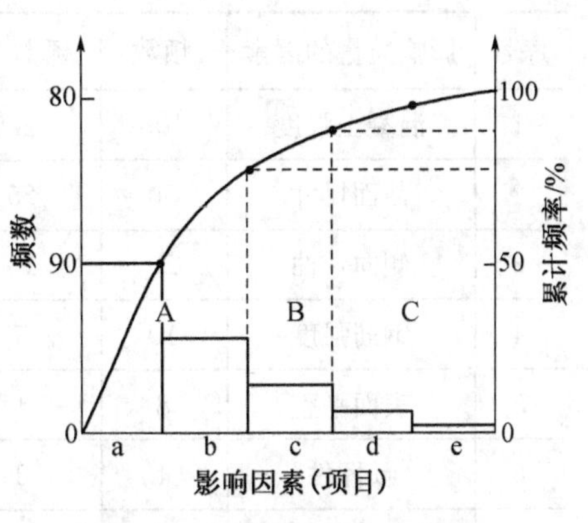

图 4－10　质量影响因素排列

采用排列图分析影响工程（产品）质量的主要因素，可按以下程序进行：

1）列出影响工程（产品）质量的主要因素，并统计各影响因素出现的频数和频率；

2）按质量影响因素出现频数由大到小的顺序，从左至右绘制排列图；

3）分析排列图，找出影响工程（产品）质量的主要因素。在一般情况下，将影响质量的因素分为三类，累计频率在 0%～80%为 A 类，是影响质量的主要因素；在 80%～90%为 B 类，是影响质量的次要因素；在 90%～100%为 C 类，是影响质量的一般因素。

作图步骤包括收集数据、整理数据、画坐标图和帕累托曲线、图形分析。

【例 4－3】　某施工企业构件加工厂出现钢筋混凝土构件不合格品增多的质量问题，对一批构件进行检查，有 200 个检查点不合格，影响其质量的因素为混凝土强度、截面尺寸、侧向弯曲、钢筋强度、表面平整、预埋件、表面缺陷等，统计各因素发生的次数列于表 4－8 中，试作排列图并确定影响质量的主要因素。

解　表 4－8 已列出因素项目，只需从统计频数入手作排列图即可。

表 4－8　不合格项目统计分析表

构件批号	混凝土强度	截面尺寸	侧向弯曲	钢筋强度	表面平整	预埋件	表面缺陷
1	5	6	2	1			1
2	10		4		2	1	
3	20	4		2		1	
4	5	3	5		4	1	
5	8	2		1			1
6	4		3		1		
7	18	6		3	—	—	1
8	25	6	4		1	—	—
9	4	3		2	—	—	—
10	6	20	2	1		1	
合计	105	50	20	10	8	4	3

频数、频率、累积频率的统计结果见表 4－9，排列图如图 4－11 所示。

表 4-9　频率计算表

序号	影响质量的因素	频数	频率/%	累计频率/%
1	混凝土强度	105	52.5	52.5
2	截面尺寸	50	25	77.5
3	侧向弯曲	20	10	87.5
4	钢筋强度	10	5	92.5
5	表面平整	8	4	96.5
6	预埋件	4	2	98.5
7	表面缺陷	3	1.5	100
合计		200	100	

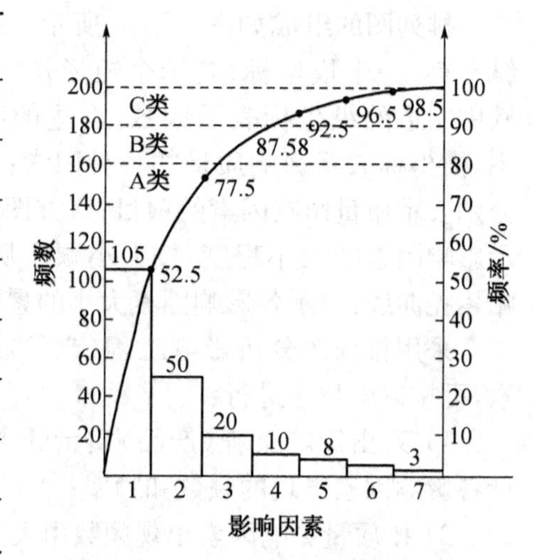

图 4-11　混凝土构件质量排列

图 4-11、表 4-9 都表明，A 类因素（影响钢筋混凝土构件质量的主要因素）有混凝土强度和截面尺寸两项，应针对这两个因素制定改进措施。

通常在采取了一系列措施后，可能出现以下几种情况：

1）各种问题都减少，措施有效；

2）顺序不变，问题没解决，措施无效；

3）有两个问题同时解决，这两个因素相关；

4）顺序改变、水平不变、生产过程有问题，生产工艺不稳定。

（4）*直方图法*

直方图法又称频数分布直方图法，它是以直方图形的高度表示一定范围内数值所发生的频数，据此可掌握产品质量的波动情况，了解质量特征的分布规律，以便对质量状况进行分析判断。直方图法可整理统计数据，了解统计数据的分布特征，即数据分布的集中或离散状况，从中掌握质量能力状态；观察分析生产过程质量是否处于正常、稳定和受控状态以及质量水平是否保持在公差允许的范围内。

1）直方图法的使用

把收集到的产品质量特征数据，按大小顺序加以整理，进行适当分组，计算每一组中数据的个数（频数），将这些数据在坐标纸上画一些矩形图，横坐标为样本的取值范围，纵坐标为数据落入各组的频数，以此来分析质量分布的状态。

【例 4-4】　对某工程混凝土试块试验如下，混凝土设计强度要求为 C30，共做试块 50 组，其抗压强度见表 4-10 所示，求作直方图。

表 4-10　混凝土试块抗压强度统计表　（单位：$N \cdot mm^{-2}$）

序号	强度等级					最大值	最小值
1	39.8	37.7	33.8	31.5	36.1	39.8	31.5
2	37.2	38.0	33.1	39.0	36.0	39.0	33.1

（续表）

序号	强度等级					最大值	最小值
3	35.8	35.2	31.8	37.1	34.0	37.1	31.8
4	39.9	34.3	33.2	40.4	41.2	41.2	33.2
5	39.2	35.4	34.4	38.1	40.3	40.3	34.4
6	42.3	37.5	35.5	39.3	37.3	42.3	35.5
7	35.9	42.4	41.8	36.3	36.2	42.4	35.9
8	46.2	37.6	38.3	39.7	38.0	46.2	37.6
9	36.4	38.3	43.4	38.2	38.0	42.4	36.4
10	44.4	42.0	37.9	38.4	39.5	44.4	37.9

解：① 收集整理数据。根据数理统计的原理，从需要分析的质量问题的总体中随机抽取一定数量的数据作为样本，通过分析样本来判断总体的状态。样本的数量不能太少，一般不少于30个。

② 找出全体数据的最大值 $x_{\max}$，最小值 $x_{\min}$

$$x_{\max} = 46.2\ \mathrm{N/mm^2}$$

$$x_{\min} = 31.5\ \mathrm{N/mm^2}$$

③ 计算极差 R。极差表示全体数据的最大值与最小值之差，也就是全体数据的分布极限范围。

$$R = x_{\max} - x_{\min} = 46.2 - 31.5 = 14.7\ \mathrm{N/mm^2}$$

④ 确定组距和分组数。组数应根据收集数据总数的多少而定，组数太少会掩盖数据的分布规律，太多则使数据过于零乱从而看不出明显的规律，组数用 k 来表示，分组数可参考表4-11确定。组距，反映了组与组之间的间距，各组距应相等，组距用 h 来表示。通常先定组数，后定组距。组数、组距、极差三者之间的关系为：

$$h = \frac{R}{k}$$

本例中，取组数 $k=8$，则组距为：

$$h = \frac{14.7}{8} = 1.8 \approx 2\ \mathrm{N/mm^2}$$

表4-11　分组数 k 值的参考表

样本数量 N	小于50	50～100	100～250	250以上
分组数 k	5～7	6～10	7～12	10～20

⑤ 确定各组边界值。为避免数据正好落在边界值上，一般可采用区间分界值比统计数据提高一级精度的办法。为此，可按下列公式计算第一区间的上下界值：

第一区间下界值 $= x_{\min} - \frac{h}{2}$，第一区间上界值 $= x_{\min} + \frac{h}{2}$

本例中，第一区间的下界值为：$31.5 - 2.0/2 = 30.5\ \text{N/mm}^2$

第一区间的上界值为：$31.5 + 2.0/2 = 32.5\ \text{N/mm}^2$

第一组的上界值就是第二组的下界值，第二组的上界值等于第二组的下界值加上组距，其余类推。

⑥ 制表并统计频数。根据分组情况，分别统计出各组数据的个数，得到频数统计表，如表 4－12 所示。

表 4－12　频数分布统计表

组号	分组界限/(N·mm^{-2})	频数	频率
1	30.5～32.5	2	0.04
2	32.5～34.5	6	0.12
3	34.5～36.5	10	0.20
4	36.5～38.5	15	0.30
5	38.5～40.5	9	0.18
6	40.5～42.5	5	0.10
7	42.5～44.5	2	0.04
8	44.5～46.5	1	0.02

⑦ 画直方图。直方图是一张坐标图，横坐标表示分组区间的划分，纵坐标表示各分组区间值的发生频数。如图 4－12 所示。

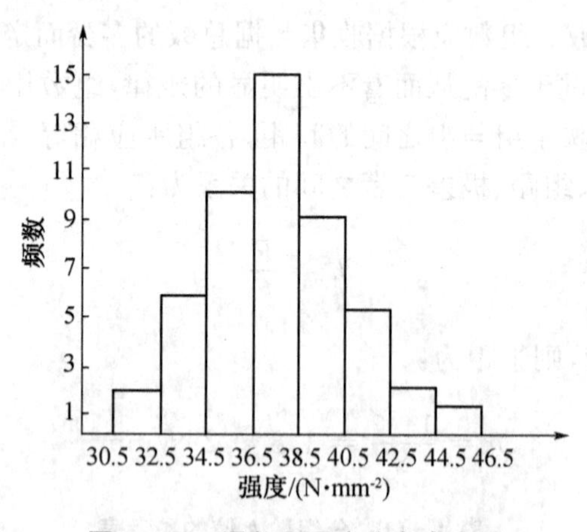

图 4－12　混凝土强度分布直方图

2) 直方图的观察与分析

① 通过形状观察分析。形状观察分析是将绘制好的直方图形状与正态分布图的形状进行比较分析，主要观察形状是否相似以及分布区间的宽窄。正常直方图呈正态分布，即中间高、两边低、成对称，如图 4－13(a)所示。当出现非正常型图形时，就要进一步分析原因，并采取措施予以纠正。常见的异常图形有以下几种：

a. 折齿形。这多数是由于作频数表时，分组不当或组距确定不定所致。如图 4－13(b)所示。

b. 缓坡型。直方图在控制之内，但峰顶偏向一侧，另一侧出现缓坡。说明生产中控制有偏向，或操作者习惯因素造成。如图4－13(c)所示。

c. 孤岛型。出现孤立的小直方图，这是生产过程中短时间的情况异常造成的，如少量材料不合格，或短时间内工人操作不熟练等。如图 4－13(d)所示。

d. 双峰型。一般是由于在抽样检查以前，数据分类工作不够好，使两个分布混淆在一起所造成。如图 4－13(e)所示。

e. 绝壁型。直方图的分布中心偏向一侧，通常是因操作者的主观因素所造成。如图 4－13(f)所示。

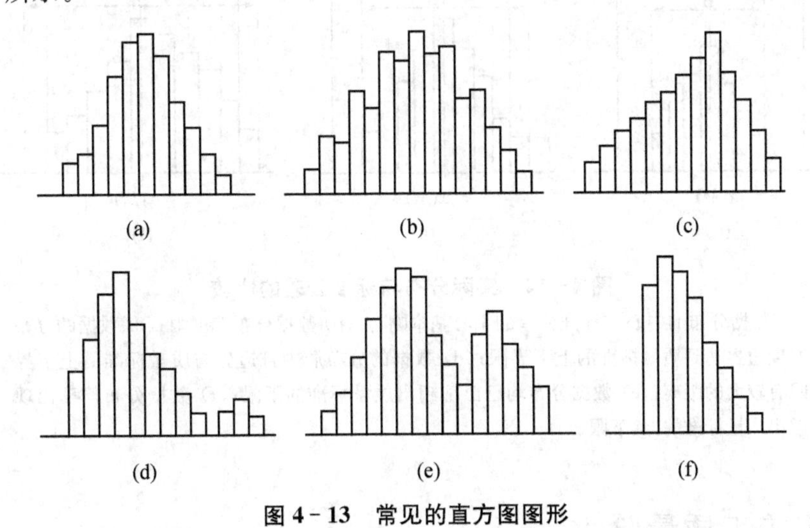

图 4－13　常见的直方图图形

(a) 正常型；(b) 折齿型；(c) 缓坡型；(d) 孤岛型；(e) 双峰型；(f) 绝壁型

② 通过分布位置观察分析。位置观察分析是指直方图的分布位置与质量控制标准的上下限范围进行比较分析。通过形状观察与分析，若图形正常，并不能说明质量分布就完全合理，还要与质量标准即标准公差相比较，如图 4－14 所示。图中 B 表示实际的质量特性分布范围，T 表示规范规定的标准公差的界限(T=容许上限－容许下限)。

正常形状的直方图与标准公差相比较，常见的有以下几种情况：

a. 实际分布的中心与标准公差的中心基本吻合，属理想状态，B 在 T 中间，两边略有余地，不会出现不合格品。见图 4－14(a)。

b. 质量特性数据分布偏下限，易出现不合格，在管理上必须提高总体能力。见图 4－14(b)。

c. 质量特性数据的分布宽度边界达到质量标准的上下界限，其质量能力处于临界状态，说明控制精度不够，容易出废品。应提高控制精度，以缩小实际分布的范围。见图 4－14(c)。

d. 质量特性数据的分布居中且边界与质量标准的上下界限有较大的距离，说明控制精度过高，虽然不出废品，但不经济，应适当放宽控制精度。见图 4－14(d)。

e. 图 4－14(e)和图 4－14(f)的数据分布均已出现超出质量标准的上下限，这些数据说

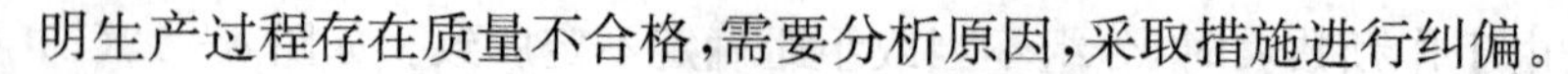

明生产过程存在质量不合格，需要分析原因，采取措施进行纠偏。

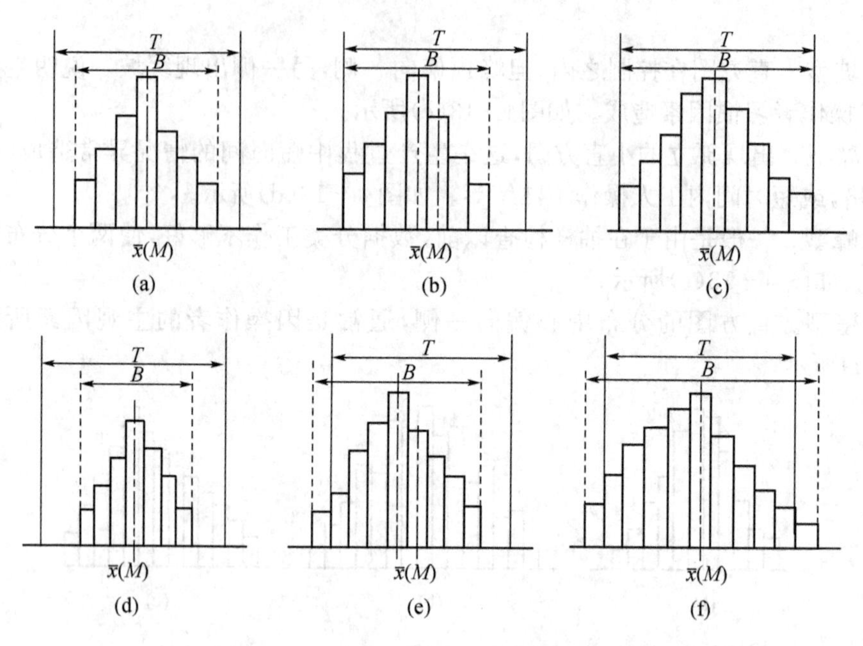

图 4-14　实际分布与标准公差的比较

(a) 数据分布的中心与标准公差的中心基本吻合；(b) 数据分布偏下限；(c) 数据的分布宽度边界达到质量标准的上下界限；(d) 数据的分布居中且边界与质量标准的上下界限有较大的距离；(e) 数据分布均已出现超出质量标准的下限；(f) 数据分布均已出现超出质量标准的上、下限。

4.3　工程施工质量验收

工程施工质量验收是工程建设质量控制的一个重要环节，它包括工程施工质量的中间验收和工程的竣工验收两个方面。通过对工程建设中间产品和最终产品的质量验收，从过程控制和终端把关两个方面进行工程项目的质量控制，以确保达到业主所要求的功能和使用价值，实现建设投资的经济效益和社会效益。工程项目的竣工验收，是项目建设程序的最后一个环节，是全面考核项目建设成果，检查设计与施工质量，确认项目能否投入使用的重要步骤。竣工验收的顺利完成，标志着项目建设阶段的结束和生产使用阶段的开始。尽快完成竣工验收工作，对促进项目的早日投产使用，发挥投资效益，有着非常重要的意义。

4.3.1　建设工程质量验收的基本规定

建筑工程施工质量应按下列要求进行验收：

1）建筑工程施工质量应符合《建筑工程施工质量验收统一标准(GB 50300－2001)》和相关专业验收规范的规定。

2）建筑工程施工应符合工程勘察、设计文件的要求。

3）参加工程施工质量验收的各方人员应具备规定的资格。

4）工程质量的验收均应在施工单位自行检查评定的基础上进行。

5）隐蔽工程在隐蔽前应由施工单位通知有关单位进行验收，并应形成验收文件。

6）涉及结构安全的试块、试件以及有关材料，应按规定进行见证取样检测。

7）检验批的质量应按主控项目和一般项目验收。

8）对涉及结构安全和使用功能的重要分部工程应进行抽样检测。

9）承担见证取样检测及有关结构安全检测的单位应具有相应资质。

10）工程的观感质量应由验收人员通过现场检查，并应共同确认。

建筑工程施工质量验收统一标准与规范体系有：《建筑工程施工质量验收统一标准》(GB 50300—2001)；《建筑地基基础工程施工质量验收规范》(GB 50202—2012)；《砌体结构工程施工质量验收规范》(GB 50203—2011)；《混凝土结构工程施工质量验收规范》(GB 50204—2002(2011年版))；《钢结构工程施工质量验收规范》(GB 50205—2001)；《木结构工程施工质量验收规范》(GB 50206—2012)；《屋面工程质量验收规范》(GB 50207—2012)；《地下防水工程质量验收规范》(GB 50208—2011)；《建筑地面工程施工质量验收规范》(GB 50209—2010)；《建筑装饰装修工程质量验收规范》(GB 50210—2011)；《建筑给水排水及采暖工程施工质量验收规范》(GB 50242—2002)；《通风与空调工程施工质量验收规范》(GB 50243—2002)；《建筑电气工程施工质量验收规范》(GB 50303—2011)；《电梯工程施工质量验收规范》(GB 50310—2002)等。

4.3.2　施工质量验收的层次划分

1. 施工质量验收层次划分的目的

建设工程施工质量验收涉及建设工程施工过程控制和竣工验收控制，是工程施工质量控制的重要环节，合理划分建设工程施工质量验收层次是非常必要的。特别是不同专业工程的验收批如何确定，将直接影响到质量验收工作的科学性、经济性、实用性及可操作性。因此有必要建立统一的工程施工质量验收的层次划分。通过验收批和中间验收层次及最终验收单位的确定，实施对工程施工质量的过程控制和终端把关，确保工程施工质量达到工程项目决策阶段所确定的质量目标和水平。

2. 施工质量验收划分的层次

随着社会经济的发展和施工技术的进步，现代工程建设呈现出建设规模不断扩大、技术复杂程度越来越高等特点。近年来，出现了大量建筑规模较大的单体工程和具有综合使用功能的综合性建筑物，几万平方米的建筑比比皆是，十万平方米以上的建筑也不少。由于这些工程的建设周期较长，工程建设中可能会出现建设资金不足，部分工程停缓建，已建成部分提前投入使用或先将其中部分提前建成使用等情况，再加之对规模特别大的工程一次验收也不方便等等，因此标准规定，可将此类工程划分为若干个子单位工程进行验收。同时为了更加科学地评价工程质量和验收，考虑到建筑物内部设施越来越多样化，按建筑物的主要部位和专业来划分分部工程已不适应当前的要求。因此在分部工程中，按相近工作内容和系统划分为若干个子分部工程，每个子分部工程中包括若干个分项工程，每个分项工程中包含若干个检验批，检验批是工程施工质量验收的最小单位。

3. 单位工程的划分

单位工程的划分应按下列原则确定：

1）具备独立施工条件并能形成独立使用功能的建筑物及构筑物为一个单位工程。如一个学校中的一栋教学楼，某城市的广播电视塔等。

2）规模较大的单位工程，可将其能形成独立使用功能的部分划分为一个子单位工程。子单位工程的划分一般可根据工程的建筑设计分区、使用功能的显著差异、结构缝的设置等实际情况，在施工前由建设、监理、施工单位自行商定，并据此收集整理施工技术资料和验收。

3）室外工程可根据专业类别和工程规模划分单位（子单位）工程。

4. 分部工程的划分

分部工程的划分应按下列原则确定：

1）分部工程的划分应按专业性质、建筑部位确定。如建设工程划分为地基与基础、主体结构、建筑装饰装修、建筑屋面、建筑给水排水及采暖、建筑电气、智能建筑、通风与空调、电梯等九个分部工程。

2）当分部工程较大或较复杂时，可按施工程序、专业系统及类别等划分为若干个子分部工程。如智能建筑分部工程中就包含了火灾及报警消防联动系统、安全防范系统、综合布线系统、智能化集成系统、电源与接地、环境、住宅（小区）智能化系统等子分部工程。

5. 分项工程的划分

分项工程应按主要工种、材料、施工工艺、设备类别等进行划分。如混凝土结构工程中按主要工种分为模板工程、钢筋工程、混凝土工程等分项工程；按施工工艺又分为预应力、现浇结构、装配式结构等分项工程。

建设工程分部（子分部）工程、分项工程的具体划分见《建设工程施工质量验收统一标准》（GB 50300—2001）。

6. 检验批的划分

分项工程可由一个或若干个检验批组成，检验批可根据施工及质量控制和专业验收需要按楼层、施工段、变形缝等进行划分。建设工程的地基基础分部工程中的分项工程一般划分为一个检验批；有地下层的基础工程可按不同地下层划分检验批；屋面分部工程中的分项工程不同楼层屋面可划分为不同的检验批；单层建设工程中的分项工程可按变形缝等划分检验批，多层及高层建筑建设工程中主体分部的分项工程可按楼层或施工段来划分检验批；其他分部工程中的分项工程一般按楼层划分检验批；对于工程量较少的分项工程可统一化为一个检验批。安装工程一般按一个设计系统或组别划分为一个检验批。室外工程统一划分为一个检验批。散水、台阶、明沟等含在地面检验批中。

4.3.3 建筑工程质量验收

1. 施工质量验收的术语

1）验收。建筑工程在施工单位自行质量检查评定的基础上，参与建筑活动的有关单位共同对检验批、分项、分部、单位工程的质量进行抽样检查，根据相关标准以书面形式对工程质量达到合格与否做出确认。

2）检验批。按同一的生产条件或按规定的方式汇总起来供检验用的，由一定数量样本组成的检验体。检验批是施工质量验收的最小单位，是分项工程乃至整个建筑工程质量验收的基础。

3）主控项目。建筑工程中对安全、卫生、环境保护和公众利益起决定性作用的检验项目。如混凝土工程中："受力钢筋的品种、级别、规格、数量和连接方式必须符合设计要求"，

"纵向受力钢筋连接方式应符合设计要求"。

4）一般项目。除主控项目以外的检验项目。"钢筋的接头宜设置在受力较小处。同一纵向受力钢筋不宜设置两个或两个以上接头。接头末端至钢筋弯起点的距离不应小于钢筋直径的10倍"，"钢筋应平直、无损伤，表面不得有裂纹、油污、颗粒状或片状老锈"等都是一般项目。

5）观感质量。通过观察和必要的量测所反映的工程外在质量。

6）返修。对工程不符合标准规定的部位采取整修等措施。

7）返工。对不合格的工程部位采取的重新制作、重新施工等措施。

2. 建筑工程质量验收

1）检验批合格质量应符合下列规定：

① 主控项目和一般项目的质量经抽样检验合格；

② 具有完整的施工操作依据、质量检查记录。

2）分项工程质量验收合格应符合下列规定：

① 分项工程所含的检验批均应符合合格质量的规定；

② 分项工程所含的检验批的质量验收记录应完整。

3）分部(子分部)工程质量验收合格应符合下列规定：

① 分部(子分部)工程所含分项工程的质量均应验收合格；

② 质量控制资料应完整；

③ 地基与基础、主体结构和设备安装等分部工程有关安全及功能的检验和抽样检测结果应符合有关规定；

④ 观感质量验收应符合要求。

4）单位(子单位)工程质量验收合格应符合下列规定：

① 单位(子单位)工程所含分部(子分部)工程的质量均应验收合格；

② 质量控制资料应完整；

③ 单位(子单位)工程所含分部工程有关安全和功能的检测资料应完整；

④ 主要功能项目的抽查结果应符合相关专业质量验收规范的规定；

⑤ 观感质量验收应符合要求。

5）建筑工程质量验收记录应符合下列规定：

① 检验批质量验收可按《建筑工程施工质量验收统一标准(GB 50300—2001)》附录D进行；

② 分项工程质量验收可按《建筑工程施工质量验收统一标准(GB 50300—2001)》附录E进行；

③ 分部(子分部)工程质量验收应按《建筑工程施工质量验收统一标准(GB 50300—2001)》附录F进行；

④ 单位(子单位)工程质量验收，质量控制资料核查，安全和功能检验资料核查及主要功能抽查记录，观感质量检查应按《建筑工程施工质量验收统一标准(GB 50300—2001)》附录G进行。

6）当建筑工程质量不符合要求时，应按下列规定进行处理：

① 经返工重做或更换器具、设备的检验批，应重新进行验收；

② 经有资质的检测单位检测鉴定能够达到设计要求的检验批，应予以验收；

③ 经有资质的检测单位检测鉴定达不到设计要求、但经原设计单位核算认可能够满足

结构安全和使用功能的检验批，可予以验收；

④ 经返修或加固处理的分项、分部工程，虽然改变外形尺寸但仍能满足安全使用要求，可按技术处理方案和协商文件进行验收。

7）通过返修或加固处理仍不能满足安全使用要求的分部工程、单位（子单位）工程，严禁验收。

3. 建筑工程质量验收程序和组织

1）检验批及分项工程应由监理工程师（建设单位项目技术负责人）组织施工单位项目专业质量（技术）负责人等进行验收。

2）分部工程应由总监理工程师（建设单位项目负责人）组织施工单位项目负责人和技术、质量负责人等进行验收；地基与基础、主体结构分部工程的勘察、设计单位工程项目负责人和施工单位技术、质量部门负责人也应参加相关分部工程验收。

3）单位工程完工后，施工单位应自行组织有关人员进行检查评定，并向建设单位提交工程验收报告。

4）建设单位收到工程验收报告后，应由建设单位（项目）负责人组织施工（含分包单位）、设计、监理等单位（项目）负责人进行单位（子单位）工程验收。

5）单位工程有分包单位施工时，分包单位对所承包的工程项目应按本标准规定的程序检查评定，总包单位应派人参加。分包工程完成后，应将工程有关资料交总包单位。

6）当参加验收各方对工程质量验收意见不一致时，可请当地建设行政主管部门或工程质量监督机构协调处理。

7）单位工程质量验收合格后，建设单位应在规定时间内将工程竣工验收报告和有关文件，报建设行政管理部门备案。

4.4 工程质量问题和质量事故处理

由于影响建设工程质量的因素众多而且复杂多变，建设工程在施工和使用过程中往往会出现各种各样不同程度的质量问题，甚至质量事故。

监理工程师应学会区分工程质量不合格、质量问题和质量事故。应准确判定工程质量不合格、正确处理工程质量不合格和工程质量问题的基本方法和程序。了解工程质量事故处理的程序，在工程质量事故处理过程中正确对待有关各方，并应掌握工程质量事故处理方案，确定基本方法和处理结果的鉴定验收程序。

监理工作中质量控制重点之一是加强质量风险分析，及早制定对策和措施，重视工程质量事故的防范和处理，避免已发生的质量问题和质量事故进一步恶化和扩大。

4.4.1 工程质量事故的特点及分类

1. 工程质量事故的特点

工程质量事故具有复杂性、严重性、可变性和多发性的特点。

（1）复杂性

建筑生产与一般工业相比具有产品固定，生产流动；产品多样，结构类型不一；露天作业多，自然条件复杂多变；材料品种、规格多，材质性能各异；多工种、多专业交叉施工，相互干扰大;工艺要求不同,施工方法各异,技术标准不一等特点。因此,影响工程质量的因素繁多,造成质量事故的原因错综复杂,即使是同一类质量事故,而原因却可能多种多样截然不同。例如,就钢筋混凝土楼板开裂质量事故而言,其产生的原因就可能是:设计计算有误;结构构造不良;地基不均匀沉陷;温度应力、地震力、膨胀力、冻涨力的作用;也可能是施工质量低劣、偷工减料或材质不良等等。所以使得对质量事故进行分析,判断其性质、原因及发展,确定处理方案与措施等都增加了复杂性及困难。

(2) 严重性

工程项目一旦出现质量事故,其影响较大。轻者影响施工顺利进行、拖延工期、增加工程费用,重者则会留下隐患成为危险的建筑,影响使用功能或不能使用;更严重的还会引起建筑物的失稳、倒塌,造成人民生命、财产的巨大损失。例如,1995年韩国汉城三峰百货大楼出现倒塌事故死亡达400余人,在国内外造成很大影响,甚至导致国内人心恐慌,韩国国际形象下降;1999年我国重庆市綦江县彩虹大桥突然整体垮塌,造成40人死亡,14人受伤,在国内一度成为人们关注的热点,引起全社会对建设工程质量整体水平的怀疑,构成社会不安定因素。所以对于建设工程质量问题和质量事故不能掉以轻心,必须予以高度重视。

(3) 可变性

许多工程的质量问题出现后,其质量状态并非稳定于发现时的初始状态,而是有可能随着时间而不断地发展、变化。例如,桥墩的超量沉降可能随上部荷载的不断增大而继续发展;混凝土结构出现的裂缝可能随环境温度的变化而变化,或随荷载的变化及负担荷载的时间而变化等。因此,有些在初始阶段并不严重的质量问题,如不能及时处理和纠正,有可能发展成一般质量事故,一般质量事故有可能发展成为严重或重大质量事故。例如,开始时微细的裂缝有可能发展导致结构断裂或倒塌事故;土坝的涓滴渗漏有可能发展为溃坝。所以,在分析、处理工程质量问题时,一定要注意质量问题的可变性,应及时采取可靠的措施,防止其进一步恶化而发生质量事故;或加强观测与试验,取得数据,预测未来发展的趋势。

(4) 多发性

建设工程中的质量事故,往往在一些工程部位中经常发生。例如,悬挑梁板断裂、雨篷塌覆、钢屋架失稳等。因此,总结经验,吸取教训,采取有效措施予以预防十分必要。

2. 工程质量事故的分类

建设工程质量事故的分类方法有多种,既可按造成损失严重程度划分,又可按其产生的原因划分,也可按其造成的后果或事故责任区分。各部门、各专业工程,甚至各地区在不同时期界定和划分质量事故的标准尺度也不一样。国家现行对工程质量通常采用按造成损失严重程度进行分类,其基本分类如下:

1) 一般质量事故——凡具备下列条件之一者为一般质量事故。

① 直接经济损失在5 000元(含5 000元)以上,不满50 000元的;

② 影响使用功能和工程结构安全,造成永久质量缺陷的。

2) 严重质量事故——凡具备下列条件之一者为严重质量事故。

① 直接经济损失在5万元(含5万元)以上,不满10万元的;

② 严重影响使用功能或工程结构安全,存在重大质量隐患的;

③ 事故性质恶劣或造成2人以下重伤的。

3) 重大质量事故——凡具备下列条件之一者为重大质量事故,属建设工程重大事故范畴。

① 工程倒塌或报废；

② 由于质量事故，造成人员死亡或重伤 3 人以上；

③ 直接经济损失 10 万元以上。

按国家建设行政主管部门规定建设工程重大事故分为四个等级。工程建设过程中或由于勘察设计、监理、施工等过失造成工程质量低劣，而在交付使用后发生的重大质量事故，或因工程质量达不到合格标准，而需加固补强、返工或报废，直接经济损失 10 万元以上的重大质量事故。此外，由于施工安全问题，如施工脚手架、平台倒塌，机械倾覆、触电、火灾等造成建设工程重大事故。建设工程重大事故分为以下 4 级：

① 凡造成死亡 30 人以上或直接经济损失 300 万元以上为一级；

② 凡造成死亡 10 人以上 29 人以下或直接经济损失 100 万元以上，不满 300 万元为二级；

③ 凡造成死亡 3 人以上，9 人以下或重伤 20 人以上或直接经济损失 30 万元以上，不满 100 万元为三级；

④ 凡造成死亡 2 人以下，或重伤 3 人以上，19 人以下或直接经济损失 10 万元以上，不满 30 万元为四级。

4）特别重大事故：凡发生一次死亡 30 人及其以上，或直接经济损失达 500 万元及其以上，或其他性质特别严重，上述影响 3 个之一均属特别重大事故。

4.4.2 工程质量问题处理的依据与程序

1. 工程质量事故处理的依据

进行工程质量事故处理的主要依据有 4 个方面：质量事故的实况资料；具有法律效力的，得到有关当事各方认可的工程承包合同、设计委托合同、材料或设备购销合同以及监理合同或分包合同等合同文件；有关的技术文件、档案；相关的建设法规。

在这 4 方面依据中，前三种是与特定的工程项目密切相关的具有特定性质的依据。第四种法规性依据，是具有很高权威性、约束性、通用性和普遍性的依据，因而它在工程质量事故的处理事务中，也具有极其重要的、不容置疑的作用。

(1) 质量事故的实况资料

要搞清质量事故的原因和确定处理对策，首要的是要掌握质量事故的实际情况。有关质量事故实况的资料主要可来自以下方面。

1）施工单位的质量事故调查报告

质量事故发生后，施工单位有责任就所发生的质量事故进行周密的调查研究，掌握情况，并在此基础上写出调查报告，提交监理工程师和业主。在调查报告中应将与质量事故有关的实际情况做详尽的说明，其内容包括：

① 质量事故发生的时间、地点。

② 质量事故状况的描述。例如，发生的事故类型（如混凝土裂缝、砖砌体裂缝）；发生的部位（如楼层、梁、柱，及其所在的具体位置）；分布状态及范围；严重程度（如裂缝长度、宽度、深度等）。

③ 质量事故发展变化的情况（其范围是否继续扩大，程度是否已经稳定等）。

④ 有关质量事故的观测记录、事故现场状态的照片或录像。

2) 监理单位调查研究所获得的第一手资料

其内容大致与施工单位调查报告中有关内容相似，可用来与施工单位所提供的情况对照、核实。

(2) 有关合同及合同文件

1) 涉及合同文件可以是：工程承包合同；设计委托合同；设备与器材购销合同；监理合同等。

2) 有关合同和合同文件在处理质量事故中的作用是：确定在施工过程中有关各方是否按照合同有关条款实施其活动，借以探寻产生事故的可能原因。例如，施工单位是否在规定时间内通知监理单位进行隐蔽工程验收，监理单位是否按规定时间实施了检查验收；施工单位在材料进场时，是否按规定或约定进行检验等。此外，有关合同文件还是界定质量责任的重要依据。

(3) 有关的技术文件和档案

1) 有关的设计文件

如施工图纸和技术说明等。它是施工的重要依据。在处理质量事故中，其作用一方面是可以对照设计文件，核查施工质量是否完全符合设计的规定和要求；另一方面是可以根据所发生的质量事故情况，核查设计中是否存在问题或缺陷，成为导致质量事故的一方面原因。

2) 与施工有关的技术文件、档案和资料

(4) 相关的建设法规

1998年3月1日《中华人民共和国建筑法》颁布实施，对加强建筑活动的监督管理，维护市场秩序，保证建设工程质量提供了法律保障。这部工程建设和建筑业的大法的实施，标志着我国工程建设和建筑业进入了法制管理新时期。通过几年的发展，国家已基本建立起以《建筑法》为基础与社会主义市场经济体制相适应的工程建设和建筑业法规体系，包括法律、法规、规章及示范文本等。

2. 质量问题成因

工程质量事故的表现形式千差万别，类型多种多样。例如，结构倒塌、倾斜、错位、不均匀或超量沉陷、变形、开裂、渗漏、破坏、强度不足、尺寸偏差过大等等，但究其原因，归纳起来主要有以下几方面。

(1) 违背基本建设法规

1) 违背基本建设程序

基本建设程序是工程项目建设过程及其客观规律的反映，但有些工程不按基建程序办事，例如未做好调查分析就拍板定案，未搞清地质情况就仓促开工，边设计、边施工，无图施工，不经竣工验收就交付使用等，它常是导致重大工程质量事故的重要原因。

2) 违反有关法规和工程合同的规定

例如，无证设计；无证施工；越级设计；越级施工；工程招、投标中的不公平竞争；超常的低价中标；擅自转包或分包；多次转包；擅自修改设计等。

(2) 地质勘察原因

诸如未认真进行地质勘察或勘探时钻孔深度、间距、范围不符合规定要求，地质勘察报告不详细、不准确、不能全面反映实际的地基情况等，从而使得地下情况不清，或对基岩起伏、土层分布误判，或未能查清地下软土层、墓穴、孔洞等，它们均会导致采用不恰当或错误的基础方案，造成地基不均匀沉降、失稳，使上部结构或墙体开裂、破坏，或引发建筑物倾斜、倒塌等质量事故。

(3) 对不均匀地基处理不当

对软弱土、杂填土、冲填土、大孔性土或湿陷性黄土、膨胀土、红黏土、熔岩、土洞、岩层出露等不均匀地基未进行处理或处理不当也是导致重大事故的原因。必须根据不同地基的特点，从地基处理、结构措施、防水措施、施工措施等方面综合考虑，加以治理。

(4) 设计计算问题

诸如盲目套用图纸，采用不正确的结构方案，计算简图与实际受力情况不符，荷载取值过小，内力分析有误，沉降缝或变形缝设置不当，悬挑结构未进行抗倾覆验算以及计算错误等，都是引发质量事故的隐患。

(5) 建筑材料及制品不合格

诸如钢筋物理力学性能不良会导致钢筋混凝土结构产生裂缝或脆性破坏；骨料中活性氧化硅会导致碱骨料反应使混凝土产生裂缝；水泥稳定性不良会造成混凝土爆裂；水泥受潮、过期、结块，砂石含泥量及有害物含量超标，外加剂掺量不符合要求，会影响混凝土强度、和易性、密实性、抗渗性，从而导致混凝土结构强度不足、裂缝、渗漏、蜂窝等质量事故。此外，预制构件断面尺寸不足，支承锚固长度不足，未可靠地建立预应力值，漏放或少放钢筋，板面开裂等均可能出现断裂、坍塌事故。

(6) 施工与管理问题

1) 未经设计部门同意擅自修改设计，或不按图施工。例如将铰接做成刚接，将简支梁做成连续梁；用光圆钢筋代替异形钢筋等，导致结构破坏。挡土墙不按图设滤水层、排水孔，导致压力增大，墙体破坏或倾覆。

2) 图纸未经会审即仓促施工；或不熟悉图纸，盲目施工。

3) 不按有关的施工规范和操作规程施工。例如浇筑混凝土时振捣不良造成薄弱部位。

4) 不懂装懂，蛮干施工。例如，将钢筋混凝土预制梁倒置吊装，将悬挑结构钢筋放在受压区等均将导致结构破坏，造成严重后果。

5) 管理紊乱，施工方案考虑不周，施工顺序错误，技术交底不清，违章作业，疏于检查、验收等，均可能导致质量事故。

6) 自然条件影响。空气温度、湿度、暴雨、风、浪、洪水、雷电、日晒等均可能成为质量事故的诱因，施工中应特别注意并采取有效的措施预防。

7) 建筑结构或设施的使用不当。对建筑物或设施使用不当也易造成质量事故。例如未经校核验算就任意对建筑物加层，任意拆除承重结构部位，任意在结构物上开槽、打洞，削弱承重结构截面等。

3. 工程质量事故处理的程序

监理工程师应熟悉各级政府建设行政主管部门处理工程质量事故的基本程序，特别是应把握在质量事故处理过程中如何履行自己的职责。

工程质量事故发生后，监理工程师可按以下程序进行处理，如图 4-15 所示。

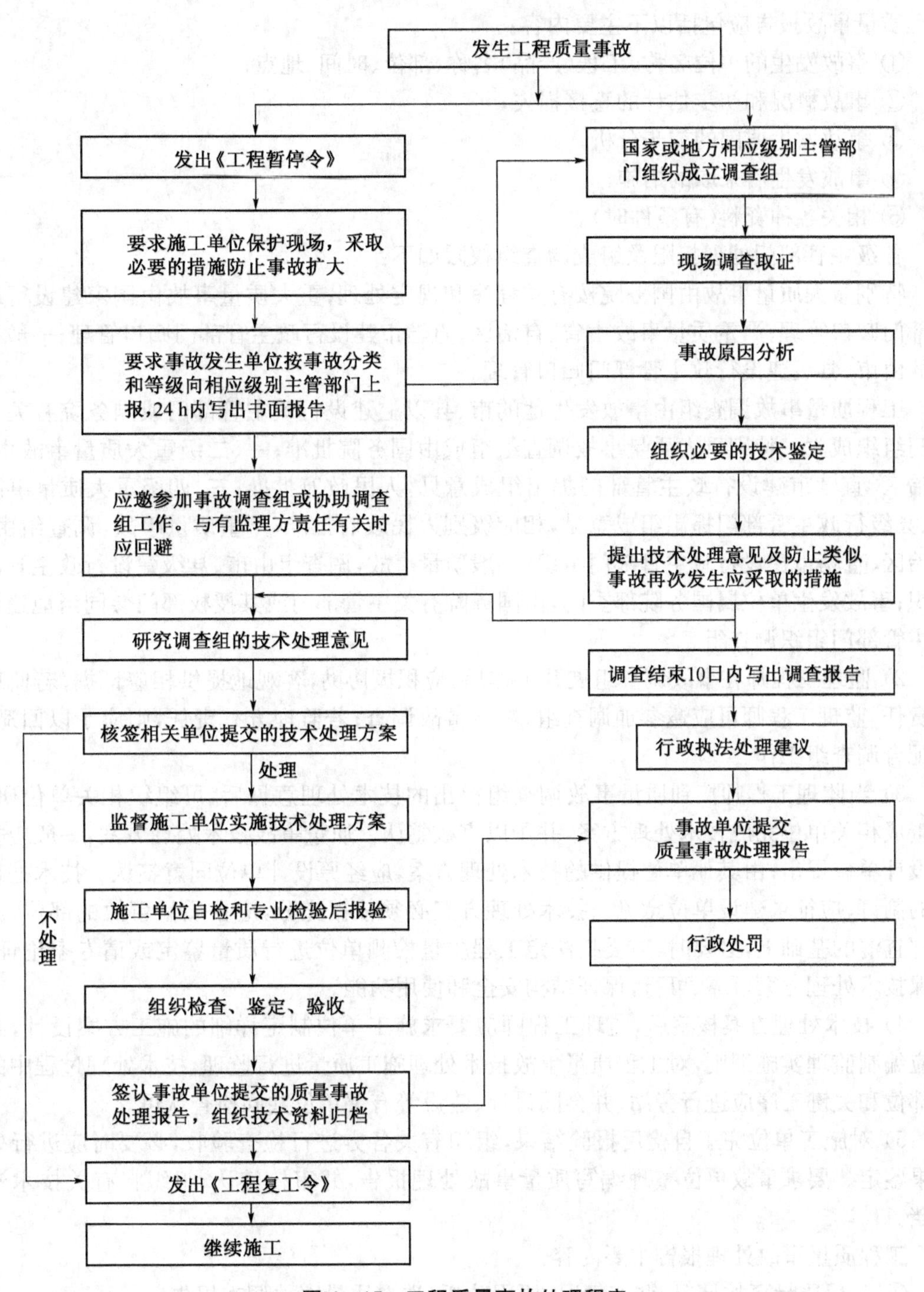

图 4－15　工程质量事故处理程序

1）工程质量事故发生后，总监理工程师应签发《工程暂停令》，并要求质量缺陷部位和与其有关联部位及下道工序停止施工，应要求施工单位采取必要的措施，防止事故扩大并保护好现场。同时，要求质量事故发生单位迅速按类别和等级向相应的主管部门上报，并于24 h内写出书面报告。

质量事故报告应包括以下主要内容：

① 事故发生的单位名称，工程(产品)名称、部位、时间、地点；

② 事故概况和初步估计的直接损失；

③ 事故发生原因的初步分析；

④ 事故发生后采取的措施；

⑤ 相关各种资料(有条件时)。

各级主管部门处理权限及组成调查组权限如下：

特别重大质量事故由国务院按有关程序和规定处理；重大质量事故由国家建设行政主管部门归口管理；严重质量事故由省、自治区、直辖市建设行政主管部门归口管理；一般质量事故由市、县级建设行政主管部门归口管理。

工程质量事故调查组由事故发生地的市、县以上建设行政主管部门或国务院有关主管部门组织成立。特别重大质量事故调查组组成由国务院批准；一、二级重大质量事故由省、自治区、直辖市建设行政主管部门提出组成意见，人民政府批准；三、四级重大质量事故由市、县级行政主管部门提出组成意见，相应级别人民政府批准；严重质量事故，调查组由省、自治区、直辖市建设行政主管部门组织；一般质量事故，调查组由市、县级建设行政主管部门组织；事故发生单位属国务院部委的，由国务院有关主管部门或其授权部门会同当地建设行政主管部门组织调查组。

2）监理工程师在事故调查组展开工作后，应积极协助，客观地提供相应证据，若监理方无责任，监理工程师可应邀参加调查组，参与事故调查；若监理方有责任，则应予以回避，但应配合调查组工作。

3）当监理工程师接到质量事故调查组提出的技术处理意见后，可组织相关单位研究，并责成相关单位完成技术处理方案，并予以审核签认。质量事故技术处理方案，一般应委托原设计单位提出；由其他单位提供的技术处理方案，应经原设计单位同意签认。技术处理方案的制订，应征求建设单位意见。技术处理方案必须依据充分，应在质量事故的部位、原因全部查清的基础上，必要时，应委托法定工程质量检测单位进行质量鉴定或请专家论证，以确保技术处理方案可靠、可行，保证结构安全和使用功能。

4）技术处理方案核签后，监理工程师应要求施工单位制定详细的施工方案设计，必要时应编制监理实施细则，对工程质量事故技术处理施工质量进行监理，技术处理过程中的关键部位和关键工序应进行旁站，并会同设计、建设等有关单位共同检查认可。

5）对施工单位完工自检后报验结果，组织有关各方进行检查验收，必要时应进行处理结果鉴定。要求事故单位整理编写质量事故处理报告，并审核签认，组织将有关技术资料归档。

工程质量事故处理报告主要内容：

① 工程质量事故情况、调查情况、原因分析(选自质量事故调查报告)；

② 质量事故处理的依据；

③ 质量事故技术处理方案；

④ 实施技术处理施工中有关问题和资料；

⑤ 对处理结果的检查鉴定和验收；

⑥ 质量事故处理结论。

6）签发《工程复工令》,恢复正常施工。

案　例

［背景材料］

某市一幢商住楼工程项目,建设单位 A 与施工单位 B 和监理单位 C 分别签订了施工承包合同和施工阶段委托监理合同。该工程项目的主体工程为钢筋混凝土框架式结构,设计要求混凝土抗压强度达到 C20。在主体工程施工至第三层时,钢筋混凝土柱浇筑完毕拆模后,监理工程师发现,第三层全部 80 根钢筋混凝土柱的外观质量很差,不仅蜂窝麻面严重,而且表面的混凝土质地酥松,用锤轻敲即有混凝土碎块脱落。经检查,施工单位提交的从施工现场取样的 9 根混凝土柱强度试验结果表明,混凝土抗压强度值均达到或超过了设计要求值,其中最大值达到 C30 的水平,监理工程师对施工单位提交的试验报告结果十分怀疑。

［问题］

1. 在上述情况下,作为监理工程师,你认为应当按什么步骤处理?

2. 工程质量问题的处理方式有哪些?质量事故处理应遵循什么程序进行?质量事故分为几类?如有一造价 8 000 万元的高层建筑,主体工程完成封顶后,装修过程中发现建筑物整体倾斜,无法控制,最后人工控制爆破炸毁。这一质量事故属于哪一类?

［参考答案］

1. 该质量事故发生后,监理工程师可按下述步骤处理:

(1) 监理工程师应首先指令施工单位暂停施工;

(2) 如果自己具有相应技术实力及设备,可通知施工单位,在其参加下:从已浇筑的 柱体上钻孔取样进行抽样检验和试验;也可以请具有权威性的第三方检测机构进行抽检和试验;或要求施工单位在有监理方现场见证的情况下,重新见证取样和试验;

(3) 根据抽检结果判断质量问题的严重程度,必要时需通过建设单位请原设计单位及质量监督机构参加对该质量问题的分析判断;

(4) 根据判断的结果及质量问题产生的原因决定处理方式或处理方案;

(5) 指令施工单位进行处理,监理方应跟踪监督;

(6) 处理后施工单位自检合格后,监理工程师复检合格加以确认;

(7) 明确质量责任,按责任归属承担责任。

2. 工程质量问题的处理方式、处理程序和质量事故分类与判断如下:

(1) 工程质量问题的处理,根据其性质及严重程度不同可有以下处理方式。

1）当施工引起的质量问题尚处于萌芽状态时,应及时制止,并要求施工单位立即改正;

2）当施工引起的质量问题已出现,立即向施工单位发出《监理通知》,要求其进行补救处理,当其采取保证质量的有效措施后,向监理单位填报《监理通知回复单》;

3）某工序分项工程完工后,如出现不合格项,监理工程师应填写《不合格项处置记录》,要求施工单位整改,并对其补救方案进行确认,跟踪其处理过程,对处理结果进行验收,不合格不允许进入下道工序或分项工程施工;

4）在交付使用后保修期内,发现施工质量问题时,监理工程师应及时签发《监理通知》,指令施工单位进行保修(修补、加固或返工处理)。

(2) 质量事故处理的一般程序是:

1) 质量事故发生后,总监理工程师签发《工程暂停令》,暂停有关部分的工程施工。要求施工单位采取措施,防止事故扩大,保护现场,上报有关主管部门,并于24小时内写出书面报告;

2) 监理工程师应积极协助上级有关主管部门组织成立的事故调查组工作,提供有关的证据,若监理方有责任,则应回避;

3) 总监理工程师接到事故调查组提出的技术处理意见后,可征求建设单位意见,组织有关单位研究并委托原设计单位完成技术处理方案,予以审核签认;

4) 处理方案核签后,监理工程师应要求施工单位制定详细施工方案,报监理审批后监督其实施处理;

5) 施工单位处理完工自检后报验结果,组织各方检查验收,必要时进行处理鉴定。

(3) 质量事故可分为以下4类:

1) 一般质量事故——直接经济损失在5 000元及其以上、不满5万元者,或者是影响使用功能和结构安全,造成永久质量缺陷者。

2) 严重质量事故——具备下述条件之一者:直接经济损失达5万元及其以上不满10万元者;严重影响使用功能或结构安全、存在重大质量隐患者;事故性质恶劣或造成2人以下重伤者。

3) 重大质量事故——具备下述条件之一者:工程倒塌或报废;造成人员死亡或重伤3人以上;直接经济损失10万元以上。重大质量事故又分为四级:死亡30人以上或直接经济损失300万元以上为一级;死亡10人以上、29人以下或直接经济损失100万元以上(300万元以下)为二级;死亡3人以上、9人以下,或重伤20人以上,或经济损失30万元以上(不满100万元)为三级;死亡2人以下,或重伤3人以上、19人以下,或经济损失10万元以上(不满30万元)为四级。

4) 特别重大事故——一次死亡30人及其以上,或直接经济损失达500万元及其以上,或其他性质特别严重的事故。

(4) 本问题中所述情况属于特别重大事故。

本章小结

本章前两节主要介绍建设工程质量控制的概念、原则及控制方法和控制内容,重点介绍了施工阶段质量控制的主要方法和内容。施工阶段的质量控制不但是施工监理重要的工作内容,也是工程项目质量控制的重点。监理工程师对工程施工的质量控制,就是按合同赋予的权利,围绕影响工程质量的各种因素,对工程项目的施工进行有效的监督和管理。本章在第三节和第四节主要介绍工程质量验收的有关规定以及出现质量问题和质量事故后的处理方法。

复习思考题

1. 施工准备、施工过程、竣工验收各阶段的质量控制包括哪些主要内容?
2. 施工质量控制的依据主要有哪些方面?

3. 简要说明施工阶段监理工程师质量控制的工作程序。
4. 监理工程师如何做好作业技术活动过程的质量控制？
5. 监理工程师进行现场质量检验的方法有哪几类？其主要内容包括哪些方面？
6. 试述工程质量问题处理的程序。
7. 简述工程质量事故的特点、分类及其处理的权限范围。
8. 建设工程质量的特性有哪些？其内涵如何？
9. 什么是工程质量控制？简述工程质量控制的内容。
10. 什么是质量控制点？选择质量控制点的原则是什么？
11. 建设工程施工质量验收中单位工程的划分原则是什么？

第 5 章　建设工程项目进度控制

知识目标：

- 了解建设工程进度控制的概念及建设工程施工进度控制的主要内容；
- 熟悉施工阶段进度目标的分解和确定；
- 掌握建设工程进度计划实施中的监测与调整的系统过程；
- 掌握实际进度与计划进度(横道图、S形曲线、前锋线等)的比较法。

能力目标：

- 会施工阶段进度控制的方法、措施；
- 能调整施工项目进度计划；
- 会工程延期事件的处理和材料物资供应进度的控制。

在工程建设中，怎样保证工程项目按计划规定的轨道运行，是工程项目控制的重要任务。建设工程进度控制是指对工程项目各建设阶段的工作内容、工作程序、工作持续时间和衔接关系编制计划，将该计划付诸实施，在实施过程中经常检查实际进度是否按计划要求进行，对出现的偏差分析原因，采取措施，或调整、修改原计划，直至工程竣工交付使用。施工阶段是建设工程实体形成的阶段，对其进度控制是建设工程进度控制的重点。建设工程施工阶段进度控制就是做好施工进度计划与项目建设总进度计划的衔接，并跟踪检查施工进度计划执行情况，在必要时对施工进度计划进行调整，保证建设工程进度控制总目标的实现。监理工程师受业主委托在建设工程施工阶段实施监理时，其进度控制的总任务就是在满足工程项目建筑总进度计划的基础上，编制或审核施工进度计划，并对其执行情况加以动态控制，以保证工程项目按期竣工交付使用。

5.1　建设工程施工阶段的进度控制

5.1.1　建设工程施工阶段进度控制的主要内容

1. 进度控制的概念

广义的控制包括提出问题、研究问题、计划、控制、监督、反馈等完善的管理全过程。直观地说，控制是指施控主体对受控客体(被控对象)的一种能动作用，此作用能使受控客体根据施控主体的预定目标而运动，最终实现这一目标。建设工程施工阶段进度控制是指在既定的建设工期目标内，通过对原计划实施所检查收集到的实施信息，与原计划(标准)进行比较，发现偏差在允许偏差范围之外时，采取措施纠正偏差，以保证按原计划正常实施的活动过程。在项目实施过程中，监理工程师运用各种监理手段和方法，依据合同文件和法律法规所赋予的权力，监督工程项目承包者采用先进合理的技术、组织、经济等措施，不断检查调整自身的进度计划，在确保工程质量、安全和投资费用的前提下，按照合同规定的工程建设期限加上监理工程师批准的工程延期时间以及预订的计划目标完成项目建设任务。

需要注意的是，建设项目是一个系统工程，进度、质量、投资等职能控制工作之间有着相互密切的内在联系，各重要目标之间存在着相互依存、相互影响的关系，所以要特别强调综合控制，片面追求单一目标实现程度最优是不可取的。

2. 建设工程施工进度控制工作流程

建设工程施工进度控制工作流程如图 5－1 所示。

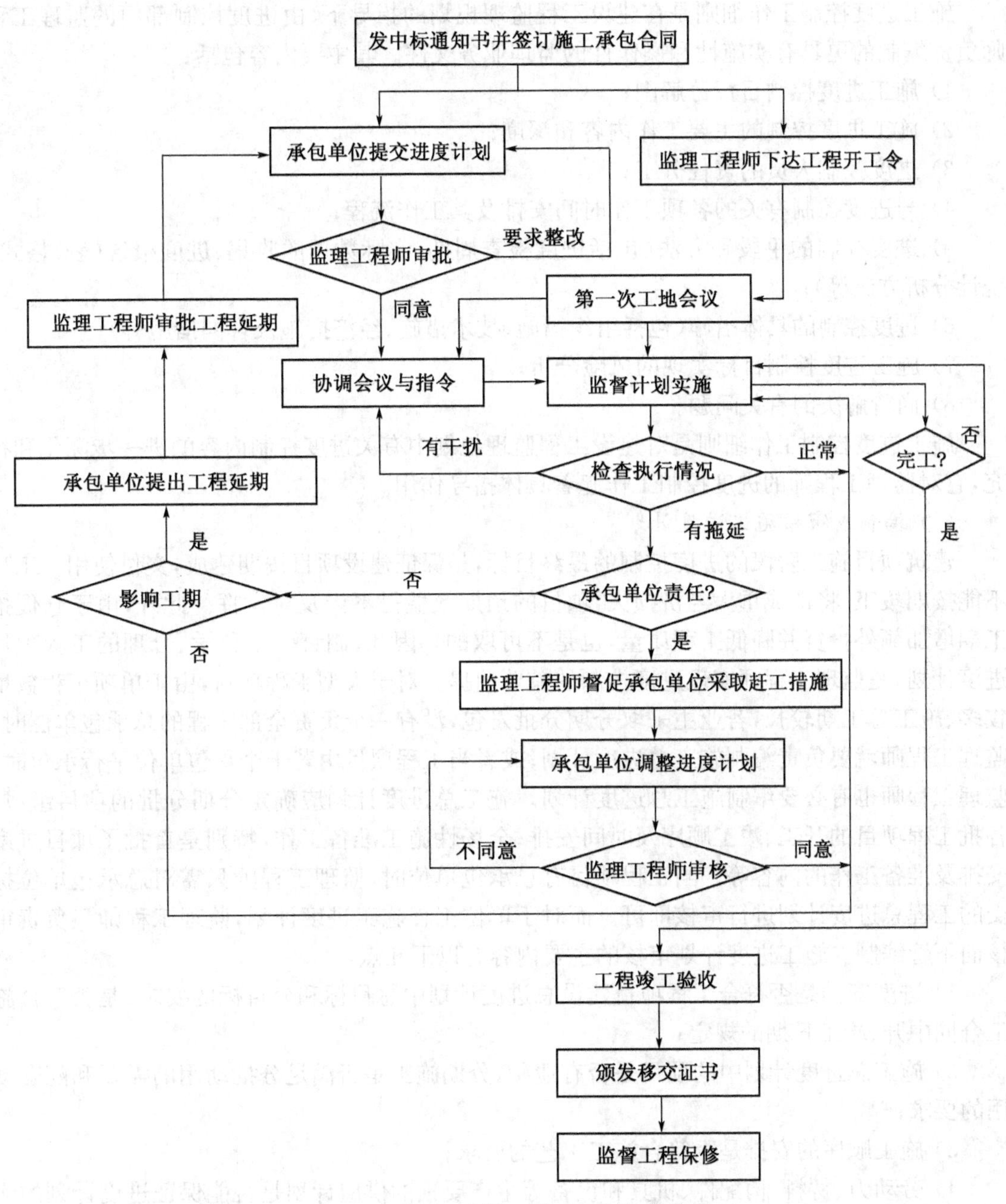

图 5－1　建设工程施工进度控制工作流程

3. 建设工程施工进度控制的监理工作内容

建设工程项目的控制贯穿于项目实施的全过程。首先,应认识到对项目的控制越早,计划(标准)的实现越有保障;其次,对控制工作而言,不能只看成是少数人的事情,而应该是全体参与人员的责任;最后,要尽力提倡主动控制,即在实施前或偏离前已预测到偏离的可能,主动采取措施,提早防止偏离的发生。监理工程师对工程项目的施工进度控制从审核承包单位提交的施工进度计划开始,直至工程项目保修期满为止,其工作内容主要有以下几个方面。

(1) 编制施工进度控制工作细则

施工进度控制工作细则是在建设工程监理规划的指导下,由进度控制部门的监理工程师负责编制的更具有实施性和操作性的监理业务文件。其主要内容包括:

1) 施工进度控制目标分解图;

2) 施工进度控制的主要工作内容和深度;

3) 进度控制人员的责任分工;

4) 与进度控制有关的各项工作时间安排及其工作流程;

5) 进度控制的手段和方法(包括进度检查周期、实际数据的收集、进度报告(表)格式、统计分析方法等);

6) 进度控制的具体措施(包括组织措施、技术措施、经济措施及合同措施等);

7) 施工进度控制目标实现的风险分析;

8) 尚待解决的有关问题。

施工进度控制工作细则是对建设工程监理规划中有关进度控制内容的进一步深化和补充,它对监理工程师的进度控制工作起着具体指导作用。

(2) 编制或审核施工进度计划

建筑项目施工阶段的进度控制的最终目标,是保证建设项目按期建成,交付使用。工程不能按期竣工,将造成重大经济损失,项目的预期效益得不到及时发挥。此外,由于仓促抢工期增加额外投资并降低工程质量,也是不可取的。因此,制订一个科学、合理的工程项目进度计划,是监理工程师实现进度控制的首要前提。对于大型工程项目,由于单项工程数量较多、施工总工期较长,若业主采取分期分批发包,没有一个负责全部工程的总承包单位时,监理工程师就要负责编制施工总进度计划;或者当工程项目由若干个承包单位平行承包时,监理工程师也有必要编制施工总进度计划。施工总进度计划应确定分期分批的项目组成;各批工程项目的开工、竣工顺序及时间安排;全场性施工准备工作,特别是首批子项目进度安排及准备工作的内容等。当工程项目有总承包单位时,监理工程师只需对总承包单位提交的工程总进度计划进行审核即可。而对于单位工程施工进度计划,监理工程师只负责审核而不管编制。施工进度计划审核的主要内容有以下几点:

1) 进度安排是否符合工程项目建设总进度计划中总目标和分目标的要求,是否符合施工合同中开、竣工日期的规定;

2) 施工总进度计划中的项目是否有遗漏,分期施工是否满足分批动用的需要和配套动用的要求;

3) 施工顺序的安排是否符合施工工艺的要求;

4) 劳动力、材料、构配件、机具和设备等生产要素的供应计划是否能保证进度计划的实现,供应是否均衡,需求高峰期是否有足够实现计划的供应能力;

5）业主的资金供应能力是否满足进度需要；

6）施工的进度安排是否与设计单位的图纸供应进度相符；

7）业主应提供的场地条件及原材料和设备，特别是国外设备的到货与施工进度计划是否衔接；

8）总、分包单位分别编制的各单位工程施工进度计划之间是否相协调，专业分工与衔接的计划安排是否明确合理；

9）进度安排是否存在造成业主违约而导致索赔的可能。

如果监理工程师在审核施工进度计划的过程中发现问题，应及时向承包单位提出书面修改意见，并协助承包单位修改，其中重大问题应及时向业主汇报。

尽管承包单位向监理工程师提交施工进度计划是为了听取建设性意见，但施工进度计划一经监理工程师确认，即应当视为合同文件的组成部分。它是以后处理承包单位提出的工程延期或费用索赔的一个重要依据。

(3) 按年、季、月编制工程综合计划

在按计划期编制的进度计划中，监理工程师应着重解决各承包单位施工进度计划之间、施工进度计划与资源保障计划之间及外部协作条件的延伸性计划之间的综合平衡与相互衔接问题。并根据上期计划的完成情况对本期计划做必要的调整，从而作为承包单位近期执行的指令性(实施性)计划。

(4) 下达工程开工令

监理工程师应根据承包单位和业主双方关于工程开工的准备情况，选择合适的时机发布工程开工令。工程开工令的发布，要尽可能及时，因为从发布工程开工令之日算起，加上合同工期后即为工程竣工日期。如果开工令发布拖延，就等于推迟了竣工时间，甚至可能引起承包单位的索赔。为了检查双方的准备情况，在一般情况下应由监理工程师组织召开有业主和承包单位参加的第一次工地会议。业主应按照合同规定，做好征地拆迁工作，及时提供施工用地。同时还应当完成法律及财务方面的手续，以便能及时向承包单位支付工程预付款。承包单位应当将开工所需要的人力、材料、设备准备好，同时还要按合同规定为监理工程师提供各种条件。

(5) 协助承包单位实施进度计划

监理工程师要随时了解施工进度计划执行过程中所存在的问题，并帮助承包单位予以解决，特别是承包单位无力解决的外层关系协调问题。

施工进度计划在执行过程中呈现如下特点：

1）计划的被动性。由于工程施工主要是按照工程设计要求进行的，施工进度计划必须满足项目总进度计划的要求，这就使得施工进度计划具有被动性；

2）计划的多变性。由于工程施工受外界自然条件影响较大，不可预见因素多，因此，施工进度计划的相对稳定性小，具有复杂的多变性；

3）计划的不均衡性。由于工程施工受开工、竣工时间和季节性施工以及施工过程中各阶段工作面大小不一的影响，使得施工进度计划难以达到理想的均衡程度。

因此，施工阶段监理工程师的进度控制应加强预见性和及时性，采取变被动为主动的动态进度控制。

(6) 监督施工进度计划的实施

这是工程项目施工阶段进度控制的经常性工作。监理工程师不仅要及时检查承包单位报送的施工进度报表和分析资料,同时还要进行必要的现场实地检查,核实所报送的已完成的项目时间及工程量,杜绝虚假现象。在对工程实际进度资料进行整理的基础上,监理工程师应将其与计划进度相比较,以判定实际进度是否出现偏差。如果出现偏差,监理工程师应进一步分析偏差对进度控制目标的影响程度及其产生的原因,以便研究对策、提出纠偏措施,必要时还应对后期工程进度计划做适当的调整。计划调整要及时有效。

(7) 组织现场协调会

监理工程师应每月、每周定期组织召开不同层次的现场协调会议,以解决工程施工过程中的相互协调配合问题。在每月召开的高级协调会上通报工程项目建设的重大变更事项,协商其后果处理,解决各个承包单位之间以及业主与承包单位之间的重大协调配合问题;在每周召开的管理层协调会上,通报各自进度状况、存在的问题及下周的安排,解决施工中的相互协调问题。这些问题通常包括:各承包单位之间进度协调问题;工作面交接和阶段成品保护责任问题;场地和公用设施利用中的矛盾问题;某一方断水、断电、断路、开挖要求对其他方面影响的协调问题以及资源保障、外协条件配合问题等。

在平行、交叉施工单位多、工序交接频繁且工期紧迫的情况下,现场协调会甚至需要每日召开。在会上通报和检查当天的工程进度,确定薄弱环节,部署当天的赶工任务,以便为次日正常施工创造条件。

对于某些未曾预料的突发变故或问题,监理工程师还可以发布紧急协调指令,督促有关单位采取应急措施维护工程施工的正常秩序。

(8) 签发工程进度款支付凭证

监理工程师应对承包单位申报的已完成分项工程量进行核实,在其质量通过检查验收后签发工程进度款支付凭证。

(9) 审批工程延期

造成工程进度拖延的原因有两个方面:一是由于承包单位自己原因造成的工期拖延,称为工程延误,一切损失由承包商自己承担;二是由于承包单位以外的原因造成的工期延长称为工程延期,工程延期经监理工程师审查批准后,所延长的时间属于合同工期的一部分。

1) 工期延误。当出现工期延误时,监理工程师有权要求承包单位采取有效措施加快施工进度。如果经过一段时间后,实际进度没有明显改进,仍然落后于计划进度,而且将影响工程按期竣工时,监理工程师应要求承包单位修改进度计划,并提交监理工程师重新确认。

监理工程师对修改后的施工进度计划的确认,并不是对工程延期的批准,他只是要求承包单位在合理的状态下施工。因此,监理工程师对进度计划的确认,并不能解除承包单位应负的一切责任,承包单位需要承担赶工的全部额外开支和延误工期的损失赔偿。

2) 工程延期。监理工程师审批工程延期的三条原则为:合同条件、影响工期和实际情况。如果由于承包单位以外的原因造成工期拖延,承包单位有权提出延长工期的申请。监理工程师应根据合同规定,审批工程延期时间,应纳入合同工期,作为合同工期的一部分。即新的合同工期应等于原定的合同工期加监理工程师批准的工程延期时间。

监理工程师对于施工进度的拖延,是否批准为工程延期,对承包单位和业主都十分重要。如果承包单位得到监理工程师批准的工程延期,由于工期延长所增加的费用须由业主承担。因此，监理工程师应按照合同的有关规定，公正区分工期延误和工程延期，并合理地批准工程延期时间。

(10) 向业主提供进度报告

监理工程师应随时整理进度材料，并做好工程记录，定期向业主提交工程进度报告。

(11) 督促承包单位整理技术资料

监理工程师要根据工程进展情况，督促承包单位及时整理有关技术资料。

(12) 审批竣工申请报告，协助组织竣工验收

当单位工程达到竣工验收条件后，承包单位在自行预验的基础上提交工程竣工报验单，申请竣工验收。监理工程师在对竣工资料和工程实体进行全面检查、验收合格后，签署工程竣工报验单，并向业主提出质量评估报告。监理工程师应审批承包单位在自行预验基础上提交的初验申请报告，组织业主和设计单位进行初验。监理工程师在初验通过后填写初验报告及竣工验收申请书，并协助业主组织工程项目的竣工验收，编写竣工验收报告书。

(13) 处理争议和索赔

在工程结算过程中，监理工程师要处理有关争议和索赔问题。

(14) 整理工程进度资料

在工程完工以后，监理工程师应将工程进度资料收集起来，进行归类、编目和建档，以便为今后类似工程项目的进度控制提供参考。

(15) 工程移交

监理工程师应督促承包单位办理工程移交手续，颁发工程移交证书。在工程移交后的保修期内，还要处理使用中(验收后出现)的质量问题，并督促责任单位及时修理。当保修期满且再无争议时，工程项目进度控制的任务即告完成。

5.1.2　施工阶段进度控制目标的分解

1. 施工进度控制目标体系

保证工程项目按期建成交付使用，是建设工程施工阶段进度控制的最终目的。为了有效地控制施工进度，首先要将施工进度总目标从不同角度进行层层分解，形成施工进度控制目标体系，从而作为实施进度控制的依据。

建设工程施工进度控制目标体系如图5-2所示。

2. 施工进度控制目标的分解

建设工程不但要有项目建成交付使用的确切日期这个总目标，还要有各单位工程交工动用的分目标以及按承包单位、施工阶段和不同计划期划分的分目标。各目标之间相互联系，共同构成建设工程施工进度控制目标体系。其中，下级目标受上级目标的制约，下级目标保证上级目标，最终保证施工进度总目标的实现。施工进度目标可按项目组成、承包单位、施工阶段及计划期等分解，监理工程师应根据所确定的分解目标，来检查和控制进度计划的实施。

(1) 按项目组成分解，确定各单位工程开工及动用日期

各单位工程的进度目标在工程项目建设总进度计划及建设工程年度计划中都有体现。在施工阶段应进一步明确各单位工程的开工和交工动用日期，以确保施工总进度目标的实现。

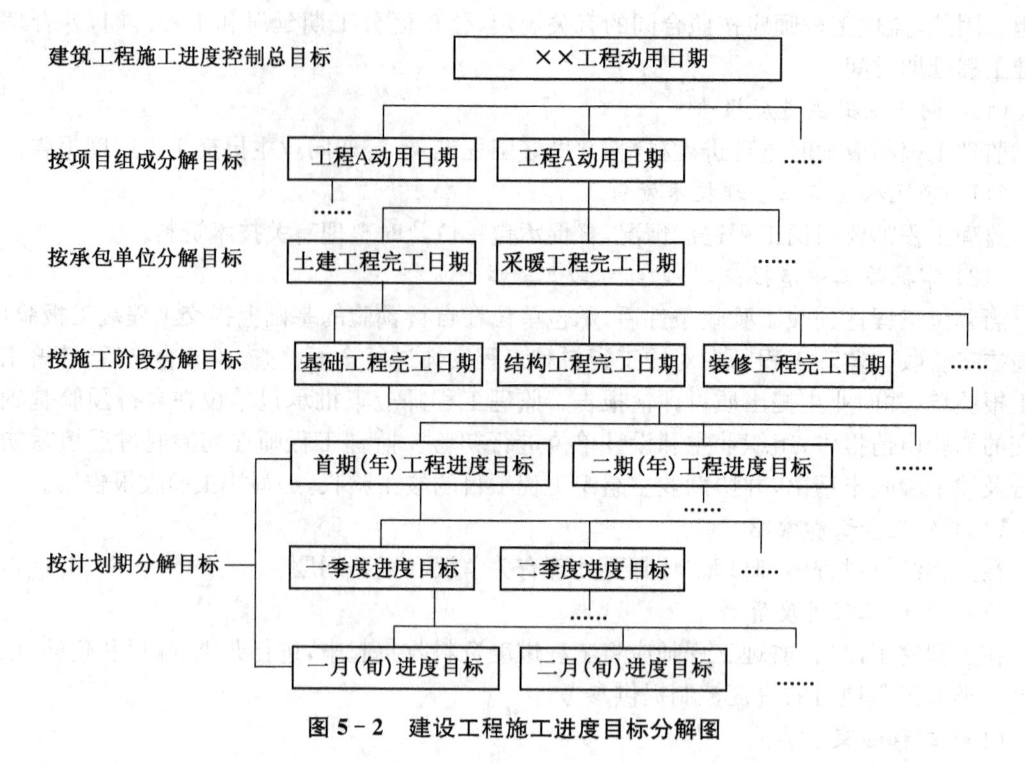

图 5-2 建设工程施工进度目标分解图

(2) 按承包单位分解,明确分工条件和承包责任

在一个单位工程中有多个承包单位参加施工时,应按承包单位将单位工程的进度目标分解,确定出各分包单位的进度目标,列入分包合同,以便落实分包责任,并根据各专业工程交叉施工方案和前后衔接条件,明确不同承包单位工作面交接的时间和条件。

(3) 按施工阶段分解,划定进度控制分界点

根据工程项目的特点,应将施工分成几个阶段,如土建工程可分为基础、结构和内外装修阶段。每一阶段的起止时间都要有明确的标志。特别是不同单位承包的不同施工段之间,更要明确划定时间分界点,以此作为形象进度的控制标志,从而使单位工程动用目标具体化。

(4) 按计划期分解,组织综合施工

将工程项目的施工进度控制目标按年、季度、月(或旬)进行分解,并用实物工程量、货币工程量及形象进度表示,将更有利于监理工程师明确对各承包单位的进度要求。同时,还可以根据此监督其实施,检查其完成情况。计划期愈短,进度目标愈细,进度跟踪就愈及时,发生进度偏差时也就更能有效地采取措施予以纠正。这样,就形成了一个有计划、有步骤协调施工,长期目标对短期目标自上而下逐级控制,短期目标对长期目标自下而上逐级保证,逐步趋近进度总目标的局面,最终达到工程项目按期竣工交付使用的目的。

3. 施工阶段进度控制目标的确定

为了对施工进度实施控制,必须建立明确的进度目标,并按项目的分解建立各层次的进度分目标,由此构成一个建筑施工进度目标系统。监理工程师在确定施工阶段进度目标时,应认真考虑下列因素:

1) 项目总进度计划对施工工期的要求。项目可按进展阶段的不同分解为多个层次,项

目的进度目标则可按此层次分解为不同的进度分目标。施工进度目标是项目总进度目标的分目标,它应满足总进度计划的要求。

2）项目的特殊性。施工进度目标的确定,应考虑项目的特殊性,以保证进度目标切合实际,有利于进度目标的实现。

3）合理的施工时间。任何建设项目都需要经过一定的时间才能完成,决不能盲目地确定施工期限,否则必然在实施中造成进度的失控。为了合理地确定施工时间,应参照施工工期定额和以往类似工程施工的实际进度。

4）资金条件。资金是保证项目进行的先决条件,如果没有资金的保证,进度目标则不能实现。所以,施工进度目标的确定应充分考虑资金的投入计划。

5）人力条件。施工进度目标的确定应与可能投入的施工力量相适应。

6）物资条件。确定施工进度目标应充分考虑材料、设备、构件等物资供应的可能性,包括各种物资的可供应量和时间。

7）环境的影响。包括所在地的天气、政治经济条件等环境的影响。

8）其他。为了提高进度计划的预见性和进度控制的主动性,在确定施工进度控制目标时,必须全面细致地分析与建设工程进度有关的各种有利因素和不利因素。确定施工进度控制目标的主要依据有:建设工程总进度目标对施工工期的要求,工期定额,类似工程项目的实际进度,工程难易程度和工程条件的落实情况等。

在确定施工进度分解目标时,还要考虑以下各个方面:

1）对于大型建设工程项目,应根据尽早提供可动用单元的原则,集中力量分期分批建设,以便尽早投入使用,尽快发挥投资效益。

2）科学合理地安排施工顺序。在同一场地上不同工种交叉作业,其施工的先后顺序反映了工艺的客观要求,而平行交叉作业则反映了人们争取时间的主观努力。施工顺序的科学合理能够使施工在时空上得到统筹安排,流水施工是理想的生产组织方式。尽管施工顺序随工程项目类别、施工条件的不同而变化,但还是有其可供遵循的某些共同规律,如先准备,后施工;先地下,后地上;先外,后内;先土建,后安装等。

3）参考同类工程建设的经验,结合本工程的特点和施工条件,制定切合实际的施工进度目标。避免制定进度目标时的主观盲目性,消除实施过程中的进度失控现象。

4）做好资金供应能力、施工力量配备、物资(材料、构配件、设备)供应能力与施工进度的平衡工作,确保工程进度目标的要求而不使其落空。施工过程就是一个资源消耗的过程,要以资源支持施工。在商品生产条件下,一切生产经营活动都离不开资金,它是一种流通手段,是财产、物资、劳动的货币表现。技术是第一生产力。技术、人力、材料、机械设备、资金统称为资源(生产要素),即5M。一旦进度确定,则资源供应能力必须满足进度的需要。

5）考虑外部协作条件的配合情况。建设工程的实施具有很强的综合性和复杂性,应考虑外部协作条件的配合情况。包括施工过程中及项目竣工动用所需的水、电、气、通信、道路及其他社会服务对项目的满足程度和满足时间,它们必须与工程项目的进度目标相协调。

6）因为工程项目建设大多都是露天作业,以及建设地点的固定性,应考虑工程项目建设地点的气象、地形、地质、水文等自然条件的限制。

总之,要想对工程项目的施工进度实施控制,就必须有明确、合理的进度目标(进度总目标和进度分目标),否则,进度控制便失去了意义。

5.1.3 施工阶段进度控制的方法、措施

进度控制的原理是在工程项目实施过程中不断检查和监督各种进度计划执行情况，通过连续地报告、审查、计算、比较，力争将实际执行结果与原计划之间的偏差减少到最低限度，保证进度目标的实现。进度控制就其全过程而言，主要工作环节首先是依进度目标的要求编制工程进度计划；其次是把计划执行中正在发生的情况与原计划比较；再次是对发生的偏差分析出现的原因；最后是及时采取措施，对原计划予以调整，以满足进度目标要求。以上 4 个环节缺一不可，当完成之后再开始下一个循环，直至任务结束。进度控制的关键是计划执行中的跟踪检查和调整。

1. 施工进度控制方法

施工进度控制方法主要是管理技术方法，包括规划、控制和协调。规划是指确定施工总进度控制目标和分进度控制目标，并编制其进度计划。控制是指在施工的全过程中，进行施工实际进度与计划进度的比较，发现偏差及时采取调整措施。协调是指协调与施工进度有关的单位、部门和工作队组之间的进度关系。

2. 施工进度控制的措施

施工进度控制采取的主要措施有组织措施、管理措施、经济措施、技术措施和信息管理措施等。

(1) 组织措施

组织措施是目标控制的必要措施，如果不落实进度控制的部门和人员，不确定他们各自目标控制任务和管理职能，不制定各项目标控制的工作流程，那么目标控制就没有办法进行。组织措施主要包括落实各层次的进度控制人员的具体任务和管理职责分工，建立进度控制的组织系统；按照施工项目的结构、进展的阶段或合同结构等进行项目分解，确定其进度目标，建立控制目标体系；确定进度控制工作制度，如检查时间、方法、协调会议类型、时间、参加人等；对影响进度目标实现的干扰和风险因素进行分析和预测等。其中风险因素分析要有依据，主要是根据许多统计资料的积累，对各种因素影响进度的概率及进度拖延的损失值进行计算和预测，并应考虑有关项目审批部门对进度的影响等。

(2) 管理措施

管理措施是进度控制的必要措施，没有严谨的管理措施，任何项目的实现都是空谈。建设工程进度控制的管理措施涉及管理的思想、管理的方法、管理的手段、承发包模式、合同管理和风险管理等。

建设工程进度控制在管理观念方面存在的主要问题有：缺乏进度计划系统的观念，分别编制各种独立而互不联系的计划，形成不了计划系统；缺乏动态控制的观念，只重视计划的编制，而不重视及时地进行计划的动态调整；缺乏进度计划多方案比较和选优的观念，合理的进度计划应体现资源的合理使用、工作面的合理安排、有利于提高建设质量、有利于文明施工和有利于合理地缩短建设周期。

工程网络计划方法有利于实现进度控制的科学化。用工程网络计划方法编制进度计划，必须很严谨地分析和考虑工作之间的逻辑关系，通过计算找出关键工作和关键线路以及非关键工作可使用的时差。承发包模式的选择直接关系到工程实施的组织和协调。为了实现进度目标，应选择合理的合同结构，以避免过多的合同交界面而影响工程的进展。各合同

的合同期与进度计划要协调，并严格控制合同变更。工程物资的采购模式对进度也有直接的影响，对此应作比较分析。为实现进度目标，不但应进行进度控制，还应注意分析影响工程进度的风险，并在分析的基础上采取风险管理措施，以减少进度失控的风险量。常见的影响工程进度的风险，如：组织风险；管理风险；合同风险；资源（人力、物力和财力）风险；技术风险等。

(3) 经济措施

经济措施是指实现进度计划的资金保证措施，主要包括资金需求计划、资金供应的条件和经济激励措施（对工期提前给予奖励、对工程延误收取误期损失赔偿、加强索赔管理）等。为确保进度目标的实现，应编制与进度计划相适应的资源需求计划（资源进度计划），包括资金需求计划和其他资源（人力和物力资源）需求计划，以反映工程实施的各时段所需要的资源。通过资源需求的分析，可发现所编制的进度计划实现的可能性，若资源条件不具备，则应调整进度计划。资金需求计划也是工程融资的重要依据；资金供应条件包括可能的资金总供应量、资金来源（自有资金和外来资金）以及资金供应的时间；在工程预算中应考虑加快工程进度所需要的资金，其中包括为实现进度目标将要采取的经济激励措施所需要的费用，例如按期或提前完成目标的单位和个人给予一定的奖励，对没有完成任务的给予一定处罚等。

(4) 技术措施

技术措施主要是采取加快施工进度的技术方法，包括审查承包单位提交的进度计划；编制进度控制工作细则；采用网络计划技术等。

(5) 信息管理措施

信息管理措施是指不断地收集施工实际进度的有关资料进行整理统计与计划进度比较，定期地向建设单位提供比较报告。虽然信息技术对进度控制而言只是一种管理手段，但它的应用有利于提高进度信息处理的效率、有利于提高进度信息的透明度、有利于促进进度信息的交流和项目各参与方的协同工作。

3. 施工进度控制的任务

施工进度控制的主要任务是编制施工总进度计划并控制其执行，按期完成整个项目的施工任务；编制单位工程施工进度计划并控制其执行，按期完成单位工程的施工任务；编制分部分项工程施工进度计划，并控制其执行，按期完成分部分项工程的施工任务；编制季度、月、旬作业计划，并控制其执行，完成规定的目标等。

对于进度控制工作，应明确一个基本思想：计划不变是相对的，而变是绝对的；平衡是相对的，不平衡是绝对的。要针对变化采取对策，定期地、经常地调整进度计划。

5.2　进度计划实施中的监测与调整

确定建设工程进度目标，编制一个科学、合理的进度计划是监理工程师实现进度控制的前提。施工进度计划由承包单位编制完成后，应提交给监理工程师审查，待监理工程师审查确认后即可付诸实施。但是，在工程项目实施过程中，由于外部环境和条件的变化，进度计划的编制者很难事先对项目在实施过程中可能出现的问题进行全面的估计。气候、水文地质等条件的变化均会对工程进度计划的实施产生影响，从而造成实际进度偏离计划进度。

因此，承包单位在执行施工进度计划的过程中，应接受监理工程师的监督与检查，及时发现问题，并运用行之有效的进度调整方法来解决问题。

5.2.1 实际进度检测与调整的系统过程

1. 进度检测的系统过程

(1) 进度计划执行过程中的跟踪检查

对进度计划的执行情况进行跟踪检查是计划执行信息的主要来源，是进度分析和调整的依据，也是进度控制的关键步骤。为了全面、准确地掌握进度计划的执行情况，监理工程师应认真做好以下三个方面的工作：

1) 定期收集进度报表资料；

2) 现场实地检查工程进展情况，获得第一手的工程进展资料；

3) 定期召开现场会议，了解工程实际进度状况，同时也可以协调有关方面的进度关系。

进度控制的效果与收集数据资料的时间间隔有关。究竟多长时间进行一次进度检查，这是监理工程师应当确定的问题。进度检查的时间间隔与工程项目的类型、规模、监理对象以及有关条件等多方面因素有关，可视工程的具体情况，每月、每半月或每周进行一次检查。特殊情况时需每日检查工程进度。

(2) 整理、统计和分析收集到的实际进度数据

对收集到的实际进度数据进行加工处理，形成与进度计划具有可比性的数据。

(3) 实际进度与计划进度的对比分析

将实际进度数据与计划进度数据进行比较，可以确定建设工程实际执行状况与计划目标之间的差距。

2. 进度调整的系统过程

在建设工程实施进度监测过程中，一旦发现实际进度偏离计划进度，即出现进度偏差时，必须认真分析产生偏差的原因及其对后续工作和总工期的影响，必要时采取合理、有效的进度计划调整措施，确保进度总目标的实现。

(1) 分析进度偏差产生的原因

通过实际进度与计划进度的比较，发现进度偏差时，必须深入现场进行调查，分析产生偏差的原因。

(2) 分析进度偏差对后续工作及总工期的影响

当查明进度偏差产生的原因之后，要分析进度偏差对后续工作及总工期的影响程度，以确定是否应采取措施调整进度计划。

(3) 确定后续工作和总工期的限制条件

当出现的进度偏差影响到后续工作及总工期而需要采取进度调整措施时，应当首先确定可调整进度的范围，主要指关键节点、后续工作的限制条件以及总工期允许变化范围。这些限制条件往往与合同条件有关，需要认真分析后确定。

(4) 采取措施调整进度计划

采取进度调整措施，应以后续工作和总工期的限制条件为依据，确保要求的进度目标得以实现。

(5) 实施调整后的进度计划

进度计划调整之后,应采取相应的组织、经济、技术措施执行它,并继续监测其执行情况。

5.2.2　实际进度与计划进度的比较

实际进度与计划进度的比较是建设工程进度监测的主要环节。通过比较发现偏差,以便调整或修改计划,保证进度目标的实现。常用的进度比较法有横道图、S 曲线、香蕉曲线、前锋线和列表比较法。

1. 横道图比较法

横道图比较法就是将项目实施过程中检查实际进度收集到的数据信息,经过整理后直接用横道双线(彩色线或其他线型)并列标于原计划的横道单线下方(或上方),进行实际进度与计划进度直观比较的方法。采用横道图比较法,可以形象、直观地反映实际进度与计划进度的比较情况。

【例 5-1】 已知某基础工程进度计划如图 5-3 所示,其中细实线表示计划进度,粗实线表示实际进度。假设各施工过程均为匀速进展,即每项工作在单位时间内完成的任务量都相等,要求比较各施工过程在第 10 周末时刻计划进度与实际进度的差别。

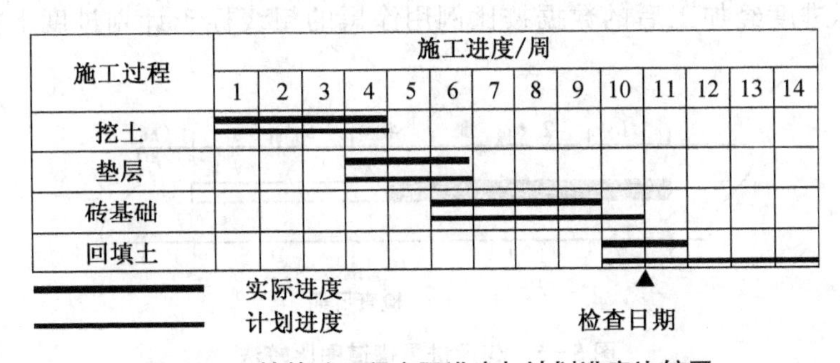

图 5-3　某基础工程实际进度与计划进度比较图

【分析】 从图 5-3 中可以看出,在第 10 周末检查时,挖土、垫层两项工作已经完成,砖基础实际进度比计划进度拖延了 1 周,任务量拖欠 20%,回填土实际进度比计划进度提前了 1 周,任务量超额完成 20%。

通过这种比较,管理人员能很清晰和方便地观察出实际进度与计划进度的偏差。需要注意的是,横道图比较法中的实际进度可用持续时间或任务量(如劳动消耗量、实物工程量、已完工程价值量等)的累计百分比表示。但由于计划图中的进度横道线只表示工作的开始时间、持续时间和完成时间,并不表示计划完成量,所以在实际工作中要根据工作任务的性质分别考虑。

图 5-3 所表达的比较方法仅适用于工程项目中各项工作都是均匀进展的情况,即每项工作在单位时间内完成任务量都相等。但实际上工程项目中各项工作进展速度不一定是匀速的。根据工程项目中各项工作进展是否匀速可分别采用以下两种方法进行实际进度与计划进度的比较。

(1) 匀速进展横道图比较法

匀速进展是指在工程项目中,每项工作在单位时间内完成的任务量是相等的,即工作的进展速度是均匀的，每项工作累计完成的任务量与时间呈线性关系，如图 5 - 4 所示。完成任务量可以用实物工程量、劳动消耗量或费用支出等物理量的百分比表示。

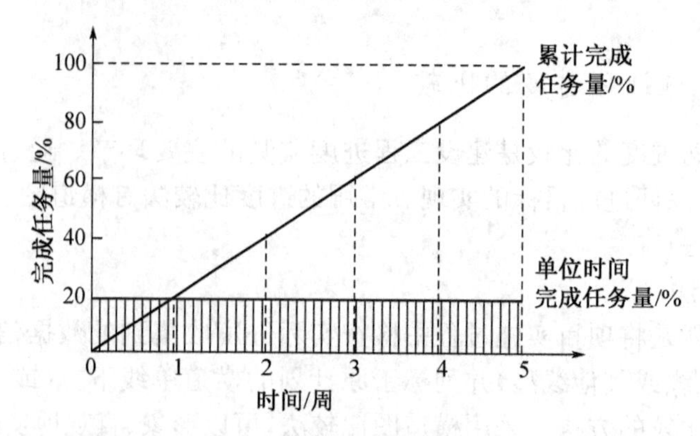

图 5 - 4 工作匀速进展时任务量与时间关系曲线

匀速进展横道图比较法步骤如下：

1）编制横道图进度计划。

2）在横道图进度计划上标出检查日期。

3）将实际进度经加工后的数据按比例用涂黑的粗线标于计划进度下方，如图 5 - 5 所示。

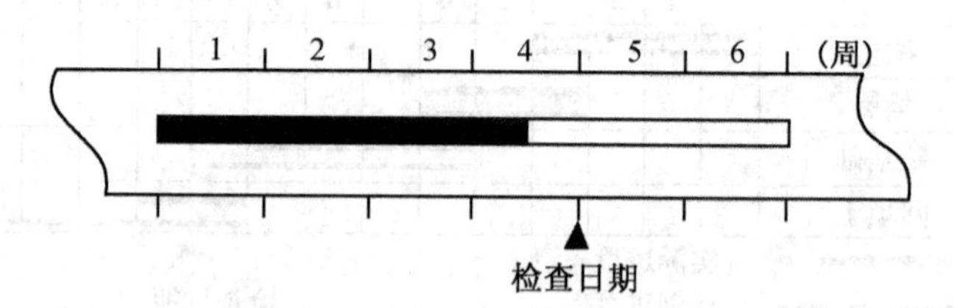

图 5 - 5 匀速进展横道图比较法

4）对比分析实际进度与计划进度：

① 如果涂黑的粗线右端落在检查日期左侧，表明实际进度拖后；

② 如果涂黑的粗线右端落在检查日期右侧，表明实际进度超前；

③ 如果涂黑的粗线右端与检查日期重合，表明实际进度与计划进度一致。

该方法仅适用于工程项目中某些工作实际进度与计划进度的局部比较，且工程项目中的各项工作均为匀速进展，即每项工作在单位时间完成的任务量均相等的情况。

(2) 非匀速进展横道图比较法

当工作在单位时间内完成的任务量不相等时，即工作的进展是非匀速的，每项工作累计完成的任务量与时间的关系是非线性关系。这种情况下应采用非匀速进展横道图比较法进行工作实际进度与计划进度的比较。非匀速进展横道图比较法在用涂黑的粗线表示工作实际进度的同时，还要标出其对应时刻完成任务量的累计百分比，并将其与同时刻计划完成任务量的累计百分比相比较，判断实际进度与计划进度的关系。此时，横道线只表示工作的开始时间、完成时间和工作的持续时间，并不表示任务量。

非匀速进展横道图比较法步骤如下：

1）编制横道图进度计划。

2）在横道线上方标出各主要时间工作的计划完成任务量累计百分比。

3）在横道线下方标出相应时间工作的实际完成任务量累计百分比。

4）用涂黑的粗线标出工作的实际进度，从开始之日标起，同时反映出该工作在实施过程中的连续与间断情况。

5）通过比较同一时刻实际完成任务量累计百分比和计划完成任务量百分比，判断工作实际进度与计划进度之间的关系。

① 如果同一时刻横道线上方累计百分比大于横道线下方累计百分比，表明实际进度拖后，拖欠的任务量为两者之差。

② 如果同一时刻横道线上方累计百分比小于横道线下方累计百分比，表明实际进度超前，超前的任务量为两者之差。

③ 如果同一时刻横道线上下方两个累计百分比相等，表明实际进度与计划进度一致。

这种方法主要适用于工程项目中某些工作实际进度与计划进度的局部比较，且工作在不同单位时间里的进展速度不相等。不仅可以进行某一时刻实际进度与计划进度的比较，还能进行某一时间段实际进度与计划进度的比较。

【例5-2】 某工程项目中的基槽开挖工作按施工进度计划安排需要7周完成，每周计划完成的任务百分比如图5-6所示。

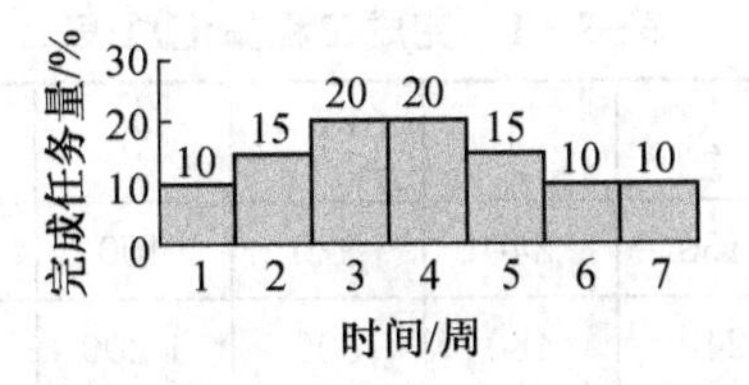

图5-6　基槽开挖工作进展时间与完成任务量关系图

【解】 （1）编制横道图进度计划如图5-7所示。

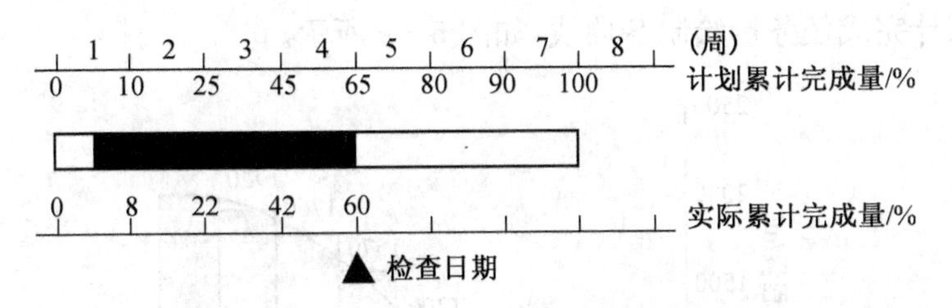

图5-7　非匀速进展横道图比较图

（2）在横道线上方标出基槽开挖工作每周计划累计完成任务量的百分比，分别为10%、25%、45%、65%、80%、90%和100%。

（3）在横道线下方标出第1周至检查日期（第4周）每周实际累计完成任务量的百分比，分别为8%、22%、42%、60%。

（4）用涂黑粗线标出实际投入的时间。图5-7表明，该工作实际开始时间晚于计划开始时间，在开始后连续工作，没有中断。

（5）比较实际进度与计划进度。从图5-7中可以看出，该工作在第一周实际进度比计划进度拖后2%，以后各周末累计拖后分别为3%、3%和5%。

2. S 曲线比较法

S 曲线比较法是以横坐标表示时间，纵坐标表示工程项目累计完成任务量，绘制一条按计划时间累计完成任务量的 S 曲线；然后将工程项目实施过程中各检查时间实际累计完成任务量的 S 曲线也绘制在同一坐标系中，进行工程项目实际进度与计划进度的比较。

（1）S 曲线的绘制方法

【例 5－3】 某混凝土工程的浇筑总量为 2 000 m^3，按照施工方案，计划 9 个月完成，每月计划完成的混凝土浇筑量如图 5－8 所示，试绘制该混凝土工程的计划 S 曲线。

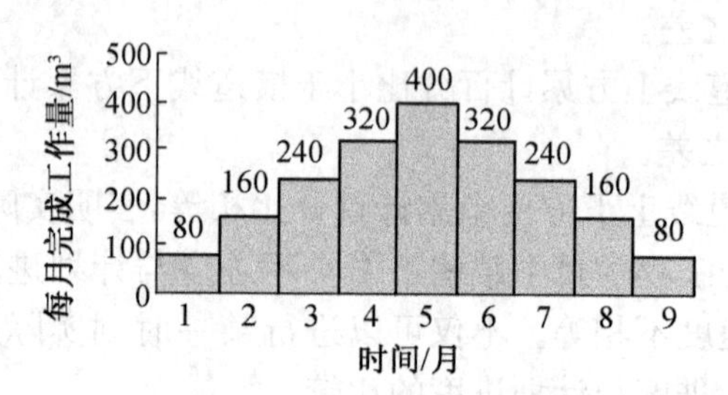

图 5－8 每月完成工程量图

【解】：① 确定单位时间计划完成任务量。将每月计划完成混凝土浇筑量列于表 5－1。

表 5－1 完成工程量汇总表

时间/月	1	2	3	4	5	6	7	8	9
每月完成量/m^3	80	160	240	320	400	320	240	160	80
累计完成量/m^3	80	240	480	800	1 200	1 520	1 760	1 920	2 000

② 计算不同时间累计完成任务量。依次计算每月计划累计完成的混凝土浇筑量，结果列于表 5－1 中。

③ 根据累计完成任务量绘制 S 曲线，如图 5－9 所示。

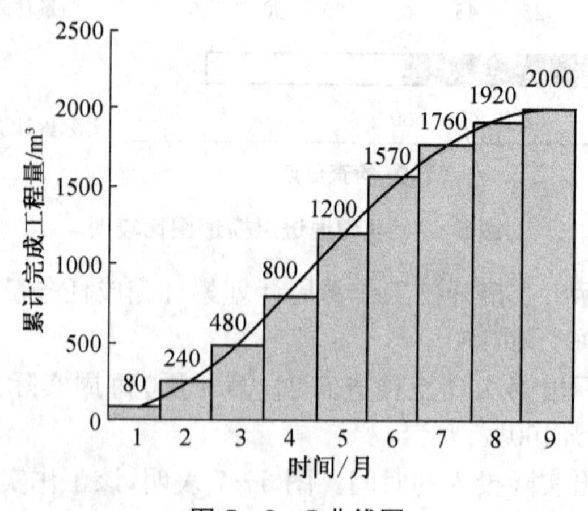

图 5－9 S 曲线图

（2）实际进度与计划进度的比较

在工程项目实施过程中，按照规定时间将检查收集到的实际累计完成任务量绘制在原计划 S 曲线图上，即可得到实际进度 S 曲线，如图 5 - 10 所示。通过比较实际进度 S 曲线和计划进度 S 曲线，可以获得如下信息：

1）工程项目实际进展状况 如果工程实际进展点落在计划 S 曲线左侧，表明此时实际进度比计划进度超前，如图 5 - 10 中的 a 点；如果工程实际进展点落在计划 S 曲线右侧，表明此时实际进度比计划进度拖后，如图 5 - 10 中的 b 点；如果工程实际进展点正好落在计划 S 曲线上，则表示此时实际进度与计划进度一致。

2）工程项目实际进度超前或拖后的时间 在 S 曲线比较图中可以直接读出实际进度比计划进度超前或拖后的时间。如图 5 - 10 所示，ΔT_a 表示 T_a 时刻实际进度超前的时间；ΔT_b 表示 T_b 时刻实际进度拖后的时间。

3）工程项目实际超额或拖欠的任务量 在 S 曲线比较图中可以直接读出实际进度比计划进度超前或拖后的任务量。如图 5 - 10 所示，ΔQ_a 表示 T_a 时刻超额完成的任务量，ΔQ_b 表示 T_b 时刻拖欠的任务量。

4）后期工程进度预测 如果后期工程按原计划速度进行，则可做出后期工程预测 S 曲线如图 5 - 11 中虚线所示，从而可以确定工期拖延预测值 ΔT。

S 曲线比较法适用于在图上进行工程项目整体实际进度与计划进度的直观比较。但无法进行一项工作的实际进度与计划进度的局部比较。

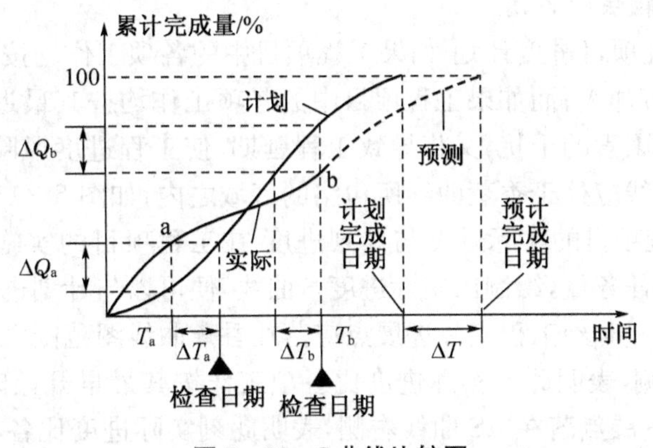

图 5 - 10　S 曲线比较图

3. 香蕉曲线比较法

香蕉曲线是由两条 S 曲线组合而成的闭合曲线。对于一个工程项目的网络计划来说，如果以其中各项工作的最早开始时间安排进度而绘制 S 曲线，称为 ES 曲线；如果以其中各项工作的最迟开始时间安排进度而绘制 S 曲线，称为 LS 曲线。两条曲线具有相同的起点和终点，形成一个形状像“香蕉”的闭合图形，因此称为香蕉曲线，如图 5 - 11 所示。一般情况下，ES 曲线上的点落在 LS 曲线上相应点的左侧。

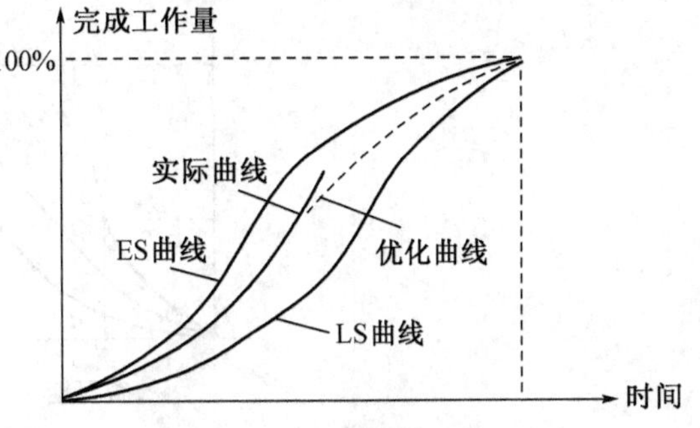

图 5 - 11　香蕉曲线比较图

（1）香蕉曲线的绘制方法

1）以工程项目的网络计划为基础，计算

各项工作的最早开始时间和最迟开始时间。

2）确定各项工作在单位时间的计划完成任务量，分别按以下2种情况考虑：

①根据各项工作按最早开始时间安排的进度计划，确定各项工作在各单位时间的计划完成任务量；

②根据各项工作按最迟开始时间安排的进度计划，确定各项工作在各单位时间的计划完成任务量。

3）计算工程项目总任务量，即对所有工作在各单位时间计划完成任务量累加求和。

4）分别根据各项工作按最早开始时间、最迟开始时间安排的进度计划，确定工程项目在各单位时间计划完成的任务量，即将各项工作在某一单位时间内计划完成的任务量求和。

5）分别根据各项工作按最早开始时间、最迟开始时间安排的进度计划，确定不同时间累计完成的任务量或任务量的百分比。

6）绘制香蕉曲线。分别根据各项工作按最早开始时间、最迟开始时间安排的进度计划，确定累计完成的任务量或任务量的百分比描绘各点，并连接各点得到ES曲线和LS曲线，由ES曲线和LS曲线组成香蕉曲线。

在工程项目实施过程中，根据检查得到的实际累计完成任务量，按同样的方法在原计划香蕉曲线图上绘出实际进度曲线，便可以进行实际进度与计划进度的比较。

（2）香蕉曲线比较法的作用

1）合理安排工程项目进度计划 如果工程项目中的各项工作均按其最早开始时间安排进度，将导致项目投资加大；而如果工程项目中的各项工作均按其最迟开始时间安排进度，则一旦受到进度影响因素的干扰，又将导致工程延期，使工程进度风险加大。因此，科学合理的进度计划优化曲线应处于香蕉曲线所包络的区域之内，如图5-11中优化曲线。

2）定期比较工程项目的实际进度与计划进度 在工程项目的实施过程中，根据每次检查收集到的实际完成任务量，绘制出实际进度S曲线，便可以与计划进度比较。工程项目实施进度理想状态是任一时刻工程实际进展点应落在香蕉曲线图范围之内。如果工程实际进展点落在ES曲线左侧，表明此刻实际进度比各项工作按其最早开始时间安排的计划进度超前；如果工程实际进展点落在LS曲线右侧，表明此刻实际进度比各项工作按其最迟开始时间安排的计划进度拖后。

3）预测后期工程进展趋势 如图5-12所示，该工程项目在检查日实际进度超前。检查日期之后的后期工程进度安排如图中的虚线所示，预计该工程项目将提前完成。

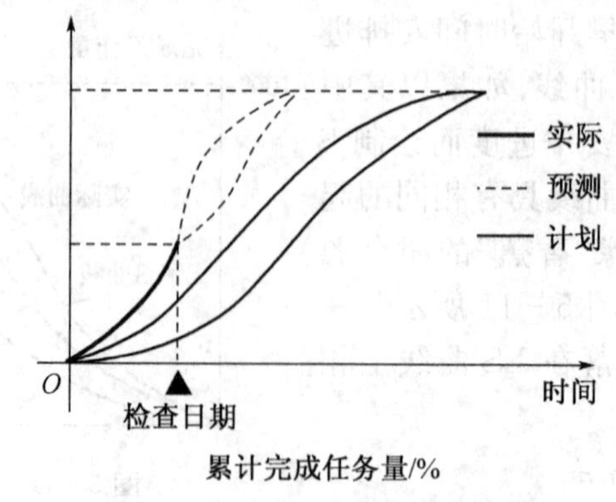

图5-12 工程进展趋势预测图

4. 前锋线比较法

前锋线是指在原时标网络计划上，从检查时刻的时标点出发，用点划线依次将各项工作实际进展位置点连接而成的折线。前锋线比较法是通过绘制某检查时刻工程项目实际进度前锋线，将实际进度前锋线与原进度计划中各项工作箭线的交点的位置来判断实际进度与计划进度的偏差，进而判断该偏差对后续工作及总工期影响程度的一种方法。它主要适用于时标网络计划，既能用来进行工作实际进度与计划进度的局部比较，也可用来分析和预测工程项目整体进度情况。前锋线比较法主要适用于匀速进展的工作的比较。

采用前锋线比较法进行实际进度与计划进度的比较，其步骤如下：

(1) 绘制时标网络计划图

工程项目实际进度前锋线是在时标网络计划图上标示的，为了清晰可见，可在时标网络计划图的上方和下方各设一时间坐标。

(2) 绘制实际进度前锋线

在双代号时标网络计划图上，从上方时间坐标的检查时刻出发，用点画线依次连接各工作任务的实际进度点(前锋)，最后回到下方时间坐标的检查时刻为止，形成实际进度前锋线。

工作实际进展位置点可以采用以下2种方法标定：

1) 按该工作已完成任务量的比例进行标定

假定工程项目中各项工作均为匀速进展，根据实际进度检查时刻该工作已完成任务量占计划完成总任务量的比例，在工作箭线上从左至右按相同的比例标定其实际进展位置点。

2) 按尚需作业时间进行标定

当某些工作的持续时间难以按实物工程量来计算而只能凭经验估算时，可以先估算出检查时刻到该工作全部完成尚需作业时间，然后在该工作箭线上从右向左逆向标定其实际进展位置点。

(3) 进行实际进度与计划进度的比较

前锋线可以直观地反映出检查日期有关工作实际进度与计划进度之间的关系。对某项工作而言，实际进度与计划进度之间的关系可能存在以下3种情况：

1) 当某工作前锋点落在检查日期左侧，表明该工作实际进度拖延，拖延时间为两者之差；

2) 当该前锋点落在检查日期右侧，表明该工作实际进度超前，超前时间为两者之差；

3) 当该前锋点与检查日期重合，表明该工作实际进度与计划进度一致。

(4) 预测进度偏差对后续工作及总工期的影响

通过实际进度与计划进度的比较确定进度偏差后，还可以根据工作的自由时差和总时差预测该进度偏差对后续工作及总工期的影响程度。由此可见，前锋线比较法既适用于工作实际进度与计划进度的局部比较，又可以用来分析和预测工程项目整体进度情况。

【例5-4】 某工程时标网络计划如图5-13所示。该计划执行到第5天检查实际进度时发现A工作已经完成，B、C、D三项工作分别需要2天、1天、1天才能完成，试用前锋线比较法进行实际进度与计划进度的比较。

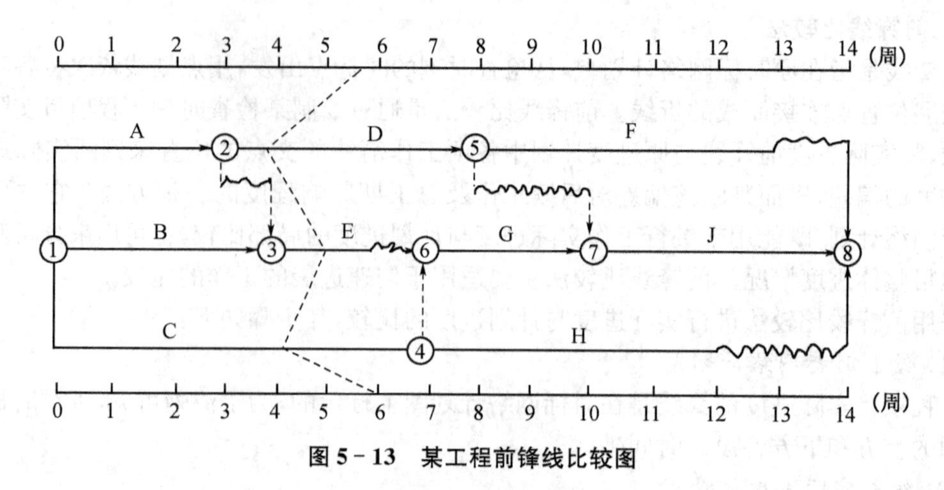

图 5-13 某工程前锋线比较图

【解】 根据第 5 天实际进度的检查结果绘制前锋线，如图 5-13 中点划线所示。通过比较可以看出：

① 工作 B 实际进度拖后 1 周，将使其后续工作 E、G、I、J、K 最早开始时间推迟 1 周，并使总工期延长 1 周；

② 工作 C 实际进度与计划进度相同，不影响后续工作 G 的最早开始时间，也不影响总工期；

③ 工作 D 实际进度拖后 1 周，但不影响后续工作 H、G、I、J、K 最早开始时间，也不影响总工期。

综上所述，如果不采取措施加快进度，该工程项目的总工期将延长 1 天。

5. 列表比较法

当工程进度计划用非时标网络图表示时，可以采用列表比较法进行实际进度与计划进度的比较。这种方法是记录检查日期应该进行的工作名称及其已经作业的时间，然后列表计算有关时间参数，并根据工作总时差进行实际进度与计划进度比较的方法。

采用列表比较法进行实际进度与计划进度的比较步骤如下：

1）对于实际进度检查日期应该进行的工作，根据已经作业时间，确定其尚需作业时间。

2）根据原进度计划计算检查日期应该进行的工作从检查之日起到原计划最迟完成时尚余时间。

3）计算工作尚有总时差，其值等于工作从检查日期到原计划最迟完成时间尚余时间与该工作尚需作业时间之差。

4）比较实际进度与计划进度，可能有以下情况：

① 如果工作尚有总时差与原有总时差相等，说明该工作实际进度与计划进度一致；

② 如果工作尚有总时差大于原有总时差，说明该工作实际进度超前，超前的时间为两者之差；

③ 如果工作尚有总时差小于原有总时差，且仍为非负值，说明该工作实际进度拖后，拖后的时间为两者之差，但不影响总工期；

④ 如果工作尚有总时差小于原有总时差，且为负值，说明该工作实际进度拖后，拖后的时间为两者之差，实际进度偏差影响总工期。

【例5-5】 某工程项目计划如图5-13所示。该计划执行到第5天检查实际进度时发现A工作已经完成，B、C、D三项工作分别需要2天、1天、1天才能完成，试用列表比较法进行实际进度与计划进度的比较。

【解】:根据工程项目进度计划及实际进度检查结果，可以计算出检查日期应进行工作的尚需作业时间、原有总时差及尚有总时差等，计算结果见表5-2。通过比较尚有总时差和原有总时差，即可判断目前工程实际进展状况。

表5-2 工程进度检查比较表

工作代号	工作名称	检查计划时尚需作业天数	到计划最迟完成时尚余天数	原有总时差	尚有总时差	情况判断
2—3	B	2	1	0	−1	拖后1周，影响工期1周
2—5	C	1	1	1	1	进度正常，不影响工期
2—4	D	1	0	2	1	拖后1周，影响工期1周

5.2.3　施工项目进度计划的调整

在工程项目实施过程中，由于人为因素、技术因素、设备与构配件因素、水文地质与气象因素及其他环境、社会因素以及难以预料的因素的影响，经常会出现进度偏差，通常应采取积极的措施调整工程进度，以弥补或部分弥补已经产生的延误。主要通过调整后期计划，采取措施赶工，修改原网络进度计划等方法解决进度偏差问题。

1. 分析进度偏差对后续工作及总工期的影响

当出现进度偏差时，需要分析该偏差对后续工作及总工期产生的影响。偏差所处的位置及其大小不同，对后续工作和总工期的影响是不同的。某工作进度偏差的影响分析方法主要是利用网络计划中工作总时差和自由时差的概念进行判断。分析步骤如下：

(1) 分析出现进度偏差的工作是否为关键工作

如果出现进度偏差的工作位于关键线路上，即该工作为关键工作，则无论其偏差有多大，都将对后续工作和总工期产生影响，必须采取相应的调整措施；如果出现进度偏差的工作是非关键工作，则需要根据进度偏差值与总时差和自由时差的关系作进一步分析。

(2) 分析进度偏差是否超过总时差

如果工作的进度偏差大于该工作的总时差，则此进度偏差必将影响其后续工作和总工期，必须采取相应的调整措施；如果工作的进度偏差未超过该工作的总时差，则此进度偏差不影响总工期。至于对后续工作的影响程度，还需要根据偏差值与其自由时差的关系进一步分析。

(3) 分析进度偏差是否超过自由时差

如果工作的进度偏差大于该工作的自由时差，则此进度偏差将对其后续工作产生影响，此时应根据后续工作的限制条件确定调整方法；如果工作的进度偏差未超过该工作的自由时差，则此进度偏差不影响后续工作，因此，原进度计划可以不作调整。

2. 进度计划实施中的调整方法

当实际进度偏差影响到后续工作、总工期而需要调整进度计划，其调整方法主要有两种。

(1) 改变某些工作的逻辑关系

若实施中的进度计划产生的偏差影响了总工期，并且有关工作的逻辑关系允许改变，可以改变关键线路和超过计划工期的非关键线路上的有关工作之间的逻辑关系，达到缩短工期的目的。一般对于单位工程，可采用搭接作业或分段流水作业的方法，对于大中型工程，可采用平行作业方法。

【例 5-6】 现有 3 幢同类型基础组织施工，每个基础都可以划分为开挖土、垫层、砖基础、回填土 4 个施工过程，持续时间分别为 2 周、1 周、3 周、1 周。将每幢基础作为一个施工段，在工作面及资源供应允许条件下，分别组织顺序作业、平行作业及流水作业，确定其计算工期。

【解】：① 组织顺序作业计算工期为 21 周；

② 组织平行作业计算工期为 7 周；

③ 组织流水作业计算工期为 15 周。

从上例可以看出，组织流水作业或平行作业可以缩短工期。所以，有条件的情况下尽可能组织流水施工，既可以缩短工期又可以保证资源消耗尽量均衡。当然，特殊情况下，为了赶工期，也可以采用平行作业的方法。

(2) 缩短某些工作的持续时间

在不改变工程项目中各项工作之间逻辑关系的条件下，通过采取增加资源投入、提高劳动效率等措施来缩短某些工作的持续时间，使工程进度加快，以保证按计划工期完成该工程项目。这些被压缩持续时间的工作是位于关键线路和超过计划工期的非关键线路上的工作，同时这些工作又是其持续时间可以被压缩的工作。这种调整方法通常可以在网络图上直接进行。其调整方法根据限制条件及其对后续工作的影响程度的不同可以分为以下 3 种情况：

1) 网络计划中某项工作进度拖延的时间已超过其自由时差但未超过其总时差，该工作的实际进度不会影响总工期，而只对其后续工作产生影响。因此，在进行调整前，需要确定其后续工作允许拖延的时间限制，并以此作为进度调整的限制条件。该限制条件的确定常常比较复杂，尤其是当后续工作由多个平行的承包单位负责实施时更是如此。后续工作如不能按原计划进行，在时间上产生任何变化都可能使合同不能正常履行，而导致蒙受损失的一方提出索赔。因此，寻求合理的调整方案，把进度拖延对后续工作的影响减少到最低的程度，是监理工程师的一项重要工作。

【例 5-7】 某工程项目双代号时标网路计划如图 5-14 所示，该计划执行到第 35 天下班时刻检查时，其实际进度如图中前锋线所示。试分析目前实际进度对后续工作和总工期的影响，并提出相应的进度调整措施。

【解】：从图 5-14 可以看出：目前只有 D 工作的开始时间拖后 15 天，而影响其后续工作 G 的最早开始时间，其他工作的实际进度均正常。由于工作 D 的总时差为 30 天，故此时工作 D 的实际进度不影响总工期。

该进度计划是否需要调整，取决于工作 D 和 G 的限制条件。

① 后续工作拖延时间无限制　如果后续工作拖延时间无限制时，可将拖延后的时间参数代入原计划，并化简网络计划（去掉已执行部分，以进度检查日期为起点，将实际进度代

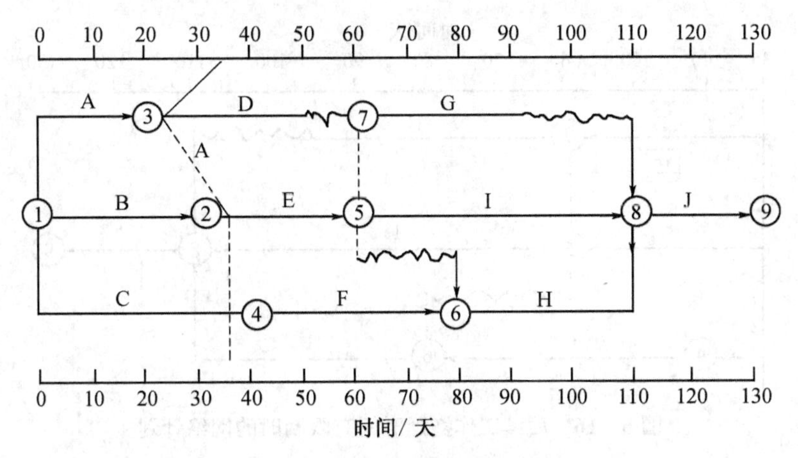

图 5-14　某工程项目时标网络计划

入，绘制出未实施部分的进度计划)即可得调整方案。在本例中，以第 35 天检查时刻为起点，将工作 D 的实际进度数据及 G 被拖延后的时间参数代入原计划(此时工作 D、G 的开始时间分别为 35 天和 65 天)，可得如图 5-15 所示的调整方案。

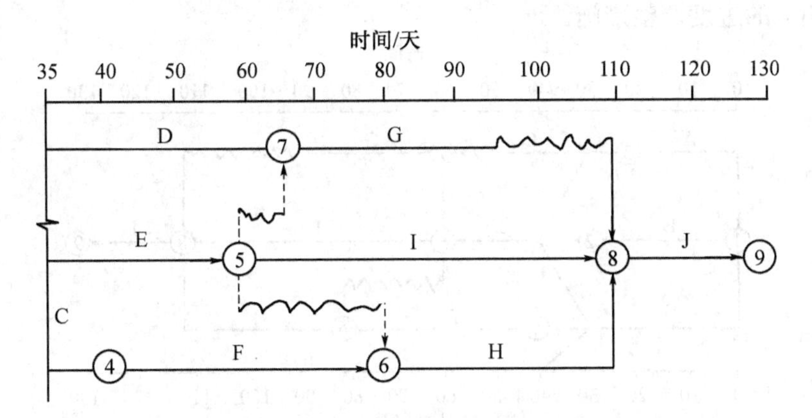

图 5-15　后续工作拖延时间无限制时的网络计划

② 后续工作拖延的时间有限制　如果后续工作不允许拖延或拖延时间有限制时，需要根据限制条件对网络计划进行调整，寻求最优方案。在本例中，如果工作 G 的开始时间不允许超过第 60 天，则只能将其紧前工作 D 的持续时间压缩为 25 天，调整后的网络计划如图 5-16 所示。如果工作 D、G 之间还有多项工作，则可以利用工期优化的原理确定应压缩的工作，得到满足 G 工作限制条件的最优调整方案。

2）网络计划中某项工作进度拖延的时间超过其总时差　如果网络计划中某项工作进度拖延的时间超过其总时差，则无论该工作是否为关键工作，其实际进度都将对后续工作和总工期产生影响。此时，进度计划的调整方法又可以分为以下 3 种情况：

① 项目总工期不允许拖延　如果工程项目必须按照原计划工期完成，则只能采取缩短关键线路上后续工作持续时间的方法来达到调整计划的目的。要有目的地去压缩那些能缩短工期的某些关键工作的持续时间，解决此类问题往往要求综合考虑压缩关键工作的持续时间对质量、安全的影响，对资源需求的增加程度等多种因素，从而对关键工作

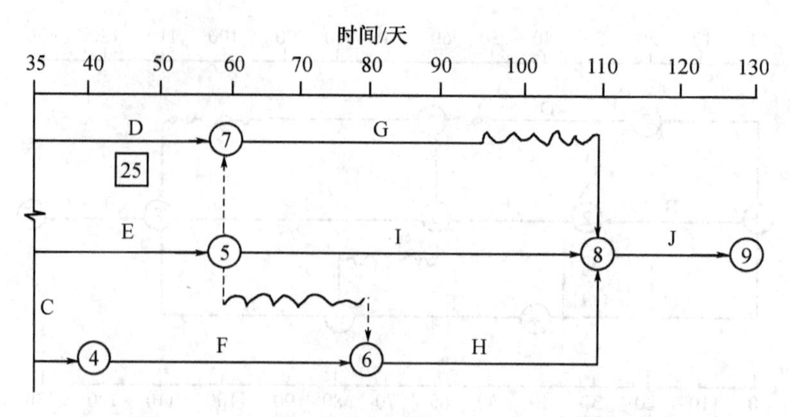

图 5-16 后续工作拖延时间有限制时的网络计划

进行排序，优先压缩排序靠前，即综合影响小的工作的持续时间。这种方法实质上就是工期优化法。

【例 5-8】 仍以图 5-14 所示网络计划为例，如果在计划执行到第 40 天下班时刻检查时，其实际进度如图 5-17 中前锋线所示，试分析目前实际进度对后续工作和总工期的影响，并提出相应的进度调整措施。

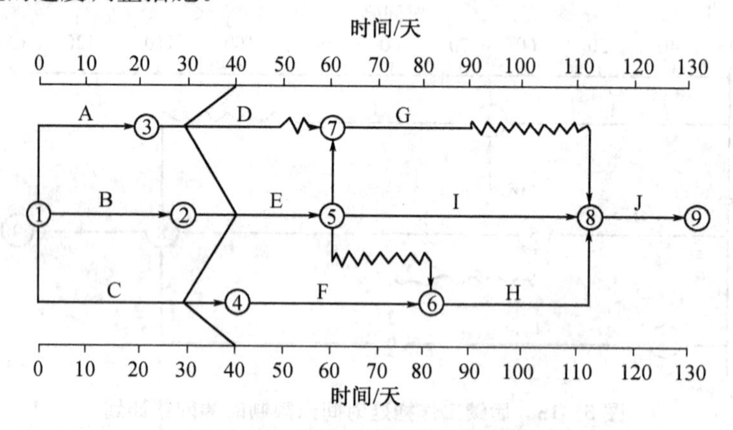

图 5-17 某工程实际进度前锋线

【解】:从图 5-17 中可以看出：

① 工作 D 实际进度拖后 10 天，但不影响其后续工作，也不影响总工期；

② 工作 E 实际进度正常，既不影响其后续工作，也不影响总工期；

③ 工作 C 实际进度拖后 10 天，由于其为关键工作，故其实际进度将使总工期延长 10 天，并使其后续工作 F、H 和 J 的开始时间推迟 10 天。

如果该工程项目总工期不允许拖延，则为了保证其按原计划工期 130 天完成，必须采用工期优化法，缩短关键线路上后续工作的持续时间。现假设工作 C 的后续工作 F、H 和 J 均可以压缩 10 天，通过比较，压缩工作 H 的持续时间所需付出的代价最小，故将工作 H 的持续时间由 30 天缩短为 20 天。调整后的网络计划如图 5-18 所示。

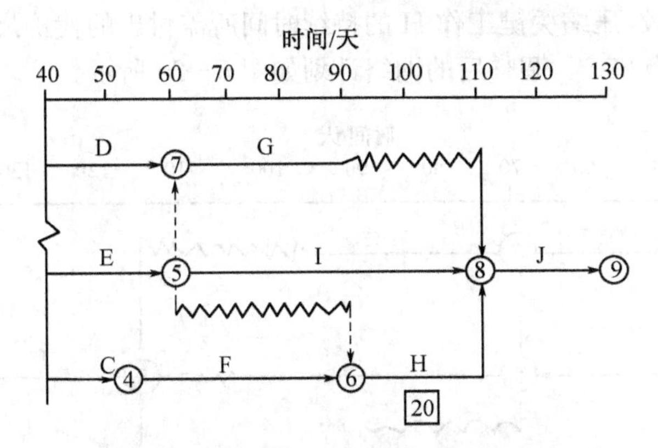

图5-18　调整后工期不拖延的网络计划

② 项目总工期允许拖延。如果项目总工期允许拖延，则此时只需以实际数据取代原计划数据，并重新绘制实际进度检查日期之后的简化网络图即可。

【例5-9】 以图5-17所示前锋线为例，如果项目总工期允许拖延，此时只需以检查日期第40天为起点，用其后各项工作所需作业时间取代相应的原计划数据，绘制出网络计划，如图5-19所示。方案调整后总工期为140天。

③ 项目总工期允许拖延的时间有限　如果项目总工期允许拖延，但允许拖延的时间有限时，当实际进度拖延的时间超过此限制时，应以总工期的限制时间作为规定工期，对检查日以后尚未实施的网络计划进行工期优化调整，即通过缩短关键线路上后续工作持续时间的方法来使总工期满足规定工期的要求。

【例5-10】 仍以图5-17所示前锋线为例，如果项目总工期只允许拖延至135天，则可以按以下步骤进行调整：

① 绘制简化的网络计划。如图5-19所示。

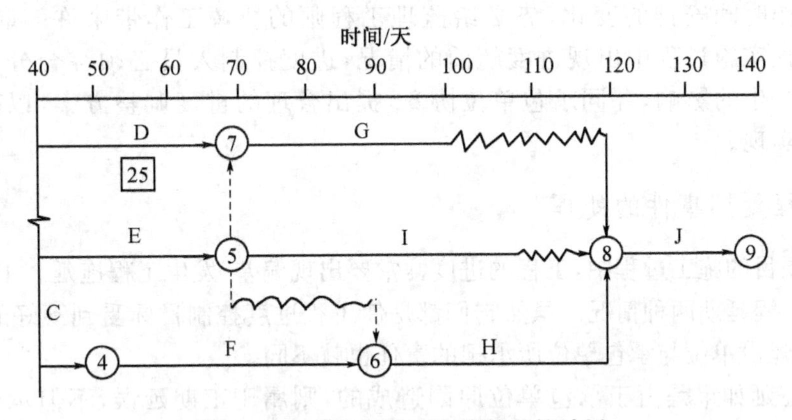

图5-19　调整后拖延工期的网络计划

② 确定需要压缩的时间。从图5-19可以看出，在第40天检查实际进度时发现总工期将延长10天，该项目至少需要140天才能完成。而总工期只允许延长至135天，故需将总工期压缩5天。

③ 对网络计划进行工期优化。从图5-19可以看出，此时关键线路上的工作为C、F、H

和J。现假设通过比较,压缩关键工作H的持续时间所需付出的代价最小,故将其持续时间由原来的30天压缩为25天,调整后的网络计划如图5-20所示。

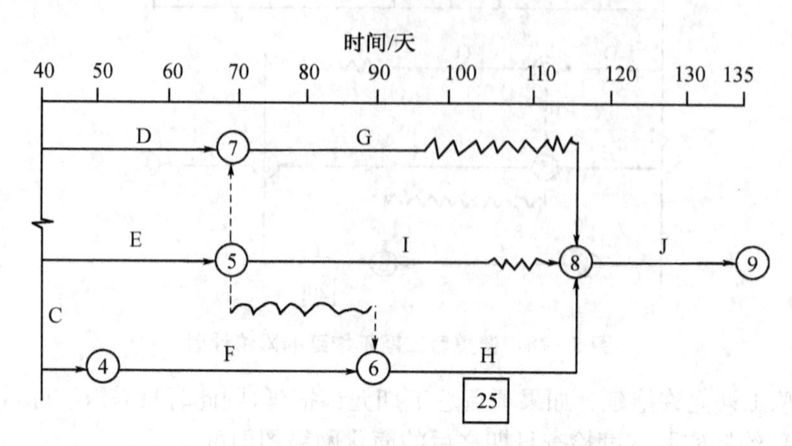

图5-20 总工期允许拖延时间有限时的网络计划

以上三种情况均是以总工期为限制条件调整进度计划的。值得注意的是,当某项工作实际进度拖延的时间超过其总时差而需要对进度计划进行调整时,除需要考虑总工期的限制条件外,还应该考虑网络计划中后续工作的限制条件,特别是对总进度计划的控制更应该注意这一点。因为在这类网络计划中,后续工作也许就是一些独立的核心段。时间上的任何变化,都会带来协调上的麻烦或者引起索赔。因此,当网络计划中某些后续工作对时间的拖延有限制时,同样需要以此为条件,按前述方法进行调整。

3)网络计划中某些工作进度超前。在一个建设工程施工总进度计划中,由于某项工作的进度超前,致使资源的需求发生变化,而打乱了原计划对人、材、物等资源的合理安排,亦影响资金计划的使用和安排;特别是多个平行的承包单位进行施工时,由此引起后续工作时间安排的变化,势必给监理工程师的协调工作带来许多麻烦。因此,如果建设工程实施过程中出现进度超前的情况,进度控制人员必须综合分析进度超前对后续工作产生的影响,并同承包单位协商,提出合理的进度调整方案,以确保工期总目标的顺利实现。

5.2.4 工程延期事件的处理

在工程项目的施工过程中,工程的进度常常要出现偏差,发生工程拖延。工程拖延分为工期延误和工程延期两种情况。虽然它们都是使工程进度控制目标受到不好的影响,但性质不同,因而建设单位与承包单位所承担的责任也就不同。

工程的拖延如果是由于承包单位原因造成的,则属于工期延误,不但承包单位要承担由此造成的一切损失,而且建设单位还有权对承包单位施行违约误期罚款。而如果是由于非承包单位原因造成的,则属于工程延期,处理情况也正好相反,承包单位不仅有权要求延长工期,而且还有权向建设单位提出费用赔偿的要求以弥补由此造成的额外损失。因此,监理工程师是否将施工进度的拖延批准为工程延期,对建设单位和承包单位都十分重要。

1. 工程延期的申报与审批

(1) 工程延期的申报条件

当发生非承包单位原因造成的持续性影响工期的事件时，承包单位有权提出延长工期的申请。当承包单位提出的工程延期要求符合合同文件的规定条件时，项目监理机构应予以受理，并按合同条款的规定以及实际情况，批准工程延期的时间。

1) 监理工程师发出工程变更指令而导致工程量增加；

2) 合同所涉及的任何可能造成工程延期的原因，如延期交图、工程暂停、对合格工程的剥离检查及不利的外界条件等；

3) 异常恶劣的气候条件；

4) 由业主造成的任何延误、干扰或障碍，如未及时提供施工场地、未及时付款等；

5) 除承包单位自身以外的其他任何原因。

工期可以顺延的根本原因在于这些情况属于建设单位违约或者是应当由建设单位承担的风险。反之，如果造成工期延误的原因是承包单位的违约或者应当由承包单位承担的风险，则工期不能顺延。

(2) 工程延期的审批程序

工程延期的审批程序如图5-21所示。当工程延期事件发生后，承包单位应在合同规定的有效期内以书面形式通知监理工程师(即工程延期意向通知)，以便于监理工程师尽早了解所发生的事件，及时作出一些减少延期损失的决定。随后，承包单位应在合同规定的有效期内(或监理工程师可能同意的合理期限内)向监理工程师提交详细的申述报告(延期理由及依据)。监理工程师收到该报告后应及时进行调查核实，准确地确定出工程延期时间。

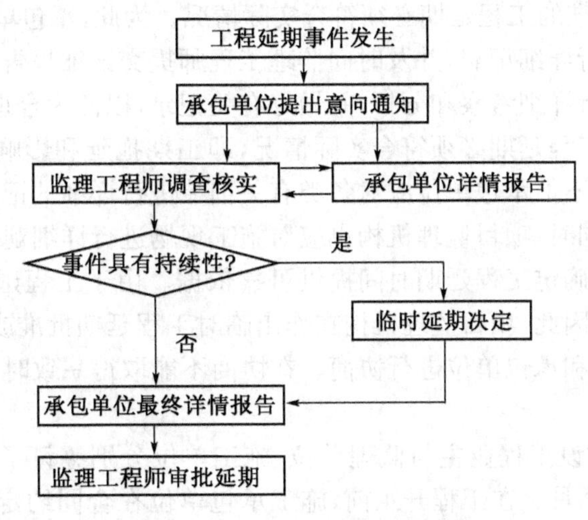

图5-21　工程延期的审批程序

当延期事件具有持续性，承包单位在合同规定的有效期内不能提交最终详细的申述报告时，应先向监理工程师提交阶段性的详情报告。监理工程师应在调查核实阶段性报告的基础上，尽快作出延长工期的临时决定。临时决定的延期时间不宜太长，一般不超过最终批准的延期时间。

待延期事件结束后，承包单位应在合同规定的期限内向监理工程师提交最终的详情报告。监理工程师应复查详情报告的全部内容，然后确定该延期事件所需要的延期时间。

如果遇到比较复杂的延期事件，监理工程师可以成立专门小组进行处理。对于一时难以作出结论的延期事件，即使不属于持续性的事件，也可以采用先作出临时延期的决定，然后再作出最后决定的办法。这样既可以保证有充足的时间处理延期事件，又可以避免由于处理不及时而造成的损失。

监理工程师在作出临时工程延期批准或最终工程延期批准之前，均应与业主和承包单位进行协商。

(3) *工程延期的审批原则*

监理工程师在审批工程延期时应遵循下列原则：

1) 合同条件。监理工程师批准的工程延期必须符合合同条件。也就是说，导致工期拖延的原因确实属于承包单位自身以外的，否则不能批准为工程延期。这是监理工程师审批工程延期的一条根本原则。总监理工程师在作出延期决定之前，应充分详细地核对合同文件。在进行具体的延长工期计算时也要符合合同的约定或惯例的要求。

2) 影响工期。发生延期事件的工程部位，无论其是否处在施工进度计划的关键线路上，只有当所延长的时间超过其相应的总时差时，才能批准工程延期。如果延期事件发生在非关键线路上，且延长的时间并未超过总时差时，即使符合批准为工程延期的合同条件，也不能批准工程延期。

应当说明，建设工程施工进度计划中的关键线路并非固定不变，它会随着工程的进展和情况的变化而转移。监理工程师应以承包单位提交的、经自己审核后的施工进度计划（不断调整后）为依据来决定是否批准工程延期。

3) 实际情况。批准的工程延期必须符合实际情况。为此，承包单位应对延期事件发生后的各类有关细节进行详细记载，并及时向监理工程师提交详细报告。与此同时，监理工程师也应对施工现场进行详细考察和分析，并做好有关记录，以便为合理确定工程延期时间提供可靠依据。批准的工程延期必须符合实际情况，即工期拖延和影响工期事件的事实和程度。延期事件发生后，不但承包单位应对各类有关细节进行详细的记载，并及时向项目监理机构提交详细报告。同时，项目监理机构也应对施工现场进行详细观察和分析，并做好现场情况记录，从而为合理确定工程延期时间提供可靠依据。由于工程延期涉及到建设单位和承包单位双方的利益，因此，项目监理机构在作出临时工程延期批准或最终的工程延期批准之前，均应与建设单位和承包单位进行协商。在协商不能取得一致时，项目监理机构可作出临时处理决定。

【例 5-11】 某建设工程业主与监理单位、施工单位分别签订了监理委托合同和施工合同，合同工期为 18 个月。在工程开工前，施工承包单位在合同约定的时间内向监理工程师提交了施工总进度计划如图 5-22 所示。

该计划经监理工程师批准后开始实施，在施工过程中发生以下事件：

① 因业主要求需要修改设计，致使工作 K 停工等待图纸 3.5 个月；

② 部分施工机械由于运输原因未能按时进场，致使工作 H 的实际进度拖后 1 个月；

③ 由于施工工艺不符合施工规范要求，发生质量施工而返工，致使工作 F 的实际进度拖后 2 个月。

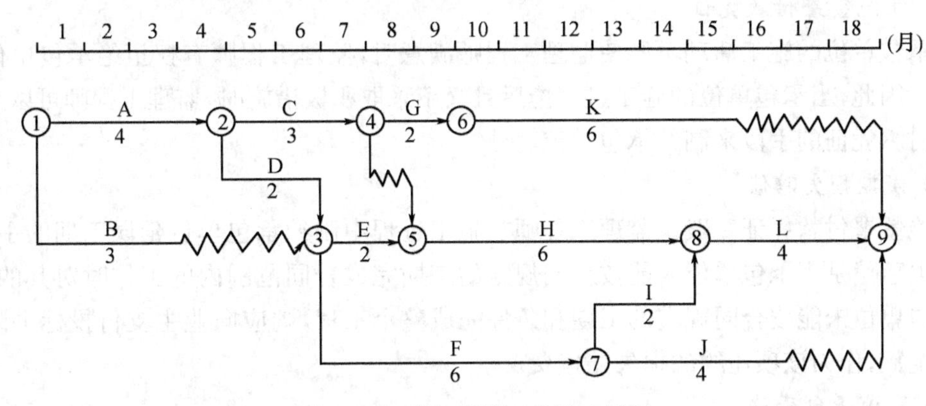

图 5-22　某工程施工总进度计划

承包单位在合同规定的有效期内提出工期延长 3.5 个月的要求，监理工程师应批准工期延长多少时间？为什么？

【解】：由于工作 H 和工作 F 的实际进度拖后均属于承包单位自身的原因，只有工作 K 的拖后可以考虑工程延期。从图 5-22 可知，工作 K 原有总时差为 3 个月，该工程停工等待图纸 3.5 个月，只影响工期 0.5 个月，故监理工程师应批准工程延期 0.5 个月。

2. 工程延期的控制

发生工程延期事件，不仅影响工程的进展，而且会给业主带来损失。因此，总监理工程师应在监理月报中向建设单位报告工程进度和所采取的进度控制措施的执行情况，并提出合理预防由建设单位原因导致的工程延期及其相关费用索赔的建议。监理工程师应做好以下工作，以减少或避免工程延期事件的发生。

(1) 选择合适的时机下达工程开工令

监理工程师在下达工程开工令之前，应充分考虑业主的前期准备工作是否充分。特别是征地、拆迁问题是否已解决，设计图纸能否及时提供，以及付款方面有无问题等，以避免由于上述问题缺乏准备而造成工程延期。

(2) 提醒业主履行施工承包合同中所规定的职责

在施工过程中，监理工程师应经常提醒业主履行自己的职责，提前做好施工场地及设计图纸的提供工作，并协助建设单位作好资金供应计划，保证能及时支付工程进度款，以减少或避免由此而造成的工程延期。

(3) 妥善处理工程延期事件

当延期事件发生以后，总监理工程师应根据合同条款的规定进行妥善处理。既要尽量减少工程延期时间及其损失，又要在充分调查研究的基础上批准合理的工程延期时间。此外，项目监理机构应要求建设单位在施工过程中应尽量少干预，建设单位的意见应通过项目监理机构来协调，既保证了命令源的唯一性，避免了“政出多头”，又可利用监理工程师的专业优势，避免由于建设单位不熟悉工程情况，干扰和阻碍工程的进展而导致延期事件的发生。

3. 工期延误的处理

如果由于承包单位自身的原因造成工程拖延，而承包单位又未按照监理工程师的指令改变延期状态，通常可以采用下列手段进行处理：

(1) 拒绝签署付款凭证

当承包单位的施工活动不能使监理工程师满意时,监理工程师有权拒绝承包单位的支付申请。因此,当承包单位的施工进度拖后且又不采取积极措施时,监理工程师可以采取拒绝签署付款凭证的手段来制约承包单位。

(2) 误期损失赔偿

拒绝签署付款凭证一般是监理工程师在施工过程中制约承包单位延误工期的手段,而误期损失赔偿是当承包单位未能按合同规定的工期完成合同范围内的工作时对其的处罚。如果承包单位未能按合同规定的工期和条件完成整个工程,则应向业主支付投标书附件中规定的金额,作为该项违约的损失赔偿费。

(3) 取消承包资格

如果承包单位严重违反合同,又不采取补救措施,则业主为了保证合同工期有权取消其承包资格。取消承包资格是对承包单位违约最严厉的制裁。因为业主一旦取消了承包单位的承包资格,承包单位不但要被驱逐出施工现场,而且还要承担由此造成的业主的损失费用。这种惩罚措施一般不轻易采用,而且在作出这项决定前,业主必须事先通知承包单位,并要求其在规定的期限内做好辩护准备。

5.2.5 材料物资供应进度控制

建设工程物资供应是保证建设工程投资、进度和质量三大目标控制的物质基础。正确的物质供应渠道和合理的物资供应方式可以降低工程费用,有利于投资目标的实现;完善合理的物资供应计划是实现进度目标的根本保证;严格的物资供应检查制度是实现质量目标的前提。因此,保证建设工程物资及时合理供应,乃是监理工程师必须重视的问题。

1. 物资供应进度控制概述

(1) 物资供应进度控制的含义

工程建设物资供应进度控制是指在一定的资源(人力、物力和财力)条件下,为实现工程项目一次性特定目标对物资需求进行计划、组织、采购、供应、协调和控制的行为的总称。根据工程项目的特点和建设进度要求,物资供应进度控制中应注意以下三个方面:

1) 由于工程项目的特殊性、复杂性,使物资供应存在着一定的风险。因此,要求编制物资供应计划,并采用科学管理方法来合理组织物资供应。

2) 在组织物资供应时,除应满足工程建设进度要求外,还要妥善地处理好物资质量、供应进度和价格三者之间的关系,以确保工程建设总目标的实现。

3) 工程建设所需的材料和设备品种多样,生产厂家生产能力不同,供应与使用时间不同,使物资管理工作难度较大。因此,在签订物资供货或采购合同时应当充分考虑到工程建设进度和对物资使用的质量要求,并应当加强与供货各方的密切联系。

(2) 物资供应进度控制的目标

建设工程物资供应是一个复杂的系统过程,为了确保这个系统过程的顺利实施,必须首先确定这个系统的目标(包括系统的分目标),并为此目标制订不同时期和不同阶段的物资供应计划,用以指导实施。

物资供应的总目标就是按照物资需求适时、适地、按质、按量以及成套齐备地提供给使用部门，以保证项目投资目标、进度目标和质量目标的实现。为了总目标的实现，还应确定相应的分目标。目标一经确定，应通过一定的形式落实到各有关的物资供应部门，并以此作为考核和评价其工作的依据。

1）物资供应进度控制目标确定的影响因素　物资供应进度与工程实施进度应该是相互衔接的。建设工程实施过程中经常遇到的问题，就是由于物资的到货日期推迟而影响施工进度。而且在大多数情况下，引起到货日期推迟的因素是不可避免的，也是难以控制的。但是，如果控制人员随时掌握物资供应的动态信息，并能及时采取相应的补救措施，就可以避免因到货日期推迟所造成的损失或者把损失减少到最低程度。为了有效地解决好以上问题，必须认真确定物资供应目标（总目标和分目标），并合理制定物资供应计划。考虑到工程建设特点和物资供应特点，在制订物资进度控制目标时应考虑下述有关问题：

① 保证工程建设进度要求，物资供应进度目标应当与建设进度目标相互一致。

② 妥善解决资金问题，物资供应进度目标应与资金供应及资金使用计划一致。

③ 选择经济合理、安全迅速的供应方式和供应渠道。

④ 应考虑库存和堆放场地面积，尽量减少临时设施费用，减少二次搬运和物资可能变质。

⑤ 参照已建成类似工程项目物资供应制订相应进度控制目标。

⑥ 考虑其他有关条件，包括市场条件、运输条件、库存条件、气候条件等。

2）物资供应进度控制目标　物资供应进度控制，必须确保：

① 按照计划所规定的时间供应各种物资。如果供应时间过早，将会增大仓库和施工场地的使用面积；如果供应时间过晚，则会造成停工待料，影响施工进度计划的实施。

② 按照规定的地点供应各种物资。对于大中型建设工程，由于单位工程多，施工现场范围大，如果卸货地点不适当，则会造成二次搬运，增加费用。

③ 按规定的质量标准（包括品种、规格）供应物资。特别要避免由于质量、品种及规格不符合标准要求。如果标准低，则会降低工程质量；而标准高会增加材料费，增大投资额。

④ 按规定的数量供应物资。如果数量过多，则会造成超储积压，占用流动资金；如果数量过少，则会出现停工待料，影响施工进度，延误工期。

⑤ 按规定的要求使所有所需物资齐全、配套、零配件齐备，符合工程需要，成套齐备地供应施工机械和设备，充分发挥其生产效率。

2. 物资供应进度控制的工作内容

（1）物资供应计划的编制

建设工程物资供应计划是对建设工程施工及安装所需物资的预测和安排，是指导和组织建设工程物资采购、加工、储备、供货和使用的依据。其根本作用是保障建设工程的物资需要，保证建设工程按施工进度计划组织施工。

编制物资供应计划的一般程序分为准备阶段和编制阶段。准备阶段主要是调查研究，收集有关资料，进行需求预测和购买决策。编制阶段主要是核算需要、确定储备、优化平衡，审查评价和上报或交付执行。在编制物资供应计划的准备阶段,监理工程师必须明确物资的供应方式。按供应单位划分,物资供应可分为:建设单位采购供应、专门物资采购部门供应、施工单位自行采购或共同协作分头采购供应。

物资供应计划按其内容和用途分类,主要包括:物资需求计划、物资供应计划、物资储备计划、申请与订货计划、采购与加工计划和国外进口物资计划。

通常,监理工程师除编制建设单位负责供应的物资计划外,还需对施工单位和专门物资采购供应部门提交的物资供应计划进行审核。因此,负责物资供应的监理人员应具有编制物资供应计划的能力。

1) 物资需求计划的编制。物资需求计划是指反映完成建设工程所需物资情况的计划。它可以确认施工过程中所涉及的大量建筑材料、制品、机具和设备,确定其需求的品种、型号、规格、数量和时间。它为组织备料、确定仓库与堆场面积和组织运输等提供依据。它的编制依据主要有:施工图纸、预算文件、工程合同、项目总进度计划和各分包工程提交的材料需求计划等。

物资需求计划一般包括一次性需求计划和各计划期需求计划。编制需求计划的关键是确定需求量。

① 建设工程一次性需求量的确定。一次性需求计划反映整个工程项目及各分部、分项工程材料的需用量,亦称工程项目材料分析。主要用于组织货源和专用特殊材料、制品的落实。其计算程序可分为三步:

a. 根据设计图纸、施工方案和技术措施计算或直接套用施工预算中建设工程各分部、分项工程的工程量;

b. 根据各分部、分项工程的施工方法套取相应的材料消耗定额,求得各分部、分项工程各种材料的需求量;

c. 汇总各分部、分项工程的材料需求量,求得整个建设工程各种材料的总需求量。

② 建设工程各计划期需求量的确定。计划期物资需求量一般是指年、季、月度物资需求计划,主要用于组织物资采购、订货和供应。主要依据已分解的各年度施工进度计划,按季、月作业计划确定相应时段的需求量。其编制方式有两种:计算法和卡段法。计算法是根据计划期施工进度计划中的各分部、分项工程量,套取相应的物资消耗定额,求得各分部、分项工程的物资需求量,然后再汇总求得计划期各种物资的总需求量。卡段法是根据计划期施工进度的形象部位,从工程项目一次性计划中摘出与施工计划相应部位的需求量,然后汇总求得计划期各种物资的总需求量。

物资需求量计划的参考格式如表 5-3～表 5-9 所示。

表 5-3 主要材料需求量计划

序号	材料名称	规格	需要量		需要时间	备注
			单位	质量		

表 5-4　材料需求计划

序号	分项工程	计量单位	实物工程量	材料名称及数量									
				钢材		木材		水泥		××			
				定额/kg	数量/t	定额/m^3	数量/m^3	定额/kg	数量/t				
甲	乙	丙	1	2	3	4	5	6	7	8	9	10	11

表 5-5　材料需求计划汇总表

序号	材料名称	规格质量	计量单位	需求合计	各工程项目需求量				需要时间			
					××工程	××工程	××工程	××工程	季（月）	季（月）	季（月）	季（月）

表 5-6　构件、配件需求量计划

序号	品名	规格	图号	需求量		使用部位	加工单位	需用时间	备注
				单位	数量				

表 5-7　施工机具需求量计划

序号	机械名称	机械类型（规格）	需求量		来源	使用起讫时间	备注
			单位	数量			

表 5-8　主要设备需求量计划

序号	设备名称	简要说明（型号、生产率等）	数量	需求量							
				20××年				20××年			
				一	二	三	四	一	二	三	四

表 5-9 建设项目土建工程所需各项物资汇总表

序号	类别	物资名称	单位	总计	运输线路	上下水工程	电气工程	工业建筑		居住建筑		其他临时建筑	需求量							
								主要	辅助及附属	永久性住宅	临时性住宅		20××年				20××年			
													一	二	三	四	一	二	三	四
	构件及半成品	钢筋 钢筋混凝土及混凝土 木结构 钢结构 砂浆 ……																		
	主要建筑材料	砖 水泥 钢材 ……																		

2）物资储备计划的编制。物资储备计划是用来反映建设工程施工过程中所需各类材料储备时间及储备量的计划。它的编制依据是物资需求计划、储备定额、储备方式、供应方式和场地条件等。它的作用是为保证施工所需材料的连续供应而确定的材料合理储备。材料储备计划如表 5-10 所示。

表 5-10 材料储备计划

序号	材料名称	规格质量	计量单位	全年计划需求量	平均日消耗量	储备天数			储备量	
						合计	经常储备	保险储备	最高	最低
甲	乙	丙	丁	1	2	3	4	5	6	7

3）物资供应计划的编制。物资供应计划是反映物资的需要与供应的平衡、挖潜利库，安排供应计划。它的编制依据是需求计划、储备计划和货源资料等。它的作用是组织指导物资供应工作。

物资供应计划的编制，是在确定计划需求量的基础上，经过综合平衡后，提出申请量和采购量。因此，供应计划的编制过程也是一个平衡过程，包括数量、时间的平衡。在实际工作中，首先考虑的是数量的平衡，因为计划期的需用量还不是申请量或采购量，也即不是实际需用量，还必须扣除库存量，考虑为保证下一期施工所必需的储备量。因此，供应计划的数量平衡关系是：期内需用量减去期初库存量，再加上期末储备量。经过上述平衡，如果出现正值时，说明本期不足，需要补充；反之，如果出现负值，说明本期多余，可供外调。

建设工程材料的储备量，主要由材料的供应方式和现场条件决定，一般应保持 35 天的用量。有时可以在施工现场不储备，例如在单层工业厂房施工过程中，预制构件采用随运随吊装的施工方案时，不需要储备现场，用多少供应多少。

材料供应计划的参考格式如表 5-11 所示。

表5-11 材料供应计划

序号	材料名称	规格质量	计量单位	需求量				期初库存	节约量	平衡结果			
				合计	工程用料	储备需求	其他需求			多余	不足		
											数量	单价	金额
甲	乙	丙	丁	1	2	3	4	5	6	7	8	9	10

4）申请、订货计划的编制。申请、订货计划是指向上级要求分配材料的计划和分配指标下达后组织订货的计划。它的编制依据是有关材料供应政策法令、预测任务、概算定额、分配指标、材料规格比例和供应计划。它的主要作用是根据需求组织订货。

物资供应计划确定后，即可以确定主要物资的申请计划，如表5-12所示。

表5-12　××年物资申请计划

物资名称	规格质量	计量单位	××年申请计划						备注
			合计	上半年	下半年	分项申请数			
						维修	机械制造	基本建设	

订货计划通常采用卡片形式，以便把不同自然属性（如规格、质量、技术条件、代用材料）和交货条件反映清楚。订货卡片填好后，按物资类别汇入订货明细表，如表5-13所示。

表5-13　订货明细表

填报单位____________

物资类别____________

材料名称	规格	技术要求	计量单位	合计	第×季			第×季			使用地点或到站	收货人
					×月	×月	×月	×月	×月	×月		

5）采购、加工计划的编制　采购、加工计划是指向市场采购或专门加工订货的计划。它的编制依据是需求计划、市场供应信息、加工能力及分布。它的作用是组织和指导采购与加工工作。加工、订货计划要附加工详图。加工计划如表5-14所示。

表5-14　加工计划

序号	构件名称规格	数量/件	折合体积/m^3，面积/m^2，质量/t	××建设单位				××建设单位			
				×单位工程		×单位工程		×单位工程		×单位工程	
				件数	折合体积/m^3，面积/m^2，质量/t	件数	折合体积/m^3，面积/m^2，质量/t	件数	折合体积/m^3，面积/m^2，质量/t	件数	折合体积/m^3，面积/m^2，质量/t
甲	乙	1	2	3	4	5	6	7	8	9	…

6）国外进口物资计划的编制　国外进口物资计划是指需要从国外进口物资又得到动用外汇的批准后，填报进口订货卡，通过外贸谈判并签约。订货卡正常要求中、英文对照填写。它的编制依据是设计选用进口材料所依据的产品目录、样本。它的主要作用是组织进口材料和设备的供应工作。

首先应编制国外材料、设备、检验仪器、工具等的购置计划，如表 5-15 所示。然后再编制国外引进主要设备到货计划，如表 5-16 所示。在国际招标采购的机电设备合同中，买方（业主）都要求供方按规定的形式，逐月递交一份进度报告，列出所有设计、制造、交付等工作的进度状况。

表 5-15　国外材料、设备、检验仪器、工具等的购置计划

序号	主要材料设备及工器具名称	规格型号	单位	数量	金额/万元	资金来源	备注

表 5-16　国外引进主要设备到货计划

序号	主要设备名称	数量/（台件・t^{-1}）		发货港口	发货日期	到港日期	备注
		合计	其中超限设备				

（2）物资供应计划实施中的动态控制

1）物资供应进度监测与调整的系统过程

物资供应计划经监理工程师审批后便开始执行，在计划执行过程中，进度控制人员必须经常定期地进行检查，认真收集反映物资供应实际状况的数据资料与计划数据资料进行比较，找出差异，及时调整与控制计划的执行。物资供应进度监测与调整的系统过程如图 5-23 所示。

2）物资供应计划实施中的检查与调整

① 物资供应计划的检查。物资供应计划实施中的检查通常包括定期检查（一般在计划期中、期末）和临时检查两种。通过检查收集实际数据，在统计分析和比较的基础上提出物资供应报告。控制人员在检查工程中的一项重要工作就是获得真实的供应报告。

在物资供应计划实施过程中检查的作用有：

a. 发现实际供应偏离计划的情况，以利进行有效的调整和控制；

b. 发现计划脱离实际的情况，据此修订计划的有关部分，使之更切合实际情况；

c. 反馈计划执行结果，作为下一期决策和调整供应计划的依据。

由于物资供应计划在执行过程中发生变化的可能性始终存在，且难以估计。因此，必须加强计划执行过程中的跟踪检查，以保证物资可靠、经济、及时地供应到现场。一般对重要的设备要经常、定期进行实地检查，亲自了解设备的制作过程以及实际供货状态。物资供应过程经检查后，需提出供应情况报告，主要是对报告期间实际收到的材料数量与材料订购数量以及预计数量进行比较，从中发现问题，预测其对后期工程实施的影响，并根据存在的问题，提出相应的补救措施。

② 物资供应计划的调整。在物资供应计划的执行过程中，当发现物资供应过程的某一环

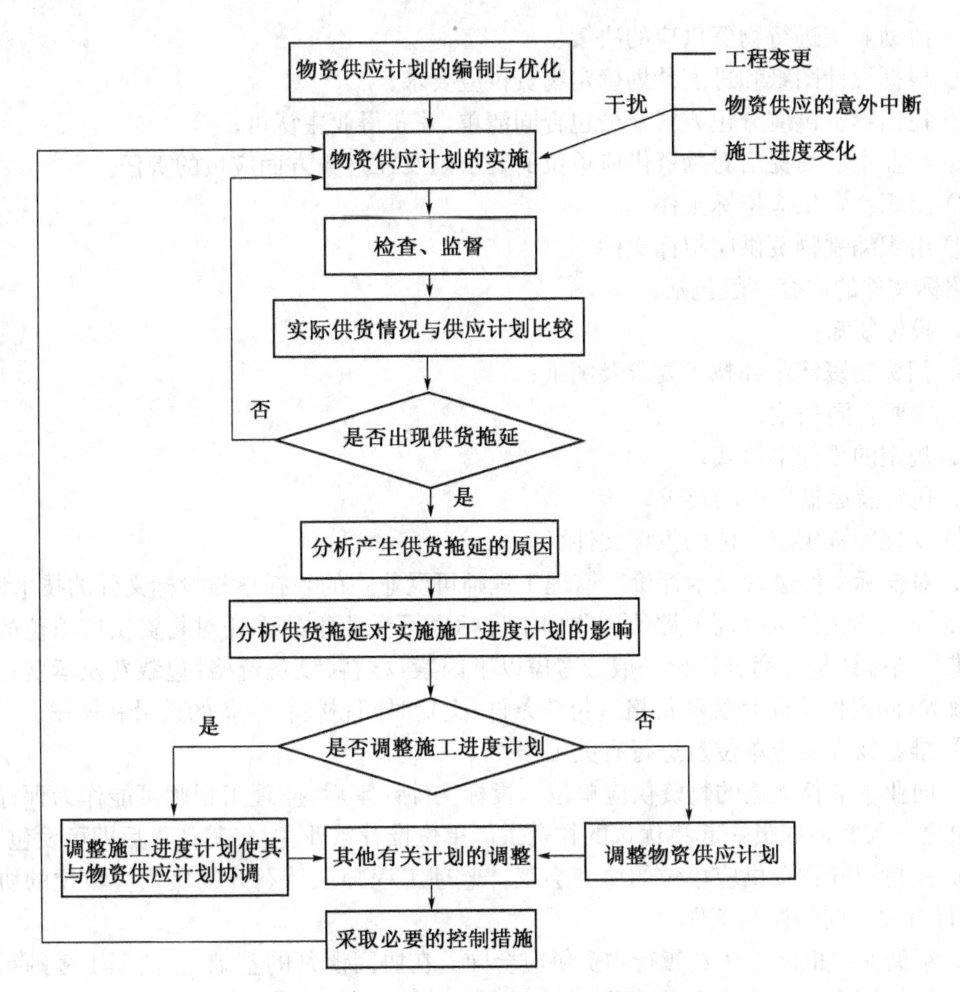

图5-23　物资供应进度监测与调整的系统过程

节出现拖延现象时，其调整方法与进度计划的调整方法类似，一般采取以下措施进行处理：

a. 如果这种拖延不致影响施工进度计划的执行，可采取措施加快供货过程的有关环节，以减少此拖延对供货过程本身的影响；如果这种拖延对供货过程本身影响不大，则可直接将实际数据代入，并对供应计划作相应调整，不必采取加快供货进度措施。

b. 如果这种拖延将影响施工进度计划的执行，则应首先分析这种拖延是否允许(通常的判断条件是受影响的施工活动是否处在施工进度计划的关键线路上或是否影响到分包合同的执行)。若允许，则可采用1）中所述调整方法进行调整；若不允许，则必须采取措施加快供应速度，尽可能避免此拖延对执行施工进度计划产生的影响。如果采取加快供货进度措施后，仍不能避免对施工速度的影响，则可考虑同时加快其他工作施工进度措施，并尽可能将此拖延对整个施工进度的影响降低到最低程度。

(3) 监理工程师控制物资供应进度的工作内容

监理工程师受业主的委托，对建设工程投资、进度和质量三大目标进行控制的同时，还需要对物资供应进行控制和管理。根据物资供应的方式不同，监理工程师的主要工作内容也有所不同，其基本内容包括：

1）协助业主进行物资供应的决策

① 根据设计图纸和进度计划确定物资供应要求；

② 提出物资供应分包方式及分包合同清单，并获得业主认可；

③ 与业主协商提出对物资供应单位的要求以及在财务方面应负的责任。

2）组织物资供应招标工作

① 组织编制物资供应招标文件

招标文件的内容一般包括：

a. 投标须知；

b. 招标物资清单和技术要求及图纸；

c. 主要合同条款；

d. 规定的投标书格式；

e. 包装及运输方面的要求。

② 受理物资供应单位的投标文件

a. 对投标文件进行技术评价。监理工程师可受业主的委托参与投标文件的技术评价。

b. 对投标文件进行商务评价。监理工程师也可受业主的委托对物资供应单位的投标文件进行商务评价。商务评价一般应考虑以下因素：材料、设备价格；包装费及运费；关税；价格政策（固定价格还是变动价格）；付款条件；交货时间；材料、设备的重量和体积。

③ 推荐物资供应单位及进行有关工作

a. 向业主推荐优选的物资供应单位。投标文件评审后，监理工程师可能作为评标委员会成员之一与其他成员一起将优选的物资供应单位推荐给业主，经其认可后即可发包。

b. 主持召开物资供应单位的协商会议。监理工程师主持召开物资供应单位的协商会议，进行有关合同的谈判工作。

c. 帮助业主拟定并认真履行物资供应合同。在协商谈判的基础上，监理工程师帮助业主拟定正式合同条文，业主与物资供应单位双方签字生效后，付诸实施。

3）编制、审核和控制物资供应计划

① 编制物资供应计划

监理工程师编制由业主负责（或业主委托监理单位负责）的物资供应计划，并控制其执行。

② 审核物资供应计划

物资供应单位或施工承包单位编制的物资供应计划必须经监理工程师审核，并得到认可后才能执行。物资供应计划审核的主要内容包括：

a. 供应计划是否能按建设工程施工进度计划的需要及时供应材料和设备；

b. 物资的库存量安排是否经济、合理；

c. 物资采购安排在时间上和数量上是否经济、合理；

d. 由于物资供应紧张或不足而使施工进度拖延现象发生的可能性。

③ 监督检查订货情况，协助办理有关事宜

a. 监督、检查物资订货情况；

b. 协助办理物资的海运、陆运、空运以及进出口许可证等有关事宜。

④ 控制物资供应计划的实施

a. 掌握物资供应全过程的情况。监理工程师要监测从材料、设备订货到材料、设备到达现场的整个过程，及时掌握动态，分析是否存在潜在的问题。

b. 采取有效措施保证急需物资的供应。监理工程师对可能导致建设工程拖期的急需材料、设备采取有效措施，促使其及时运到施工现场。

c. 审查和签署物资供应情况分析报告。在物资供应过程中，监理工程师要审查和签署物资供应单位的材料设备供应情况分析报告。

d. 协调各有关单位的关系。在物资供应过程中，由于某些干扰因素的影响，要进行有关计划的调整。监理工程师要协调涉及到的建设、设计、材料供应和施工等单位之间的关系。

【进度控制案例】 某工程项目的施工进度计划如图 5－24 所示，该图为按各工作的正常工作持续时间和最早时间绘制的双代号时标网络计划。图中箭线下括号外数字为该工作的正常工作持续时间，括号内的数字为该工作的最短工作持续时间。第 5 天收工后检查施工进度完成情况发现：A 工作已完成，D 工作尚未开始，C 工作进行 1 天，B 工作进行 2 天。已知：工期优化调整计划时，综合考虑对质量、安全、资源等影响后，压缩工作持续时间的先后次序为 D、I、H 和 D、E、B、G。

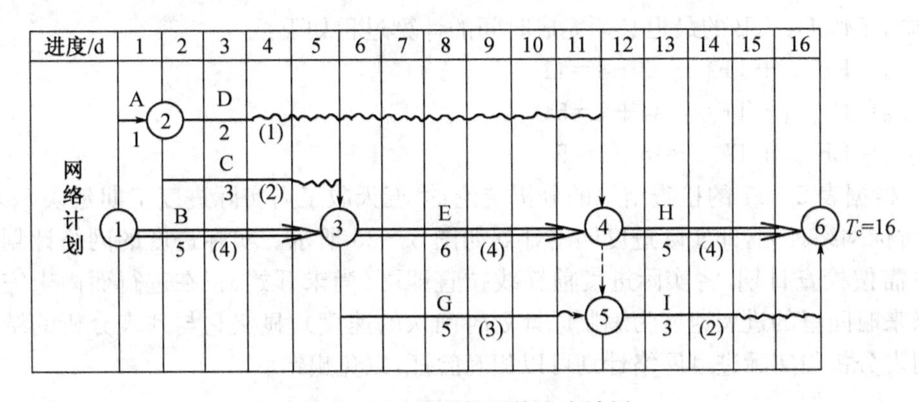

图 5－24　原时标网络进度计划

【问题】 请分析此工程进度是否正常？若工期延误，试按原工期目标进行进度计划调整。

【解答】 (1) 绘制实际进度前锋线，了解进度计划执行情况，如图 5－25 所示。

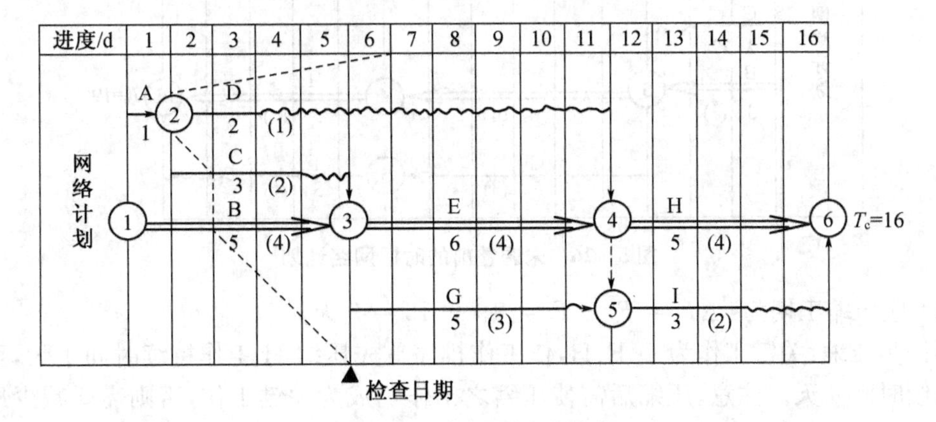

图 5－25　实际进度前锋线

(2) 进度检查结果的分析见表 5-17 所示。

表 5-17 网络计划检查结果分析

工作代号	工作名称	检查时尚需时间/天	到计划最迟完成前尚有时间/天	原有总时差/天	尚有总时差/天	情况判断
2—4	D	2－0＝2	11－5＝6	8	6－2＝4	正常
2—3	C	3－1＝2	5－5＝0	1	0－2＝－2	拖期 2 天
1—3	B	5－2＝3	5－5＝0	0	0－3＝－3	拖期 3 天

其中,工作 D、C、B 的总时差计算过程如下(总时差计算应从终点节点逆着箭线方向向起点节点进行计算,其他工作总时差的计算此处省略):

$TF_{2-4}=\min[TF_{4-5},TF_{4-6}]+FF_{2-4}=\min[2,0]+8=8$

$TF_{2-3}=\min[TF_{3-4},TF_{3-5}]+FF_{2-3}=\min[0,3]+1=1$

$TF_{1-3}=\min[TF_{3-4},TF_{3-5}]+FF_{1-3}=\min[0,3]+0=0$

其中,工作 D、C、B 的最迟必须完成时间的计算过程如下:

$LF_{2-4}=EF_{2-4}+TF_{2-4}=3+8=11$

$LF_{2-3}=EF_{2-3}+TF_{2-3}=4+1=5$

$LF_{1-3}=EF_{1-3}+TF_{1-3}=5+0=5$

(3) 根据表 5-17 的检查结果的分析结论,第五天收工后实际进度工期延误 3 天,未调整前的时标网络计划,即实际进度网络计划如图 5-26 所示。实际进度的网络计划绘制很简单,只需按检查日期,将实际进度前锋线拉直即可(尚未开始、正在进行而尚未完成的工作,在未来时间里的进展速度为编制原计划时确认的速度),显然它与列表分析的结论是一致的,列表分析与实际进度网络计划可以相互验证,以免出错。

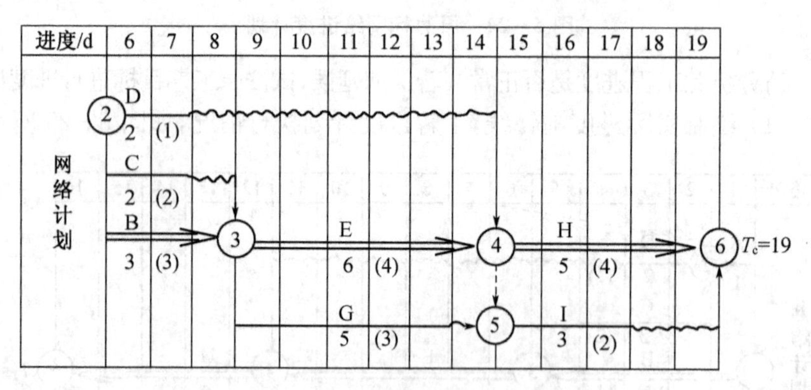

图 5-26 未调整前的时标网络计划

(4) 应压缩工期为:$\Delta T = T_c - T_r = 19 - 16 = 3$ 天。

第一步压缩:关键工作为 D、E、H,依工作排序首先压缩 H 工作持续时间 1 天,至最短工作持续时间 4 天。注意,压缩后需使压缩之工作仍成为关键工作,否则需要减少压缩时间,即进行“松弛”,这里 H 工作仍是关键工作,如图 5-27 所示。

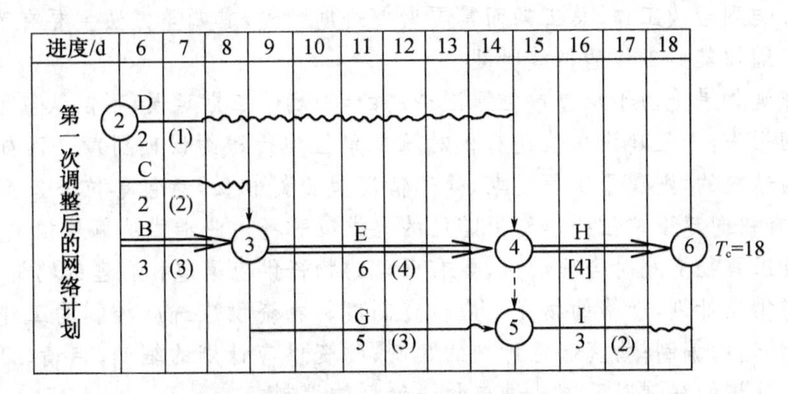

图 5 - 27　第一次调整后的时标网络计划

第二步压缩：可压缩的关键工作为 B、E，压缩 E 工作持续 2 天至最短工作持续时间（需使之仍成为关键工作），如图 5 - 28 所示。

通过两次压缩使工期缩短了 3 天，满足了需求，计划调整完毕，第二次调整后的网络计划就是最终的修正计划。

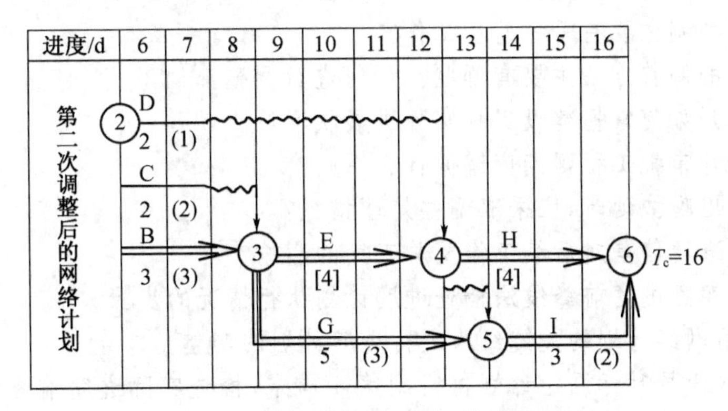

图 5 - 28　第二次调整后的时标网络计划

本章小结

建设工程进度控制是指对工程项目各建设阶段的工作内容、工作程序、工作持续时间和衔接关系编制计划，将该计划付诸实施，在实施过程中经常检查实际进度是否按计划要求进行，对出现的偏差分析原因，采取措施或调整、修改原计划，直至工程竣工，交付使用。

施工进度控制目标的分解要考虑项目总进度计划对施工工期的要求、项目的特殊性、合理的施工时间、资金条件、人力条件、物资条件和环境的影响等因素。

实际进度与计划进度的比较是建设工程进度监测的主要环节。通过比较发现偏差，以便调整或修改计划，保证进度目标的实现。常用的进度比较法有横道图、S 曲线、香蕉曲线、前锋线和列表比较法。在工程项目实施过程中，由于人为因素、技术因素、设备与构配件因素、水文地质与气象因素及其他环境、社会因素以及难以预料的因素的影响，经常会出现进度偏差，通常应采取积极的措施调整工程进度，以弥补或部分地弥补已经产生的延误。当实际进度偏差影响到后续工作、总工期而需要调整进度计划，其调整方法主要有改变某些工作的逻辑关系或缩短某些工作的持续时间。

工程的拖延如果是由于承包单位原因造成的，则属于工期延误，不但承包单位要承担由此造成的一切损失，而且建设单位还有权对承包单位施行违约误期罚款。而如果是由于非承包单位原因造成的，则属于工程延期，处理情况也正好相反，承包单位不仅有权要求延长工期，而且还有权向建设单位提出费用赔偿的要求以弥补由此造成的额外损失。

保证建设工程物资及时合理供应，要有正确的物资供应渠道和合理的物资供应方式，完善合理的物资供应计划，严格的物资供应检查制度。物资供应进度控制的工作内容主要包括：物资需求计划的编制；物资储备计划的编制；物资供应计划的编制；申请、订货计划的编制；采购、加工计划的编制以及国外进口物资计划的编制。

复习思考题

1. 建设工程监理进度控制的概念是什么？
2. 影响建设工程施工进度控制的因素有哪些？
3. 施工进度控制主要有哪些监理工作？
4. 进度计划的调整方法主要有哪些？如何进行调整？
5. 监理工程师如何掌握建设工程实际进展状况？
6. 监理工程师审批工程延期应遵循什么原则？
7. 物资供应出现拖延时，应采取哪些处理措施？
8. 如何分析进度偏差对后续工作及总工期的影响？
9. 简述使用实际进度前锋线法检查进度计划执行情况的步骤。
10. 怎样利用网络计划的关键线路进行进度计划的调整。
11. 某工程双代号时标网络计划执行到第4周末，检查实际进度前锋线如图5-29所示，请分析该工程进度情况，并绘出相应的网络计划。

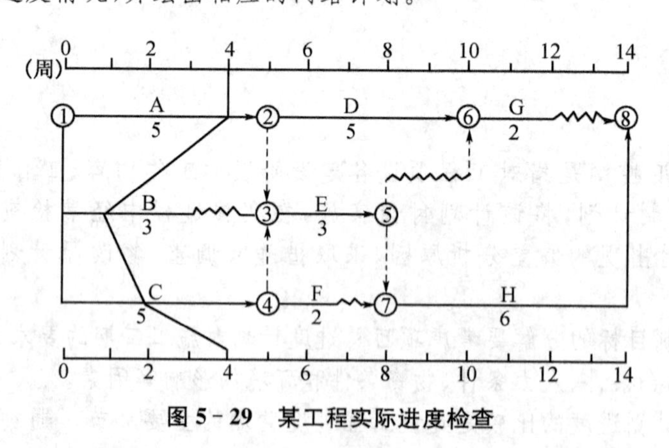

图5-29 某工程实际进度检查

12. 某分部工程双代号时标网络计划执行到第6天结束时，检查其实际进度前锋线如图5-30所示。针对检查结果，试分析该分部工程进度情况，并探讨原因。

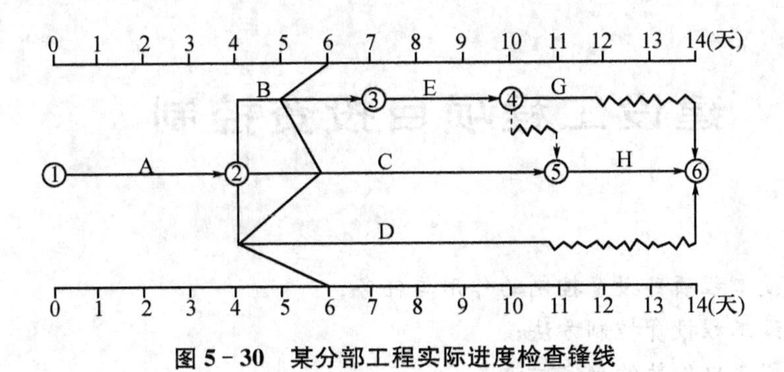

图 5－30　某分部工程实际进度检查锋线

第6章　建设工程项目投资控制

知识目标：

- 了解建设工程项目投资控制的作用与任务；
- 理解建设工程投资控制方法；
- 掌握工程变更价款的确定方法；
- 了解工程索赔的内容、方法。

能力目标：

- 编制工程项目投资计划及实际完成情况的有关图表；
- 能查找工程项目投资实施中的问题；
- 在专业监理工程师的指导下进行工程价款价差调整。

6.1　投资控制的作用与任务

6.1.1　投资及投资控制的概念

建设工程项目投资是由设备工器具购置费、建筑安装工程费、工程建设其他费用、预备费(包括基本预备费和涨价预备费)、建设期利息和固定资产投资方向调节税组成。

建设投资可以分为静态投资部分和动态投资部分。静态投资部分由建筑安装工程费、设备工器具购置费、工程建设其他费和基本预备费组成。动态投资部分，是指在建设期内，因建设期利息、建设工程需缴纳的固定资产投资方向调节税和国家新批准的税费、汇率、利率变动以及建设期价格变动引起的建设投资增加额。包括涨价预备费、建设期利息和固定资产投资方向调节税。

建设工程投资控制，就是在投资决策阶段、设计阶段、发包阶段、施工阶段以及竣工阶段，把建设工程投资控制在批准的投资限额以内，随时纠正发生的偏差，以保证项目投资管理目标的实现，以求在建设工程中能合理使用人力、物力、财力，取得较好的投资效益和社会效益。

建设工程投资控制的目标，就是通过有效的投资控制工作和具体的投资控制措施，在满足进度和质量要求的前提下，力求使工程实际投资不超过计划投资。“实际投资不超过计划投资”表现为以下情况：

1) 投资目标分解的各个层次上，实际投资均不超过计划投资。这是最理想的情况，是投资控制追求的最高目标。

2) 在投资目标分解的较低层次上，实际投资在有些情况下超过计划投资，在大多数情况下不超过计划投资，因而在投资目标分解的较高层次上，实际投资不超过计划投资。

3）实际总投资未超过计划总投资，在投资目标分解的各个层次上，都出现实际投资超过计划投资的情况，但在大多数情况下实际投资未超过计划投资。后两种情况虽然存在局部的超投资现象，但建设工程的实际总投资未超过计划总投资，因而仍然是令人满意的结果。何况，出现这种情况，除了投资控制工作和措施存在一定的问题、有待改进和完善之外，还可能是由于投资目标分解不尽合理所造成的，而投资目标分解绝对合理又是很难做到的。

由建设工程投资控制的目标可知，投资控制是与进度控制和质量控制同时进行的，它是针对整个建设工程目标系统所实施控制活动的一个组成部分，在实施投资控制的同时需要满足预定的进度目标和质量目标。因此，在投资控制的过程中，要协调好与进度控制和质量控制的关系，做到三大目标控制的有机配合和相互平衡，而不能片面强调投资控制。

建设工程投资目标控制又是全过程控制，所谓全过程，主要是指建设工程实施的全过程，也可以是工程建设全过程。建设工程的实施阶段包括设计阶段（含设计准备）、招标阶段、施工阶段以及竣工验收和保修阶段。在这几个阶段中都要进行投资控制，但从投资控制的任务来看，主要集中在前三个阶段。

建设工程投资目标控制又是全方位控制，对投资目标进行全方位控制，包括两种含义：一是对按工程内容分解的各项投资进行控制，即对单项工程、单位工程，乃至分项工程的投资进行控制；二是对按总投资构成内容分解的各项费用进行控制，即对建筑安装工程费用、设备和工器具购置费用以及工程建设其他费用等都要进行控制。通常，投资目标全方位控制指对建筑安装工程费用、设备和工器具购置费用以及工程建设其他费用等都要进行控制。

6.1.2　投资目标控制的任务

建设工程投资控制是建设工程监理的一项主要任务，投资控制贯穿于工程建设的各个阶段，也贯穿于监理工程的各个环节。在建设工程的实施阶段中，设计阶段、施工招标阶段、施工阶段的持续时间长，工作内容多，在各个阶段投资控制的任务也不同。目前，工程监理主要进行施工阶段的投资控制。

完成施工阶段投资控制的任务，监理工程师应做好以下工作：制定本阶段资金使用计划，并严格进行付款控制。做到不多付、不少付、不重复付；严格控制工程变更，力求减少变更费用；研究确定预防费用索赔的措施，以避免、减少对方的索赔数额；及时处理费用索赔，并协助业主进行反索赔；挖掘节约投资潜力来努力实现实际发生的费用不超过计划投资；根据有关合同的要求，协助做好应由业主方完成的，与工程进展密切相关的各项工作，如按期提交合格施工现场，按质、按量、按期提供材料和设备等工作；做好工程计量工作；审核施工单位提交的工程结算书等。

6.1.3　施工阶段工程投资控制目标的确定

1. 资金使用计划的编制

投资控制的目的是为了确保投资目标的实现。因此，监理工程师必须编制资金使用计划，合理地确定投资控制目标值，包括投资的目标值、分目标值、各详细目标值。在确定投资控制目标时，应有科学的依据。如果投资目标值与人工单价、材料预算价格、设备价格及各项有关费用和各种取费标准不相适应，那么投资控制目标便没有实现的可能，则控制也是徒劳的。

编制资金使用计划过程中最重要的步骤，就是项目投资目标的分解。根据投资控制目标和要求的不同，投资目标的分解可以分为按投资构成分解、按子项目分解、按时间分解三种类型。

(1) 按投资构成分解的资金使用计划

工程项目的投资主要分为建设工程投资、安装工程投资、设备购置投资、工器具购置投资及工程建设其他投资，工程建设其他投资由土地征用费用、建设单位管理费用、勘察设计费用等构成。建设工程投资、安装工程投资、工器具购置投资可以进一步分解。另外在按项目投资构成分解时，可以根据以往的经验和建立的数据库来确定适当的比例。必要时也可以作一些适当的调整。按投资构成来分解的方法比较适合于有大量经验数据的工程项目。

(2) 按子项目分解的资金使用计划

大中型的工程项目通常是由若干单项工程构成的，而每个单项工程包括了多个单位工程，每个单位工程又是由若干个分部分项工程构成的，因此，首先要把项目总投资分解到单项工程和单位工程中。对各个单位工程的建筑安装工程投资还需要进一步分解到分部分项工程。

(3) 按时间进度分解的资金使用计划

工程项目的投资总是分阶段、分期支出的，资金应用是否合理与资金的时间安排有密切关系。为了编制项目资金使用计划，并据此筹措资金，尽可能减少资金占用和利息支出，有必要将项目总投资按其使用时间进行分解。

编制按时间进度的资金使用计划，通常可利用控制项目进度的网络图进一步扩充而得。在编制网络计划时应在充分考虑进度控制对项目划分要求的同时，还要考虑确定投资预算对项目划分的要求，要同时兼顾两者。

2. 资金使用计划的形式

(1) 按子项目分解得到的资金使用计划表

在完成工程项目投资目标分解之后，接下来就要具体地分配投资，编制工程分项的投资支出计划，从而得到详细的资金使用计划表。其内容一般包括：

1) 工程分项编码；

2) 工程内容；

3) 计量单位；

4) 工程数量；

5) 计划综合单价；

6) 分项总计。

在编制投资支出计划时，要在项目总的方面考虑总的预备费，也要在主要的工程分项中安排适当的不可预见费，避免在具体编制资金使用计划时，发现个别单位工程或工程量表中某项内容的工程量计算有较大出入，使原来的投资预算失实，并在项目实施过程中对其尽可能地采取一些措施。

(2) 时间——投资累计曲线

通过对项目投资目标按时间进行分解，在网络计划基础上，可获得项目进度计划的横道图，并在此基础上编制资金使用计划。其表示方式有两种：一种是在总体控制时标网络图上表示;另一种是利用时间——投资累计曲线(S形曲线)表示,如图6-1所示。

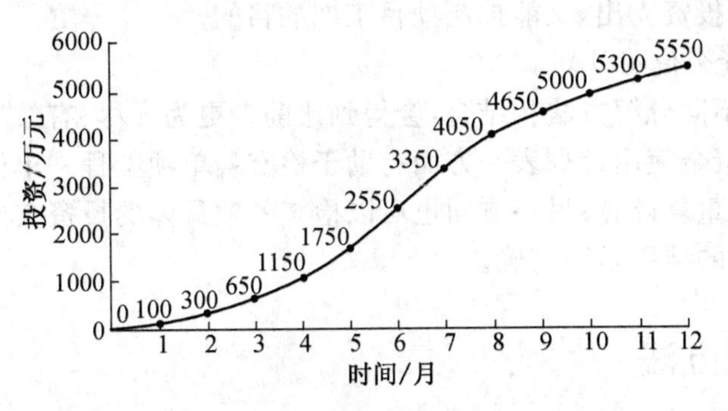

图6-1　时间—投资累计曲线(S形曲线)

时间—投资累计曲线绘制步骤如下:

1) 确定工程项进度计划,编制进度计划的横道图。

2) 根据每单位时间内完成的实物工程量或投入的人力、物力和财力,计算单位时间(月或旬)的投资,在时标网络图上按时间编制投资支出计划,如图6-2所示。

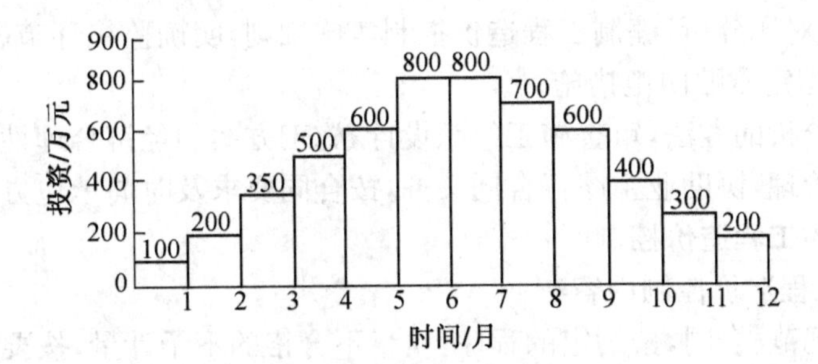

图6-2　时标网络图按月编制的资金使用计划

3) 计算规定时间 t 计划累计完成的投资额。其计算方法为:各单位时间计划完成的投资额累加求和,可按下式计算:

$$Q_t = \sum_{n=1}^{t} q_n$$

式中,Q_t——时间 t 计划累计完成投资额;

q_n——单位时间 n 的计划完成投资额;

t——规定计划时间。

4) 按各规定时间的 Q_t 值,绘制S形曲线,如图6-1所示。

每一条S形曲线都对应某一特定的工程进度计划。因为在进度计划的非关键路线中存在许多有时差的工序或工作,因而S形曲线(投资计划值曲线)必然包络在由全部工作都按最早开始时间开始和全部工作都按最迟必须开始时间开始的曲线所组成的“香蕉图”内。建设单位可根据编制的投资支出预算来合理安排资金,同时建设单位也可以根据筹措的建设资金来调整S形曲线,即通过调整非关键路线上的工作的最早或最迟开工时间,力争将实际的投资支出控制在计划的范围内。

一般而言,所有工作都按最迟开始时间开始,对节约建设单位的建设资金贷款利息是有利的，但同时，也降低了项目按期竣工的保证率。因此，监理工程师必须合理地确定投资支出计划，达到既节约投资支出，又能控制项目工期的目的。

(3) 综合分解资金使用计划表

将投资目标的不同分解方法相结合，会得到比前者更为详尽、有效的综合分解资金使用计划表。综合分解资金使用计划表一方面有助于检查各单项工程和单位工程的投资构成是否合理，有无缺陷或重复计算；另一方面也可以检查各项具体的投资支出的对象是否明确和落实，并可校核分解的结果是否正确。

6.2 投资控制方法

6.2.1 施工阶段投资控制要求

1. 施工准备阶段的工程造价控制

1）认真研究施工、监理合同，熟悉图纸、施工组织设计、监理大纲。编制监理规划时，确定工程造价控制目标，并进行分解。

2）科学预测、对比分析，编制工程造价控制实施细则，明确监控环节、重点及控制程序，并进行风险分析，拟定索赔防范措施。

3）采用经济分析的方法，审查施工组织设计，施工方案的经济合理性。

4）加强合同管理，协助业主履行合同义务，按合同要求及时向承包方提供施工条件。

2. 施工阶段的工程造价控制

施工阶段的工程造价控制内容有：

1）执行监理规范、合同，按约定的程序，质量不合格的不予计量，按要求审核进度款，签署工程款支付凭证。

2）逐项分析，计算工程变更和现场签证。

3）按期召开工地例会，及时做好协调工作，力求避免索赔事件发生。

4）进行市场调查，了解设备、材料的供应情况及价格。

5）收集提供索赔证据，进行工程造价超额分析，采取纠偏措施。

项目监理机构应按下列程序进行工程计量和工程款支付工作：

1）施工单位统计经专业监理工程师质量验收合格的工程量，按施工合同的约定填报工程量清单和工程款支付申请表。

2）专业监理工程师进行现场计量，按施工合同的约定审核工程量清单和工程款支付申请表，并报总监理工程师审定。

3）总监理工程师签署工程款支付证书，并报建设单位。专业监理工程师对施工单位报送的工程款支付申请表进行审核时，应会同施工单位对现场实际完成情况进行计量，对验收手续齐全、资料符合验收要求并符合施工合同规定的计量范围内的工程量予以核定。

3. 竣工阶段的工程造价控制

1）督促施工单位编制工程结算书，审核总结算。

2）严格执行合同，补充协议及有关价格、费用变更规定，合理确定变更、签证费用及价格调整。

当然，在施工阶段，监理工程师依据承发包双方签订的施工合同的承包方式、合同规定的工期、质量和工程造价、按施工图纸及说明、有关技术标准和技术规范，对工程建设施工全过程进行监督与控制。

在施工阶段进行投资控制的基本原理是在项目施工的过程中，以控制循环理论为指导，把投资计划值作为工程项目投资控制的总目标值，把投资计划值分解作为单位工程和分部分项工程的分目标值，在建设过程的每一个阶段或环节中，将实际支出值和投资计划值进行比较，若发现偏离，从组织、经济、技术和合同4个方面采取有效的纠偏措施加以控制。

具体地讲，结合工作实际，对工程造价的控制主要是作好以下几方面工作：

1）对实际完成的分部分项工程量进行计量和审核，对承建单位提交的工程进度付款申请进行审核，并签发付款证明来控制合同价款；

2）做好工程价款预付、工程进度付款、工程款结算、备料款和预付款的合理回扣等审核、签署工作；

3）严格控制工程变更，按合同规定的控制程序和计量方法确定工程变更价款，及时分析工程变更对控制投资的影响；

4）在施工进展过程中进行投资跟踪、动态控制，对投资支出做好分析和预测，即将收集的实际支出数据整理后与投资控制值比较，并预测尚需发生的投资支出值，及时提出报告；

5）做好施工监理记录和收集保存有关资料，依据合同条款，处理建设单位及施工单位的索赔及反索赔事宜；

6）对项目的工程量和投资计划值，按进度要求和项目划分，分解到各单位工程或分部分项工程；

7）对施工组织设计或施工方案进行审查和技术经济分析，积极推广应用新工艺和新材料。同时对设备与主要材料的报验及进货手续严格控制，或建议建设单位采取公开招标方式购买，以确保投资不超标；

8）促进承建单位推行项目法施工，形成项目经理对项目建设的工期、质量、成本的三大目标的全面负责制，协助承建单位改革施工工艺技术，优化施工组织。

建设工程造价的确定与投资控制的实质就是运用科学技术原理和经济及法律手段，解决工程建设活动中的技术与经济、经营与管理等实际问题，只有在项目建设的各个阶段，采用科学的计价方法和切合实际的计价依据合理确定造价，才能有效地控制造价。

6.2.2　施工阶段投资控制流程

投资控制按投资控制流程进行控制，如图6-3所示。

6.2.3　施工阶段投资控制方法与手段

1. 现场签证的审查

通过核实工程量，进行实物量签认。当质量评为不合格产品，视为无效工程量，则不开据支付凭证。当质量评为合格产品或优良等级的产品时，首先核实工程量并签发计量证书，再按合同单价或总价核实完成的工程投资额，向承建单位开具支付凭证，建设单位依据监理部的支付凭证向承建单位付款，并作为结算的依据。

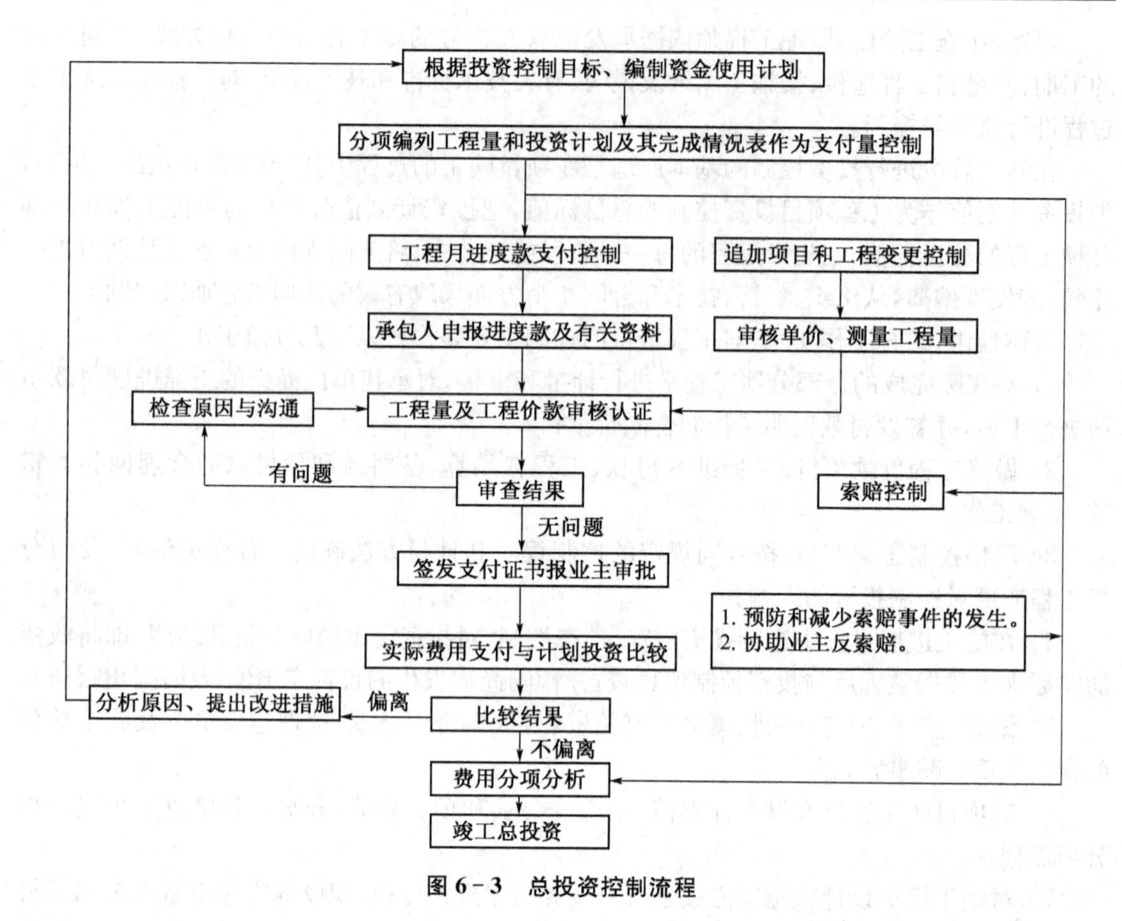

图 6-3 总投资控制流程

(1) 工程计量

1) 工程计量的程序

① 施工合同(示范文本)约定的程序。承包人应按专用条款约定的时间,向工程师提交已完工程量的报告,工程师接到报告后 7 天内按设计图纸核实已完工程量,并在计量前 24 h 通知承包人,承包人为计量提供便利条件并派人参加。承包人收到通知后不参加计量,计量结果有效,作为工程价款支付的依据。工程师收到承包人报告后 7 天内未进行计量,从第 8 天起,承包人报告中开列的工程量既视为已被确认,作为工程价款支付的依据。工程师不按约定时间通知承包人,使承包人不能参加计量,计量结果无效。对承包人超出设计图纸范围和因承包人原因造成返工的工程量,工程师不予计量。

② 建设工程监理规范规定的程序。承包单位统计经专业监理工程师质量验收合格的工程量,按施工合同的约定填报工程量清单和工程款支付申请表;专业监理工程师进行现场计量,按施工合同的约定审核工程量清单和工程款支付申请表,并报总监理工程师审定;总监理工程师签署工程款支付证书,并报建设单位。

③ FIDIC 施工合同约定的工程计量程序。按照 FIDIC 施工合同约定,当工程师要求测量工程的任何部分时,应向承包商代表发出合理通知,承包商代表应及时亲自或另派合格代表,协助工程师进行测量,提供工程师要求的任何具体材料。如果承包商未能到场或派代表,工程师(或其代表)所作测量应作为准确予以认可。除合同另有规定外,凡需根据记录进

行测量的任何永久工程，此类记录应由工程师准备。当承包商被要求时，应到场与工程师对记录进行检查和协商，达成一致后应在记录上签字。如承包商未到场，应认为该记录准确，予以认可。如果承包商检查后不同意该记录，和(或)不签字表示同意，承包商应向工程师发出通知，说明认为该记录不准确的部分。工程师收到通知后，应审查该记录，进行确认或更改。如果承包商被要求检查记录14天内，没有发出此类通知，该记录应作为准确予以认可。计量控制是投资控制的基础，在计量过程中首先必须遵守计量原则(合同文件中有关计量条款)，其次是按设计图纸完成且施工质量检验合格的，并在工程量清单中列有的项目才予以计量。同时也要按监理细则规定好的计量程序进行计量。在土石方开挖完成后，监理工程师应及时到现场进行土石方鉴定和测量，计量资料完善后方可计量。

2) 工程计量的依据

计量必须以质量合格证书、工程量清单、技术规范的计量支付条款和设计图纸为依据。

① 质量合格证书。对于承包商已完的工程，并不是全部进行计量，而只是质量达到合同标准的已完工程才予以计量。所以工程计量必须与质量监理紧密配合并经专业工程师检验，工程质量达到合同规定的标准后，由专业工程师签署报验申请表(质量合格证书)，只有质量合格的工程才予以计量。所以说质量监理是计量监理的基础，计量又是质量监理的保障，通过计量支付，强化承包商的质量意识。

② 工程量清单前言和技术规范。工程量清单前言和技术规范是确定计量方法的依据。因为工程量清单前言和技术规范的"计量支付"条款规定了清单中每一项工程的计量方法，同时还规定了按规定的计量方法确定的单价所包括的工作内容和范围。

③ 设计图纸。单价合同以实际完成的工程量进行结算，但被工程师计量的工程数量，并不一定是承包商实际施工的数量。计量的几何尺寸要以设计图纸为依据，工程师对承包商超出设计图纸要求增加的工程量和自身原因造成返工的工程量，不予计量。

3) 工程计量的方法

一般对以下三方面的工程项目进行计量：

① 工程量清单中的全部项目；

② 合同文件中规定的项目；

③ 工程变更项目。

根据FIDIC合同条件的规定，一般可按照以下方法进行计量：均摊法，所谓均摊法，就是对清单中某些项目的合同价款，按合同工期平均计量；凭据法，所谓凭据法，就是按照承包商提供的凭据进行计量支付。如建设工程险保险费、第三方责任险保险费、履约保证金等项目，一般按凭据法进行计量支付。断面法，断面法主要用于取土坑或填筑路堤土方的计量。图纸法，在工程量清单中，许多项目采取按照设计图纸所示的尺寸进行计量。分解计量法，所谓分解计量法，就是将一个项目，根据工序或部位分解为若干子项。对完成的各子项进行计量支付。估价法，所谓估价法，就是按合同文件的规定，根据工程师估算的已完成的工程价值支付。按照市场的物价情况，对清单中规定购置的仪器设备分别进行估价；按下式计量支付金额：

$$F = A \times (B \div D)$$

式中，F——计算支付的金额；

A——清单所列该项的合同金额；

B——该项实际完成的金额，按估算价格计算；

D——该项全部仪器设备的总估算价格。

从上式可知：该项实际完成金额 B 必须按估算各种设备的价格计算，它与承包商购进的价格无关；估算的总价与合同工程量清单的款额无关。

2. 工程结算控制

（1）工程预付款及其计算方法

目前我国工程承发包中，一般都实行包工包料，这就需要承包商有一定数量的备料周转金。预付款就成为施工企业为该承包工程项目储备主要材料、结构件所需的流动资金。一般在工程承包合同条款中，会有明文规定发包方在开工前拨付给承包方一定限额的工程预付备料款。凡是没有签订合同或不具备施工条件的工程，发包人不得预付工程款。

1）预付款限额

按照国家财政部、建设部关于《建设工程价款结算暂行办法》(财建[2004]369 号)的规定：包工包料的工程预付款按合同约定拨付，原则上预付的比例不低于合同金额的 10%，不高于合同金额的 30%，对重大工程项目，按年度工程计划逐年预付。计价执行《建设工程工程量清单计价规范》(GB 50500—2013)的工程，实体性消耗和非实体性消耗部分应在合同中分别约定预付款比例。

2）预付款时限

在具备施工条件的前提下，发包人应在双方签订合同后的一个月内或不迟于约定开工日期前 7 天内预付工程款，发包人不按约定预付工程款，承包人可以在预付时间到期后 10 天内向发包人发出要求预付的通知，发包人收到通知后仍不按要求预付工程款，承包人可在发出通知 14 天后停止施工，发包人应从约定应付之日起向承包人支付应付款利息(利率按同期银行贷款利率计)，并承担违约责任。

工程预付款仅用于承包人支付施工开始时与本工程有关的动员费用。如承包人滥用此款，发包人有权立即收回。在承包人向发包人提交金额等于预付款数额(发包人认可的银行开出)的银行保函后，发包人应在规定的时间按规定的金额和向承包人支付预付款，在发包人全部扣回预付款之前，该银行保函将一直有效。当预付款被发包人扣回时，银行保函金额相应递减。

3）预付款限额的计算

预付款限额由下列因素决定：主要材料(包括外购构件)占工程造价的比重；材料储备期；施工工期。

对于施工企业常年应备的预付款限额，可按下式计算：

$$\text{预付款限额} = \frac{\text{年度承包工程总值} \times \text{主要材料所占比重}}{\text{年度施工日历天数}} \times \text{材料储备天数}$$

一般建设工程主要材料不应超过当年建筑安置工作量(包括水、电、暖)的 30%，安装工程按年安装工作量的 10%；材料所占比重较多的安装工程按年计划产值的 15%左右拨付。

实际工作中，预付款的数额，可以根据各工程类型、合同工期、承包方式和供应体制等不同条件确定。例如，工业项目中钢结构和管道安装占比重较大的工程，其主要材料所占比重比一般安装工程要高，因而预付款数额也要相应提高；材料由施工单位自行购买的比由建设单位供应的要高。

对于只包定额工日(不包材料定额，一切材料由建设单位供给)的工程项目，则可以不预付款。

4) 预付款的抵扣方式

发包方拨付给承包方的预付款属于预支性质，那么在工程实施中，随着工程所需主要材料储备的逐渐减少，应以抵充工程价款的方式陆续扣回。扣款的方式如下：

可以从未施工工程尚需要的主要材料及构件的价值相当于备料款数额时起扣，从每次结算工程价款中，按材料比重扣抵工程价款，竣工前全部扣清。其基本表达公式为

$$T = P - \frac{M}{N}$$

式中，T——起扣点，即预付款开始扣回时的累计完成工作量金额；

M——预付款的限额；

N——主材比重；

P——承包工程价款总额。

预付的工程款也可以在承包方完成金额累计达到合同总价的一定比例后，由承包人开始向发包方还款，发包人从每次应付给的金额中，扣回工程预付款，发包人至少在合同规定的完工期前三个月将工程预付款的总计金额按逐次分摊的办法扣回。当发包人一次付给承包方的余额少于规定扣回的金额时，其差额应该转入下一次支付中作为债务结转。

在实际工程管理中，情况比较复杂，有些工程工期较短，就无需分期扣回。有些工程工期较长，如跨年度施工，预付备料款可以不扣或少扣，并于次年按应预付款调整，多退少补。具体地说，跨年度工程，预计次年承包工程价值大于或相当于当年承包工程价值时，可以不扣回当年的预付备料款，如小于当年承包工程价值时，应按实际承包工程价值进行调整，在当年扣回部分预付备料款，并将未扣回部分，转入次年，直到竣工年度，再按上述办法扣回。

采取何种方式扣回预付的工程款，必须在合同中约定，并在工程进度款中进行抵扣。

(2) 工程价款的主要结算方式

工程价款在项目施工中通常需要发生多次，一直到整个项目全部竣工验收。我国现行工程价款结算根据不同情况，可采取多种方式。

1) 按月结算与支付

即实行按月支付进度款，竣工后清算的办法。若合同工期在两个年度以上的工程，在年终进行工程盘点，办理年度结算。

目前，我国建筑安装工程项目中，大部分是采用这种按月结算办法。

2) 分段结算与支付

对当年开工、当年不能竣工的工程按照工程形象进度，划分不同阶段支付工程进度款。具体划分要在合同中明确。分段结算可以按月预支工程款。

3) 竣工后一次结算

当建设项目或单项工程全部建筑安装工程建设期在12个月以内，或者工程承包合同价值在100万元以下的，可以实行工程价款每月月中预支，竣工后一次结算。对于上述三种工

程价款主要结算方式的收支确认，国家财政部在1999年1月1日起实行的《企业会计准则——建造合同》中作了如下规定：

① 实行旬末或月中预支，月终结算，竣工后清算办法的工程合同，应分期确认合同价款收入的实现，即：各月份终了，与发包单位进行已完工程价款结算时，确认为承包合同已完工部分的工程收入实现，本期收入额为月终结算的已完工程价款金额。

② 实行合同完成后一次结算工程价款办法的工程合同，应于合同完成，施工企业与发包单位进行工程合同价款结算时，确认为收入实现，实现的收入额为承发包双方结算的合同价款总额。

③ 实行按工程形象进度划分不同阶段、分段结算工程价款办法的工程合同，应按合同规定的形象进度分次确认已完阶段工程收益实现。即：应于完成合同规定的工程形象进度或工程阶段，与发包单位进行工程价款结算时，确认为工程收入的实现。

4）目标结款方式

是指在工程合同中，将承包工程的内容分解成不同的控制界面，以业主验收控制界面作为支付工程价款的前提条件。即将合同中的工程内容分解成不同的验收单元，当承包商完成单元工程内容并经业主验收后，业主支付构成单元工程内容的工程价款。

目标结款方式下，承包商要想获得工程价款，必须按照合同约定的质量标准完成界面内的工程内容，否则承包商会遭受损失；要想尽早获得工程价款，承包商必须充分发挥自己组织和实施能力，在保证质量的前提下，加快施工进度。当承包商拖延工期时，业主会推迟付款，这将会增加承包商的运营成本、财务费用，降低收益，客观上使承包商因延迟工期而遭受损失。同样，当承包商积极组织施工，提前完成控制界面内的工程内容，则可提前获得工程价款，增加承包收益，从而增加了有效利润。当然，由于承包商在控制界面内质量达不到合同约定的标准，使业主不予验收，承包商也会因此而遭受损失。所以，目标结款实质上是运用合同手段、财务手段对工程的完成进行主动控制的方式。同时，对控制界面的设定应明确描述，便于量化和进行质量控制，还要适应项目资金的供应周期和支付频率。

（3）工程进度款的支付

建筑安装企业在施工过程中，按每月形象进度或控制界面等完成的工程数量计算各项费用，向建设单位（业主）办理工程进度款的支付（即中间结算）。

以按月结算为例，现行的中间结算办法是，施工企业在月中或旬末向建设单位提出预支账单，预支半月或一旬的工程款，月终再提出工程款结算账单和已完工程月报表，收取当月工程价款，并通过银行进行结算。按月进行结算，并对现场已完工程逐一进行清点，有关资料提出后要交监理工程师和建设单位审查签证。多数情况下是以施工企业提出的统计进度月报表为支取工程款的凭证，即通常所称的工程进度款，如图6-4所示。

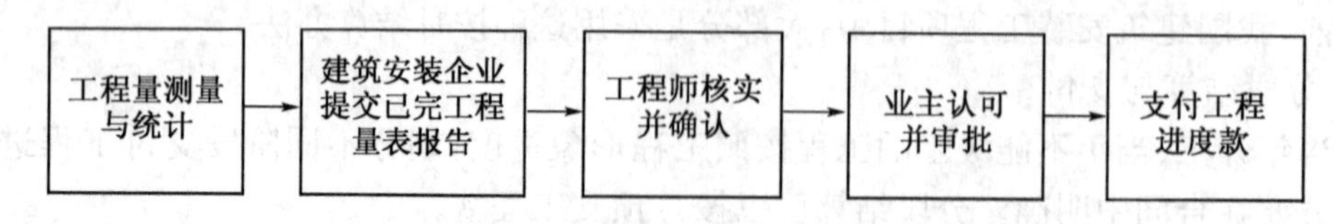

图6-4 工程进度款支付步骤

工程进度款支付过程中，需遵循以下要求：

1）工程量计算

按照国家财政部、建设部关于《建设工程价款结算暂行办法》（财建[2004]369 号）的规定：

① 承包人应按合同约定的方法和时间，向发包人提交已完工程量的报告。发包人接到报告后 14 天内核实已完工程量（以下称计量），并在计量前 1 天通知承包人，承包人为计量提供便利条件并派人参加。承包人收到通知后不参加计量，以发包人计量的工程量作为工程价款支付的依据。发包人不按约定时间通知承包人，致使承包人未能参加计量，则计量结果无效。

② 发包人收到承包人报告后 14 天内未进行计量，从第 15 天起，承包人报告中开列的工程量即视为已被确认，作为工程价款支付的依据，双方合同另有约定的，按合同执行。

③ 发包人对承包人超出设计图纸（含设计变更）范围和（或）因承包人原因造成返工的工程量，发包人一律不予计量。

2）合同收入组成

国家财政部制定的《企业会计准则——建造合同》中对合同收入的组成内容进行了解释。合同收入包括两部分内容：

① 合同中规定的初始收入。即建造承包商与客户在双方签订的合同中最初商定的合同总金额，它构成了合同收入的基本内容。

② 追加收入。因合同变更、索赔、奖励等构成的收入，这部分收入并不构成合同双方在签订合同时已在合同中商订的合同总金额，而是在执行合同过程中由于合同变更、索赔、奖励等原因而形成的追加收入。

3）工程进度款支付时限

按照国家财政部、建设部关于《建设工程价款结算暂行办法》（财建[2004]369 号）的规定：

① 根据确定的工程计量结果，承包人向发包人提出支付工程进度款申请，14 天内，发包人应按不低于工程价款的 60%，不高于工程价款的 90%向承包人支付工程进度款。按约定时间发包人应扣回的预付款，与工程进度款同期结算。

② 发包人超过约定的支付时间不支付工程进度款，承包人应及时向发包人发出要求付款的通知，发包人收到承包人通知后仍不能按要求付款，可与承包人协商签订延期付款协议，经承包人同意后可延期支付，协议应明确延期支付的时间和从工程计量结果确认后第 15 天起计算应付款的利息（利率按同期银行贷款利率计）。

③ 发包人不按合同约定支付工程进度款，双方又未达成延期付款协议，导致施工无法进行，承包人可停止施工，由发包人承担违约责任。

④ 工程保留金的预留。按规定，工程项目总造价中应预留出一定比例的尾留款作为质量保修费用（又称保留金），待工程项目保修期结束后最后拨付。对于尾留款的扣除，一般有两种做法：

a. 当工程进度款拨付累计额达到该建筑安装工程造价的一定比例（一般为 95%～97%左右）时，停止支付，预留造价部分作为尾留款。

b. 按招标文件规定，尾留款的扣除也可以从发包方向承包方第一次支付的工程进度款开始，在每次承包方应得的工程款中扣留投标书附录中规定金额作为保留金，直至保留金总额达到投标书附录中规定的限额为止。

(4) 其他费用的支付

1) 安全施工费用

承包人应按质量要求、安全及消防管理有关规定组织施工,采取严格的安全防护措施,承担由于自身的安全措施不力造成的事故责任和因此发生的费用。非承包人责任造成安全事故,由责任方承担责任和因此发生的费用。

发生重大伤亡及其他安全事故,承包人应按有关规定立即上报有关部门并通知工程师,同时按政府有关部门要求处理,发生的费用由事故责任方承担。

承包人在动力设备、输电线路、地下管道、密封防震车间、易燃易爆地段以及临街交通要道附近施工时,施工开始前应向工程师提出安全保护措施,经工程师认可后实施,防护措施费用由发包人承担。

实施爆破作业,在放射、毒害性环境中施工(含存储、运输、使用)及使用毒害性、腐蚀性物品施工时,承包人应在施工前14天以书面形式通知工程师,并提出相应的安全保护措施,经工程师认可后实施。安全保护措施费用由发包人承担。

2) 专利技术及特殊工艺涉及的费用

发包人要求使用专利技术或特殊工艺,必须负责办理相应的申报手续,承担申报、试验、使用等费用。承包人按发包人要求使用,负责试验等有关工作。承包人提出使用专利技术或特殊工艺,报工程师认可后实施。承包人负责办理申报手续并承担有关费用。

3) 文物和地下障碍物涉及的费用

在施工中发现古墓、古建筑遗址等文物及化石或其他有考古、地质研究等价值的物品时,承包人应立即保护好现场并于4 h内以书面形式通知工程师,工程师应于收到书面通知后24 h内报告当地文物管理部门,承发包双方应按文物管理部门的要求采取妥善保护措施。发包人承担由此发生的费用,延误的工期相应顺延。

如施工中发现古墓、古建筑遗址等文物及化石或其他有考古、地质研究等价值的物品,隐瞒不报致使文物遭受破坏的,责任方、责任人依法承担相应责任。

施工中发现影响施工的地下障碍物时,承包人应于8 h内以书面形式通知工程师,同时提出处置方案,工程师收到处置方案后8 h内予以认可或提出修正方案。发包人承担由此发生的费用,延误的工期相应顺延。

(5) 竣工结算及其审查

工程竣工结算是指承包人按照合同规定的内容全部完成所承包的工程,经验收质量合格,并符合合同要求之后,双方应按照约定的合同价款及合同价款调整内容以及索赔事项,进行最终工程价款结算。

1) 竣工结算方式

竣工结算分为单位工程结算、单项工程竣工结算和建设项目竣工总结算。

2) 工程竣工结算编审

① 单位工程竣工结算由承包人编制,发包人审查;实行总承包的工程,由具体承包人编制,在总包人审查的基础上,发包人审查。

② 单项工程竣工结算或建设项目竣工总结算由总(承)包人编制,发包人可直接进行审查,也可以委托具有相应资质的工程造价咨询机构进行审查。政府投资项目,由同级财政部门审查。单项工程竣工结算或建设项目竣工总结算经发、承包人签字盖章后有效。

③ 承包人应在合同约定期限内完成项目竣工结算编制工作，未在规定期限内完成的并且提不出正当理由延期的，责任自负。

3）工程竣工结算审查期限

单项工程竣工后，承包人应在提交竣工验收报告的同时，向发包人递交竣工结算报告及完整的结算资料，发包人应按以下规定时限进行核对（审查）并提出审查意见。

建设项目竣工总结算在最后一个单项工程竣工结算审查确认后 15 天内汇总，送发包人后 30 天内完成审查。

4）工程竣工价款结算

发包人收到承包人递交的竣工结算报告及完整的结算资料后，应根据《建设工程价款结算暂行办法》规定的期限（合同约定有期限的，从其约定）进行核实，给予确认或者提出修改意见。发包人根据确认的竣工结算报告向承包人支付工程竣工结算价款，保留 5%左右的质量保证（保修）金，待工程交付使用一年质保期到期后清算（合同另有约定的，从其约定），质保期内如有返修，发生费用应在质量保证（保修）金内扣除。

发包人收到竣工结算报告及完整的结算资料后，在本办法规定或合同约定期限内，对结算报告及资料没有提出意见，则视同认可。

承包人如未在规定时间内提供完整的工程竣工结算资料，经发包人催促后 14 天内仍未提供或没有明确答复，发包人有权根据已有资料进行审查，责任由承包人自负。

根据确认的竣工结算报告，承包人向发包人申请支付工程竣工结算款。发包人应在收到申请后 15 天内支付结算款，到期没有支付的应承担违约责任。承包人可以催告发包人支付结算价款，如达成延期支付协议，发包人应按同期银行贷款利率支付拖欠工程价款的利息。如未达成延期支付协议，承包人可以与发包人协商将该工程折价，或申请人民法院将该工程依法拍卖，承包人就该工程折价或者拍卖的价款优先受偿。

在实际工作中，当年开工、当年竣工的工程，只需办理一次性结算。跨年度的工程，在年终办理一次年终结算，将未完工程结转到下一年度，此时竣工结算等于各年度结算的总和。办理工程价款竣工结算的一般公式为：

竣工结算工程款 = 合同价款 + 合同价款调整数额 − 预付及已结算工程价款 − 保修金

5）工程竣工结算的审查

工程竣工结算是反映工程项目的实际价格，最终体现工程造价系统控制的效果。要有效控制工程项目竣工结算价，严格审查是竣工结算阶段的一项重要工作。经审查核定的工程竣工结算是核定建设工程造价的依据，也是建设项目验收后编制竣工决算和核定新增固定资产价值的依据。因此，建设单位、监理公司以及审计部门等，都十分重视竣工结算的审核把关。

① 核对合同条款。应核对竣工工程内容是否符合合同条件要求，竣工验收是否合格，只有按合同要求完成全部工程并验收合格才能列入竣工结算。还应按合同约定的结算方法、计价定额、主材价格、取费标准和优惠条款等，对工程竣工结算进行审核，若发现不符合合同约定或有漏洞，应请建设单位与施工单位认真研究，明确结算要求。

② 检查隐蔽验收记录。所有隐蔽工程均需进行验收，是否有工程师的签证确认；审核时应该对隐蔽工程施工记录和验收签证，做到手续完整，工程量与竣工图一致方可列入竣工

结算。

③ 落实设计变更签证。设计修改变更应由原设计单位出具设计变更通知单和修改图纸，设计、校审人员签字并加盖公章，经建设单位和监理工程师审查同意、签证；重大设计变更应经原审批部门审批，否则不应列入竣工结算。

④ 按图核实工程量。应依据竣工图、设计变更单和现场签证等进行核算，并按国家统一规定的计算规则计算工程量。

⑤ 核实单价。结算单价应按现行的计价原则和计价方法确定，不得违背。

⑥ 各项费用计取。建筑安装工程的取费标准应按合同要求或项目建设期间与计价定额配套使用的建筑安装工程费用定额及有关规定执行，要审核各项费率、价格指数或换算系数的使用是否正确，价差调整计算是否符合要求，还要核实特殊费用和计算程序。

实践证明，通过对工程项目结算的审查，一般情况下，经审查的工程结算较编制的工程结算的工程造价资金相差在10%左右，有的高达20%，对于控制投入节约资金起到很重要的作用。

6.3 工程变更控制与合同价款调整

6.3.1 变更的范围和内容

由于工程项目的建设周期长，涉及的经济、法律关系复杂，受自然条件和客观因素的影响大，导致项目的实际情况与项目招标投标时的情况相比往往会发生一些变化。工程变更包括工程量变更、工程项目的变更(如发包人提出增加或者删减原项目内容)、进度计划的变更、施工条件的变更等。如果按照变更的原因划分，变更的种类可以分为：发包人的变更指令(包括发包人对工程有了新的要求、发包人修改项目计划、发包人削减预算、发包人对项目进度有了新的要求等)；由于设计错误，必须对设计图纸作修改；由于新技术和知识的产生，有必要改变原设计方案或实施计划；工程环境的变化；法律、法规或者政府对建设项目有了新的要求、新的规定等。所有这些变更最终往往表现为设计变更，因为我国要求严格按图施工，所以如果变更影响了原来的设计，则首先应当变更原设计。考虑到设计变更在工程变更中的重要性，往往将工程变更分为设计变更和其他变更两大类。

在工程项目的实施过程中，主要有来自业主对项目要求的修改、设计方由于业主要求的变化或施工现场环境变化、施工技术的要求而产生的设计变更。在施工过程中如果发生设计变更，将对施工进度产生很大的影响。因此，应尽量减少设计变更，如果必须对设计进行变更，必须严格按照国家的规定和合同约定的程序进行。

合同履行中其他变更如发包人要求变更工程质量标准或发生其他实质性变更，应由双方协商解决。

上述诸多的工程变更，一方面是由于主观原因，如业主的要求的变化、勘测设计工作粗糙，导致在施工过程中发现许多招标文件中没有考虑或者估算不准确的工程量，因而不得不改变施工项目或增减工程量；另一方面是由于客观原因，如发生不可预见的事故、自然或社会原因引起的停工和工期拖延等，而导致工程变更。

按《中华人民共和国标准施工招标文件(2007年版)》要求，在履行合同中发生以下情形

之一,应按照以上规定进行变更:

1) 取消合同中任何一项工作,但被取消的工作不能转由发包人或其他人实施;

2) 改变合同中任何一项工作的质量或其他特性;

3) 改变合同工程的基线、标高、位置或尺寸;

4) 改变合同中任何一项工作的施工时间或改变已批准的施工工艺或顺序;

5) 为完成工程需要追加的额外工作。

6.3.2 变更权

在履行合同过程中,经发包人同意,监理人可按约定的变更程序向承包人作出变更指示,承包人应遵照执行。没有监理人的变更指示,承包人不得擅自变更。

6.3.3 变更程序

1. 变更的提出

1) 在合同履行过程中,当发生以上约定变更情形的,监理人可向承包人发出变更意向书。变更意向书应说明变更的具体内容和发包人对变更的时间要求,并附必要的图纸和相关资料。变更意向书应要求承包人提交包括拟实施变更工作的计划、措施和竣工时间等内容的实施方案。发包人同意承包人根据变更意向书要求提交的变更实施方案的,由监理人按约定发出变更指示。

2) 承包人收到监理人按合同约定发出的图纸和文件,经检查认为其中存在约定情形的,可向监理人提出书面变更建议。变更建议应阐明要求变更的依据,并附必要的图纸和说明。监理人收到承包人书面建议后,应与发包人共同研究,确认存在变更的,应在收到承包人书面建议后的14天内作出变更指示。经研究后不同意作为变更的,应由监理人书面答复承包人。

3) 若承包人收到监理人的变更意向书后认为难以实施此项变更,应立即通知监理人,说明原因并附详细依据。监理人与承包人和发包人协商后确定撤销、改变或不改变原变更意向书。

2. 工程变更的确认

由于工程变更会带来工程造价和施工工期的变化,为了有效地控制造价,无论任何一方提出工程变更,均需由工程师确认并签发工程变更指令。当工程变更发生时,要求工程师及时处理并且确认其合理性。一般过程是:提出工程变更→分析变更对项目目标的影响→分析有关的合同条款、会议和通信纪录→初步确定处理变更所需要的费用、时间和质量要求→确认工程变更。

3. 变更估价

1) 除专用合同条款对期限另有约定外,承包人应在收到变更指示或变更意向书后的14天内,向监理人提交变更报价书,报价内容应根据约定的估价原则,详细开列变更工作的价格组成及其依据,并附必要的施工方法说明和有关图纸。

2) 变更工作影响工期的,承包人应提出调整工期的具体细节。监理人认为有必要时,可要求承包人提交要求提前或延长工期的施工进度计划及相应施工措施等详细资料。

3) 除专用合同条款对期限另有约定外,监理人收到承包人变更报价书后的14天内,根据约定的估价原则，按照商定或确定变更价格：

① 合同约定总监理工程师应对任何事项进行商定或确定时，总监理工程师应与合同当事人协商，尽量达成一致。不能达成一致的，总监理工程师应认真研究后审慎确定。

② 总监理工程师应将商定或确定的事项通知合同当事人，并附详细依据。对总监理工程师的确定有异议的，构成争议，按照合同约定处理。在争议解决前，双方应暂按总监理工程师的确定执行，按照争议解决的约定对总监理工程师的确定作出修改的，按修改后的结果执行。

4. 变更指示

1) 变更指示只能由监理人发出。

2) 变更指示应说明变更的目的、范围、变更内容以及变更的工程量及其进度和技术要求，并附有关图纸和文件。承包人收到变更指示后，应按变更指示进行变更工作。

5. 工程变更的处理程序

(1) 设计变更的处理程序

1) 设计变更事项。能够构成设计变更的事项包括以下变更：

① 增减合同中约定的工程量；

② 更改工程有关部分的标高、基线、位置和尺寸；

③ 改变有关工程的施工顺序和时间；

④ 其他有关工程变更需要的附加工作。

从合同管理的角度看，无论什么原因导致的设计变更，都可以分为发包人原因对原设计进行变更和承包人原因对原设计进行变更两种情况。

2) 发包人原因对原设计进行变更。施工过程中发包人如果需要对原工程设计进行变更，应不迟于变更前 14 天以书面形式向承包人发出变更通知，承包人对于发包人的变更通知没有拒绝的权利。

3) 承包人原因对原设计进行变更。施工中承包人应当严格按照图纸施工，不得随意变更设计。施工过程中承包人提出的合理化建议若涉及到对工程设计图纸或者施工组织设计的更改以及对设备、原材料的更换，必须经工程师同意。承包人未经工程师同意不得擅自换用或更改，否则要承担由此而发生的一切费用，赔偿发包人的有关损失，延误的工期不予顺延。

(2) 其他变更的处理程序

从合同管理角度看，除设计变更外，凡是能够导致合同内容变更的都属于其他变更。

如双方对工期要求的变化、双方对工程质量要求的变化、施工条件和环境的变化引起的施工机械和材料的变化等。这些其他变更的处理，首先应当由一方提出，与对方协商一致签署补充协议后，方可进行变更。

在施工中不管是由什么原因导致发生工程变更，承包人均需按照发包人认可的变更设计文件，进行变更施工，其中，政府投资项目重大变更，需按基本建设程序报批后方可施工。

6.3.4 变更的估价原则

工程变更的处理原则：

(1) 尽快尽早变更

如果工程项目出现了必须变更的情况，应当尽快变更。变更越早，损失越小。如果工程变更不可避免，不论是停止施工等待变更指令，还是继续施工，无疑都会增加损失。

(2) 尽快落实变更

工程变更发生后,应当尽快落实变更。工程变更指令一旦发出,就应当全面修改各种相关的文件,迅速落实指令。承包人也应当抓紧落实,如果承包人不能全面落实变更指令,则扩大的损失应当由承包人承担。

(3) 深入分析变更的影响

工程变更的影响往往是多方面的,影响持续的时间也往往较长,对此要有充分的思想准备和详尽的分析。对政府投资的项目变更较大时,应坚持先算后变的原则,即不得突破标准,造价不得超过批准的限额。

除专用合同条款另有约定外,因变更引起的价格调整按照本款约定处理。

1) 已标价工程量清单中有适用于变更工作的子目的,采用该子目的单价。

2) 已标价工程量清单中无适用于变更工作的子目,但有类似子目的,可在合理范围内参照类似子目的单价,由监理人按商定或确定变更工作的单价。

3) 已标价工程量清单中无适用或类似子目的单价,可按照成本加利润的原则,由监理人按商定或确定变更工作的单价。

6.3.5　工程价款价差调整的方法

工程价款价差调整的主要方法有工程造价指数调整法、实际价格调整法、调价文件计算法、调值公式法等。

1. 工程造价指数调整法

这种方法是发包方和承包方采用当时的预算(或概算)定额单价计算出承包合同价,待工程竣工时,根据合理的工期及当地工程造价管理部门所公布的该月度(或季度)的工程造价指数,对原承包合同价予以调整,重点调整那些由于实际人工费、材料费、施工机械费等费用上涨及工程变更因素造成的价差,并对承包商给以调价补偿。

2. 实际价格调整法

由于建筑材料市场采购的范围越来越大,有些地区还规定对钢材、木材、水泥等三材的价格采取按实际价格结算的方法。工程承包商可凭发票按实报销。这种方法方便而准确。

但由于是实报实销,因而承包商对降低成本不感兴趣,为了避免副作用,地方主管部门需要定期发布最高限价,合同文件中应规定建设单位或工程师有权要求承包商选择更廉价的供应来源。

3. 调价文件计算法

这种方法是承发包双方采取按当时的预算价格承包,在合同工期内,按照工程造价管理部门调价文件的规定,进行抽料补差(在同一价格期内按所完成的材料用量乘以价差)。也有的地方定期发布主要材料供应价格和管理价格,对这一时期的工程进行抽料补差。

4. 调值公式法

根据国际惯例,对建设项目工程价款的动态结算,一般是采用此方法。实际工作中,绝大多数国际工程项目,甲乙双方在签订合同时就明确列出这一调值公式,并以此作为价差调整的计算依据。

建筑安装工程费用价格调值公式一般包括固定部分、材料部分和人工部分。但当建筑安装工程的规模和复杂性增大时,公式也变得更为复杂。调值公式一般为

$$P = P_0\left(a_0 + a_1\frac{A}{A_0} + a_2\frac{B}{B_0} + a_3\frac{C}{C_3} + a_4\frac{D}{D_0}\right)$$

式中，P——调值后合同价款或工程实际结算款；

P_0——合同价款中工程预算进度款；

a_0——固定要素，代表合同支付中不能调整的部分占合同总价中的比重；

a_1、a_2、a_3、a_4…——代表有关各项费用（如：人工费用、钢材费用、水泥费用、运输费用等）在合同总价中所占比重，$a_0+a_1+a_2+a_3+a_4+\cdots=1$；

A_0、B_0、C_0、D_0…——投标截止日期前 28 天与基准日期与 a_1、a_2、a_3、a_4…对应的各项费用的基期价格指数或价格；

A、B、C、D…——在工程结算月份与 a_1、a_2、a_3、a_4…对应的各项费用的基期价格指数或价格。

运用调值公式进行工程价款价差调整时应注意：

1）固定要素的取值范围通常在 0.15～0.35。固定要素与调价余额成反比关系，固定要素相当微小的变化，会引起实际调价时很大的费用变动，所以，承包商在调值公式中采用的固定要素取值要尽可能偏小。

2）调值公式中有关的各项费用，只选择用量大、价格高且具有代表性的一些典型人工费和材料费，通常为钢材、木材、水泥、砂石料等，并用它们的价格指数变化综合代表材料费的价格变化，以便尽量与实际情况接近。

3）在许多招标文件中要求承包方，在投标中提出各部分成本的比重系数，并在价格分析中予以论证。但也有的是由发包方（业主）在招标文件中即规定一个允许范围，由投标人在此范围内选定。

4）确定每个品种的系数和固定要素系数，品种的系数要根据该品种价格对总造价的影响程度而定。各品种系数之和加上固定要素系数应等于 1。

5）各项费用的调整应与合同条款规定相吻合。

6）调整时还要注意地点与时点。地点一般指工程所在地或指定的某地市场价格，时点指的是某月某日的市场价格。这里要确定两个时点价格，即签订合同时某个时点的市场价格（基础价格）和每次支付前的一定时间的时点价格。

6.4 工程索赔管理

6.4.1 工程索赔的概念及产生的原因

1. 基本概念

工程索赔是指在工程承包合同履行中，并非自己的过错，当事人一方由于另一方未履行合同所规定的义务或出现应当由对方承担的风险而遭受损失时，向另一方提出经济补偿或时间补偿要求的行为。由于施工现场条件、气候条件的变化，物价变化，施工进度变化，合同条款、规范、标准文件和施工图纸的差异、延误等因素的影响，使得工程承包中不可避免地出现索赔。

索赔属于经济补偿行为，索赔工作是承发包双方之间经常发生的管理业务。在实际工作中，“索赔”是双向的，我国《建设工程施工合同(示范文本)》(以下简称《示范文本》)中的索赔既包括承包人向发包人的索赔，也包括发包人向承包人的索赔(在本书中除特殊说明之外，“索赔”均指承包人向发包人的索赔)。在工程实践中，发包人索赔数量少，而且处理简单方便，一般可以通过扣拨工程款、冲账、扣保证金等实现对承包人的索赔；而承包人对发包人的索赔则比较困难。通常情况下，索赔可以概括以下3个方面的内容：

1) 一方违约使另一方蒙受损失，受损方向对方提出赔偿损失的要求；

2) 施工中发生应由业主承担的特殊风险或遇到不利自然条件等情况，使承包人蒙受损失而向业主提出补偿损失要求；

3) 承包商应获得的正当利益，由于没能及时得到工程师的确认和业主应给予的支付，而以正式函件向业主索赔。

2. 工程索赔的分类

工程索赔按照不同的标准可以有不同的分类。

(1) 按索赔的依据分

1) 合同中明示的索赔。是指索赔涉及的内容在该工程项目的合同文件中有文字依据，发包人或承包人可以据此提出索赔要求，并取得经济补偿。这些在合同文件中有明文规定的合同条款，称为明示条款。一般明示条款引起的工程索赔不大容易发生争议。

2) 合同中默示的索赔。指索赔涉及的内容虽然在工程项目的合同条款中没有专门的文字叙述，但可以根据该合同的某些条款的含义，推论出承包人有索赔权。这种有经济补偿含义的条款，在合同管理工作中被称为“默示条款”或称为“隐含条款”。默示条款是一个广泛的合同概念，它包含合同明示条款中没有写入、但符合双方签订合同时设想的愿望和当时环境条件的一切条款。这些默示条款，或者从明示条款所表述的设想愿望中引申出来；或者从合同双方在法律上的合同关系引申出来，经合同双方协商一致；或被法律和法规所指明，都成为合同文件的有效条款，要求合同双方遵照执行。这种索赔要求，同样有法律效力，有权得到相应的经济补偿。例如，合同一旦签订，双方应该互相配合，以保证合同的执行，任何一方不得因其行为而妨碍合同的执行。“互相配合”就是一个默示条款。

(2) 按索赔要求和目的分

1) 工期索赔。指由于非承包人的原因而导致施工进程延误，要求业主批准顺延合同工期的索赔。工期索赔使原来规定的合同竣工日期顺延，从而避免了不能完工时，被发包人追究拖期违约责任和违约罚金的发生。一旦获得批准合同工期顺延，承包人不仅免除了承担拖期违约赔偿费的严重风险，而且可能因提前工期而得到奖励，最终会反映在经济利益上。

2) 费用索赔。由于非承包人责任而导致承包人开支增加，要求业主对超出计划成本的附加开支给予补偿，以挽回不应由承包人承担的经济损失。费用索赔的目的是要求经济补偿，通常表现为要求调整合同价格。

(3) 按索赔事件的起因分

1) 工期延误索赔。指因发包人未按合同规定提供施工条件，如未及时交付设计图纸、技术资料、施工现场、道路等；或因发包人指令工程暂停或不可抗力事件等原因造成工程中断、或工程进度放慢，使工期拖延的，承包人对此提出索赔。

2) 工程变更索赔。指由于发包人或工程师指令修改施工图设计、增加或减少工程量、增加附加工程、修改实施计划、变更施工顺序等，造成工期延长和费用增加，承包人对此提出的索赔。

3）加速施工索赔。由于发包人或工程师要求缩短工期，指令承包人加快施工速度，而引起承包人人力、财力、物力的额外开支、工效降低等而提出的索赔。

4）工程被迫终止的索赔。由于某种原因，如发包人或承包人违约、不可抗力事件的影响造成工程非正常终止，无责任的受害方因其蒙受经济损失而向对方提出的索赔。

5）意外风险和不可预见因素索赔。在工程施工期间，因人力不可抗拒的自然灾害以及一个有经验的承包人通常不能合理预见的不利施工条件或外界障碍，如出现未预见到的溶洞、淤泥、地下水、地质断层、地下障碍物等引起的索赔。

6）其他索赔。如因汇率变化、货币贬值、物价和工资上涨、政策法令变化、业主推迟支付工程款等原因引起的索赔。

（4）按索赔的处理方式分

1）单项索赔。是指一事一索赔的方式，即在工程实施过程中每一件事项索赔发生后，立即进行索赔，要求单项解决支付。单项索赔一般原因简单，责任单一，解决比较容易，它避免了多项索赔的相互影响和制约。

2）总索赔。又称为一揽子索赔或综合索赔。即对整个工程项目实施中所发生的数起索赔事项，在工程竣工前，综合在一起进行的索赔。这种索赔由于许多干扰事件搅在一起，使得原因和责任分析困难，不太容易索赔成功，应注意尽量避免采用。

3. 索赔产生的原因

在现代承包工程中，索赔经常发生，而且索赔额很大。主要原因有以下几方面。

（1）工程项目自身特点

现代工程项目的特点是投资大、工程量大、结构复杂、技术和质量要求高、工期长。

工程本身和工程环境有许多不确定性，它们在实施过程中会有很大的变化。如货币的贬值、地质条件的变化、自然条件的变化等，它们直接影响工程设计和计划，从而影响工期和成本。

（2）当事人违约

通常表现为一方不能按照合同约定履行自己的义务。发包人违约主要表现为未按照合同约定的期限为承包人提供合同约定的施工条件和一定数额的付款等。工程师未能按照合同约定及时发出图纸、指令等也视为发包人违约。承包人违约的表现主要是没有按照合同约定的期限、质量完成施工，或由于不当行为给发包人造成其他损害。

（3）不可抗力事件

不可抗力事件可以分为社会事件和自然事件。社会事件主要包括国家政策、法令、法律的变化，战争、罢工等。自然事件则是指不利的客观障碍和自然条件，在工程项目施工过程中遇到了经现场调查无法发现、业主提供的资料中也没有提到的、无法预料的情况，如地质断层、地下水等。

（4）合同缺陷

表现为合同文件规定的不严谨甚至先后矛盾，合同中的遗漏或错误。双方对合同理解的差异，常会对合同的权利和义务的范围、界限的划定不一致，导致合同争执，而引起索赔事件的发生。

(5) 合同变更

主要有施工图设计变更、施工方法变更、合同其他规定变更、追加或者取消某些工作等。

(6) 工程师指令

如工程师指令承包人更换某些材料、进行某项工作、加速施工、采取某些施工措施等。上述这些原因在任何工程项目承包合同的实施过程中都是不可避免的，所以无论采用什么合同类型，也无论合同多么完善，索赔是不可避免的。承包人为了取得经济利益，不得不重视研究索赔问题。

6.4.2　工程索赔处理程序

1. 工程索赔的处理原则

在实际工作中，工程索赔按照下列原则处理。

(1) 索赔必须以合同为依据

不论是当事人不完成合同工作，还是风险事件的发生，能否索赔要看是否能在合同中找到相应的依据。工程师必须以完全独立的身份，站在客观公正的立场上，依据合同和事实公平地对索赔进行处理。需注意的是在不同的合同条件下，索赔依据很可能是不同的。

如因为不可抗力导致的索赔，在《示范文本》条件下，承包人机械设备损坏的损失，是由承包人承担的，不能向发包人索赔；但在 FIDIC 合同条件下，不可抗力事件一般都列为业主承担的风险，损失都应当由业主承担。根据我国的有关规定，合同文件应能够互相解释、互为说明，除合同另有约定外，其组成和解释的顺序如下：本合同协议书、中标通知书、投标文件、本合同专用条款、本合同通用条款、标准、规范及有关技术文件、图纸、工程量清单及工程报价或预算上书。

(2) 及时、合理地处理索赔

索赔事件发生后，要及时提出索赔，索赔的处理也应当及时。若索赔处理得不及时，对双方都会产生不利的影响，如承包人的合理索赔长期得不到解决，积累的结果会导致其资金周转困难，同时还会使承包人放慢施工速度从而影响整个工程的进度。处理索赔还必须注意索赔的合理性，既要考虑到国家的有关政策规定，也应考虑到工程的实际情况。

如：承包人提出对人工窝工费按照人工单价计算损失、机械停工按照机械台班单价计算损失显然是不合理的。

(3) 加强事前控制，减少工程索赔

在工程实施过程中，工程师应当加强事前控制，尽量减少工程索赔。这就要求在工程管理中，尽量将工作做在前面，减少索赔事件的发生。工程师在管理中应对可能引起的索赔有所预测，及时采取补救措施，避免过多索赔事件发生，使工程能顺利地进行，降低工程投资，缩短施工工期。

2.《示范文本》规定的工程索赔程序

当合同当事人一方向另一方提出索赔时，要有正当的索赔理由，且有索赔事件发生时的有效证据。发包人未能按合同约定履行自己的各项义务或发生错误以及第三方原因，给承包人造成延期支付合同价款、延误工期或其他经济损失，包括不可抗力延误的工期，均可索赔。我国《示范文本》有关规定中对索赔的程序有明确而严格的规定：

1) 索赔事件发生 28 天内，承包人应向工程师发出索赔意向通知。合同实施过程中，凡不属于承包人责任导致的项目拖期和成本增加事件发生后的28天内，必须以正式函件通知工程师，要求对此事项索赔；同时仍须遵照工程师的指令继续施工。如逾期申报，则工程师有权拒绝承包人的索赔要求。

2）发出索赔意向通知后28天内，承包人应向工程师提出补偿经济损失和（或）延长工期的索赔报告及有关资料。正式提出索赔申请后，承包人应积极准备索赔的证据和资料，以及计算出的该事件影响所要求的索赔额和申请延长工期天数，并在索赔申请发出的28天内报出。

3）工程师在收到承包人送交的索赔报告和有关资料后，在28天内审核承包人的索赔申请并应及时给予答复，或要求承包人进一步补充索赔理由和证据。接到承包人的索赔信件后，工程师应该立即研究承包人的索赔资料，在不确认责任属于谁的情况下，应根据自己的同期记录资料客观分析事故发生的原因，依据有关合同条款，研究承包人提出的索赔证据。必要时还可以要求承包人进一步提交补充资料，包括索赔的更详细说明材料或索赔费用计算的依据。工程师在28天内未予答复或未对承包人作进一步要求的，视为对该项索赔已经认可。

4）当该索赔事件持续进行时，承包人应当阶段性向工程师发出索赔意向通知，在索赔事件终了后28天内，向工程师提供索赔的有关资料和最终索赔报告。

5）工程师与承包人协商。双方各自依据对这一事件的处理方案进行友好协商，若能通过谈判达成一致意见，则该事件较容易解决。如果双方对该事件的责任、工期延长天数或索赔款额分歧较大，谈判达不成共识的话，按照合同条款规定工程师有权确定一个他认为合理的单价或价格作为最终的处理意见报送业主并相应通知承包人。

6）发包人审批工程师的索赔处理证明。发包人应根据事件发生的原因、责任范围、合同条款审核承包人的索赔申请和工程师的处理报告，再根据工程项目的目标、投资控制、竣工验收要求，以及承包人在合同实施过程中的缺陷或不符合合同要求的地方提出反索赔方面的考虑，决定是否批准工程师的处理报告。

7）承包人同意最终的索赔决定，这一索赔事件即告结束。若承包人不接受工程师的单方面决定或业主删减的索赔或工期延长天数，就会导致合同纠纷。通过谈判和协调双方能达成互让的解决方案是处理纠纷的理想方式。如果双方不能达成谅解就只能诉诸仲裁或者诉讼。

上述工程索赔程序可用图6-5表示。

如果承包人在施工中，未能按合同约定履行自己的各项义务或发生错误给发包人造成损失的，发包人也可按上述程序向承包人提出索赔。

3. FIDIC合同条件规定的工程索赔程序

FIDIC合同条件对承包商的索赔程序作出了以下规定。

（1）*索赔通知*

如果承包商根据FIDIC合同条件或其他有关规定（如根据有关合同法），认为有权得到竣工时间的任何延长和（或）任何追加付款，承包人应当在引起索赔事件发生之后的28天内向工程师发出索赔通知，同时将一份副本呈交业主。

（2）*同期记录*

当索赔事件发生时，承包商要做好同期记录。这些记录可以用作索赔的证据。工程师

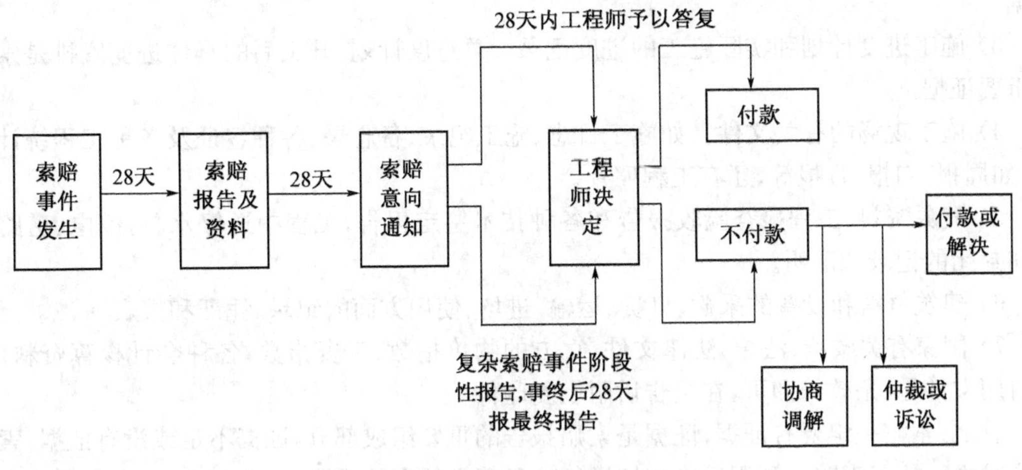

图6-5　工程索赔程序

在收到索赔通知后,在不必承认业主责任的情况下,要对此类记录进行审查。这种记录可用作已发出的索赔通知的补充材料。

(3) 索赔证明

在索赔通知发出后28天内,或在工程师同意的时间内,承包商要向工程师递交一份说明索赔款额及提出索赔的依据等详细材料。当据以索赔的事件具有连续影响时,上述报告被认为是临时详细报告,承包商要按工程师要求的时间间隔发出进一步的临时详细报告,给出索赔的累计总额及进一步提出索赔的依据。在索赔事件所产生的影响结束后28天内向工程师发出一份最终详细报告。

(4) 未能遵守

如果承包商在寻求任何索赔时未能遵守上述三项中的任何规定时,他有权得到不超过工程师或任何仲裁人或几位仲裁人通过的同期记录核实估价的索赔总额。

(5) 索赔支付

在工程师与业主和承包商协商之后,如果工程师认为承包商提供的细节资料足以证明其全部(或部分)索赔要求时,索赔款(全部或部分)应与工程款同期支付。

6.4.3　工程索赔管理

1. 工程索赔证据管理

任何索赔事件的确立,都必须有正当合理的索赔理由。而对正当索赔理由的说明必须具有证据,索赔证据应真实、全面、及时、相互关联和具有法律效力等。因此对承包商而言,要索赔成功,对索赔证据的管理十分重要。常见的索赔证据有:

1) 招标文件、施工合同文本及附件,其他各种签约(如备忘录、修正案等),经业主认可的工程实施计划、各种工程图纸(包括图纸修改指令)、技术规范等。承包人的报价文件,包括各种工程预算和其他作为报价依据的资料等。这些索赔证据可在索赔报告中直接引用。

2) 来往信件及各种会谈纪要。例如业主的变更指令、信件、通知。在合同履行过程中,业主、监理工程师和承包人定期或不定期的会谈所作出的决议或决定,是对合同的进一步补充,应作为合同的组成部分。一般会谈或谈话的纪要只有经过各方签署后才可作为索赔的依据。

3）施工进度计划和实际施工的进度记录。总进度计划、开工后的具体进度安排是索赔的重要证据。

4）施工现场的有关文件。如施工日志、施工纪录、备忘录、各种签证及各种工程统计资料，如周报、旬报、月报等，还有工程照片。

5）气象资料、工程检查验收报告和各种技术鉴定报告，工程中送停水、送停电、道路开通和封闭的记录和证明。

6）建筑材料和设备的采购、订货、运输、进场、使用方面的纪录、凭证和报表等。

7）国家有关政策、法令、法律文件，官方的物价指数、工资指数，各种会计核算资料，只需引用文件号、条款号即可，在报告后附上复印件。

总之，索赔一定要有证据，证据是索赔报告的重要组成部分，证据不足或没有证据，索赔不能成立。施工索赔是利用经济杠杆进行项目管理的有效手段，对承包人、发包人和监理工程师来说，处理索赔问题水平的高低，反映了他们对工程项目管理水平的高低。

由于索赔是合同管理的重要环节，也是挽回成本损失的重要手段，所以随着建筑市场的建立和发展，它将成为项目管理中越来越重要的问题。

2. 索赔报告的编写

索赔报告是向对方提出索赔要求的书面文件，是承包人对索赔事件的处理结果，也是业主审议承包人索赔请求的主要依据。它的具体内容，将随着索赔事件的性质和特点而有所不同。索赔报告应充满说服力、合情合理、有理有据、逻辑性强，能说服工程师、业主、调解人、仲裁人，同时又应该是具有法律效力的正规书面文件。一个完整的索赔报告应包括以下4个方面的内容。

(1) 总论

主要包括：序言；索赔事件概述；索赔要求；索赔报告编写及审核人员名单。

总论部分应该是叙述客观事实，合理引用合同规定，说明要求赔偿金额及工期。所以首先应言简意赅地论述索赔事件的发生时间与过程；施工单位为该索赔事件所付出的努力和附加开支；施工单位的具体索赔要求；最后，附上索赔报告编写组主要人员及审核人员的名单，注明有关人员的职称、职务及施工经验，以表示该索赔报告的严肃性和权威性。

需要注意的是对索赔事件的叙述必须清楚、明确，责任分析应准确，不可用含混的字眼及自我批评式的语言，否则会丧失自己在索赔中的有利地位。

(2) 索赔理由

这部分主要是说明承包人具有的索赔权利，索赔理由主要来自该工程项目的合同文件，并参照有关法律规定。该部分中施工单位可以直接引用合同中的具体条款，说明自己理应获得经济补偿或工期延长，这是索赔能否成立的关键。

索赔理由因各个索赔事件的特点而有所不同。通常是按照索赔事件发生、发展、处理和最终解决的过程编写，并明确全文引用有关的合同条款或合同变更和补充协议条文，使业主和工程师能历史地、全面地、逻辑地了解索赔事件的始末，并充分认识该项索赔的合理合法性。一般地说应包括以下内容：索赔事件的发生经过；递交索赔意向书的时间、地点、人员；索赔事件的处理过程；索赔要求的合同根据；所附的证据资料等。

(3) 索赔计算

承包人的索赔要求都会表现为一定的具体索赔款额，计算时，施工单位必须阐明索赔款的要求总额；各项索赔款的计算过程，如额外开支的人工费、材料费、管理费和利润损失；阐明各项开支的计算依据及证据资料，同时施工单位还应注意采用合适的计价方法。

至于计算时采用哪一种计价方法，应根据索赔事件的特点及自己所掌握的证据资料等因素来选择。此外，还应注意每项开支款的合理性和相应的证据资料的名称及编号。

索赔计算的目的，是以具体的计算方法和计算过程，说明自己应得到经济补偿的款额或延长时间。如果说索赔理由的任务是解决索赔能否成立，则索赔计算就是要决定应得到多少索赔款额和工期补偿。前者是定性的，后者是定量的，所以计算要合理、准确，切忌采用笼统的计价方法和不实的开支款额。

(4) 证据

包括该索赔事件所涉及的一切证据资料，以及对这些证据的详细说明，证据是索赔报告的重要组成部分，没有翔实可靠的证据，索赔是不能成功的。应注意引用确凿的证据和有效力的证据。对重要的证据资料最好附以文字证明或确认件。例如，有关的纪录、协议、纪要必须是双方签署的；工程中的重大事件、特殊情况的纪录、统计必须由工程师签证认可。

3. 索赔费用计算方法

常用的索赔费用计算方法有分项法、总费用法、修正总费用法等。

(1) 分项法

分项法是按照对每个索赔事件所引起损失的费用项目分别分析计算索赔值，然后将各费用项目的索赔值汇总，得到总索赔费用值。这种方法的索赔费用主要包括该项工程实施中所发生的额外人工费用、材料费、施工机械使用费、间接费和利润等。索赔的依据是承包人为某项索赔事件所支付的实际开支，所以施工过程中对第一手资料的收集整理就显得非常重要。计算时注意不要遗漏费用项目。

(2) 总费用法

又称总成本法，是指当发生多起索赔事件后，重新计算出该工程的实际总费用，再从中减去投标报价时的估算总费用，得出索赔值。具体计算公式

$$索赔金额 = 实际总费用 - 投资报价估算总费用$$

此方法适用于施工中受到严重干扰，使多个索赔事件混杂在一起，导致难以准确地进行分项纪录和收集资料，也不容易分项计算出具体的损失费用的索赔。需要注意的是承包人投标报价是合理的，能反映实际情况，同时还必须出具翔实的证据，证明其索赔金额的合理性。

(3) 修正总费用法

这种方法是对总费用法的改进，即在总费用计算的原则上，去掉一些不确定和不合理的可能因素，对总费用进行相应的调整和修改，使其更加合理。修正时只计算受影响时段内的某项工作所受影响的损失，能相当准确地反映出实际增加的费用。

计算公式如下：

$$索赔金额 = 某项工作调整后实际总费用 - 该项工作的报价总费用$$

案　例

【案例 6-1】 某工程建设单位与施工单位按照《建设工程施工合同(示范文本)》签订了施工合同，合同工期 9 个月，合同价 840 万元，各项工作均按最早时间安排且均匀速施工，经项目监理机构批准的施工进度计划如图 6-6 所示(时间单位：月)，施工单位的报价单(部分)见表 6-1。施工合同中约定：预付款按合同价的 20%支付，工程款付至合同价的 50%时开始扣回预付款，3 个月内平均扣回；质量保修金为合同价的 5%，从第 1 个月开始，按月应付款的 10%扣留，扣足为止。

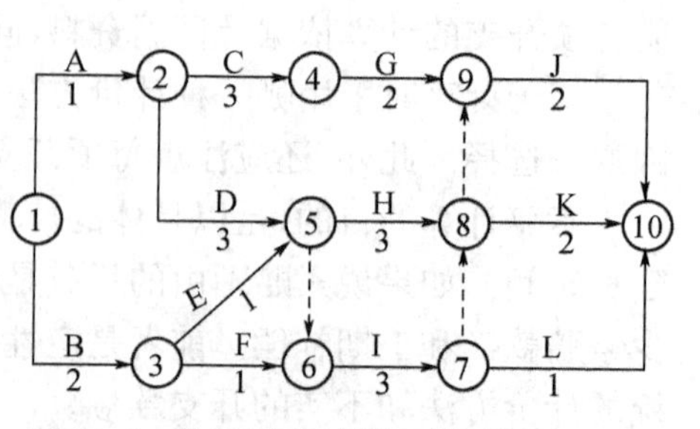

图 6-6　施工进度计划(时间单位：月)

表 6-1　施工单位报价单(部分)

工作	A	B	C	D	E	F
合价/万元	30	54	30	84	300	21

工程于 2008 年 4 月 1 日开工。施工过程中发生了如下事件：

事件 1：建设单位接到政府安全管理部门将于 7 月份对工程现场进行安全施工大检查的通知后，要求施工单位结合现场安全施工状况进行自查，对存在的问题进行整改。施工单位进行了自查整改，向项目监理机构递交了整改报告，同时要求建设单位支付为迎接检查进行整改所发生的 2.8 万元费用。

事件 2：现场浇筑的混凝土楼板出现多条裂缝，经有资质的检测单位检测分析，认定是商品混凝土质量问题。对此，施工单位认为混凝土厂家是建设单位推荐的，建设单位负有推荐不当的责任，应分担检测费用。

事件 3：K 工作施工中，施工单位按设计文件建议的施工工艺难以施工，故向建设单位书面提出了工程变更的请求。

问题：

(1) 批准的施工进度计划中有几条关键线路？列出这些关键线路。

(2) 开工后前 3 个月施工单位每月应获得的工程款为多少？

(3) 工程预付款为多少？预付款从何时开始扣回？开工后前 3 个月总监理工程师每月应签证的工程款为多少？

(4) 分别分析事件 1 和事件 2 中施工单位提出的要求是否合理？说明理由。

(5) 事件 3 中，施工单位提出工程变更的程序是否妥当？说明理由。

【解】

(1) 批准的施工进度计划中有 4 条关键线路。

关键线路为：A→D→H→K(或：①→②→⑤→⑧→⑩)；

A→D→H→J (或：①→②→⑤→⑧→⑨→⑩)；

A→D→I→K (或：①→②→⑤→⑥→⑦→⑧→⑩)；

A→D→I→J (或：①→②→⑤→⑧→⑦→⑧→⑨→⑩)。

(2) 开工后前 3 个施工单位每月应获得的工程款为：

第 1 个月：30＋54×1/2＝57(万元)

第 2 个月：54×1/2＋30×1/3＋84×1/3＝65(万元)

第 3 个月：30×1/3＋84×1/3＋300＋21＝359(万元)

(3) 预付款为：840×20％＝168(万元)

前 3 个月施工单位累计应获得的工程款：57＋65＋359＝481(万元)＞420(＝840×50％)(万元)

因此，预付款应从第 3 个月开始扣回。

开工后前 3 个月总监理工程师签证的工程款为：

第 1 个月：57－57×10％＝51.3(万元)(或：57×90％＝51.3(万元))

第 2 个月：65－65×10％＝58.5(万元)(或：65×90％＝58.5(万元))

前 2 个月扣留保修金：(57＋65)×10％＝12.2(万元)

应扣保修金总额：840×5％＝42.0(万元)

由于 359×10％＝35.9(万元)＞29.8(＝42.－12.2)(万元)

第 3 个月应签证的工程款：359－(42.0－12.2)－168/3＝273.2(万元)

(4) 事件 1 中施工单位提出的要求不合理。因为安全施工自检费用属于建筑安装工程费中的措施费(或：该费用已包含在合同价中)。

事件 2 中施工单位提出的要求不合理。因为商品混凝土供货单位与建设单位没有合同关系。

(5) 不妥。提出工程变更应先报项目监理机构。

【案例 6－2】　某工程，建设单位与施工单位按《建设工程施工合同(示范文本)》签订了施工合同，采用可调价合同形式，工期 20 个月，项目监理机构批准的施工总进度计划如图 6－7所示，各项工作在其持续时间内均为匀速进展。每月计划完成的投资(部分)见表6－2。

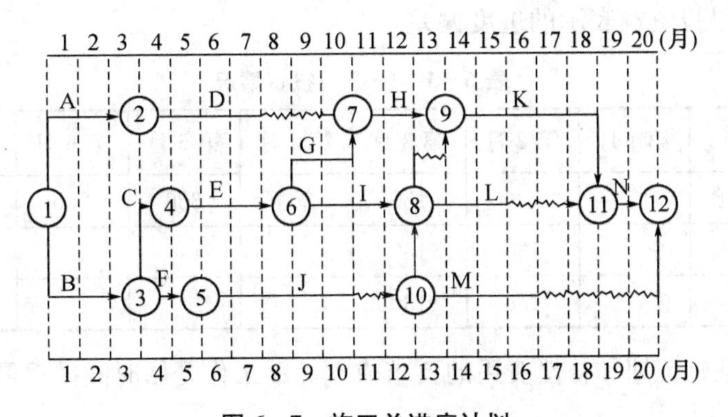

图 6－7　施工总进度计划

表 6－2　每月计划完成的投资(部分)

工作	A	B	C	D	E	F	J
计划完成投资/(万元/月)	60	70	90	120	60	150	30

施工过程中发生了如下事件：

事件1:建设单位要求调整场地标高,设计单位修改施工图,致使A工作开始时间推迟1个月,导致施工单位机械闲置和人员窝工损失。

事件2:设计单位修改图纸使C工作工程量发生变化,增加造价10万元,施工单位及时调整部署,如期完成了C工作。

事件3:D、E工作受A工作的影响,开始时间也推迟了1个月。由于物价上涨原因,6—7月份D、E工作的实际完成投资较计划完成投资增加了10%,D、E工作均按原持续时间完成;由于施工机械故障,J工作7月份实际只完成了计划工程量的80%,J工作持续时间最终延长1个月。

事件4:G、I工作在实施过程中遇到异常恶劣的气候,导致G工作持续时间延长0.5个月;施工单位采取了赶工措施,使I工作能按原持续时间完成,但需增加赶工费0.5万元。

事件5:L工作为隐蔽工程,在验收后项目监理机构对其质量提出了质疑,并要求对该隐蔽工程进行剥离复验。施工单位以该隐蔽工程已经监理工程师验收为由拒绝复验。在项目监理机构坚持下,对该隐蔽工程进行了剥离复验,复验结果工程质量不合格,施工单位进行了整改。

以上事件1～事件4发生后,施工单位均在规定的时间内提出顺延工期和补偿费用要求。

问题:

(1) 事件1中,施工单位顺延工期和补偿费用的要求是否成立?说明理由。

(2) 事件4中,施工单位顺延工期和补偿费用的要求是否成立?说明理由。

(3) 事件5中,施工单位、项目监理机构的做法是否妥当?分别说明理由。

(4) 针对施工过程中发生的事件,项目监理机构应批准的工程延期为多少个月?该工程实际工期为多少个月?

(5) 在表6-3中填出空格处的已完工程计划投资和已完工程实际投资,并分析第7月末的投资偏差和以投资额表示的进度偏差。

表6-3 1～7月投资情况 (单位:万元)

月份	第1月	第2月	第3月	第4月	第5月	第6月	第7月	合计
拟完工程计划投资	130	130	130	300	330	210	210	1 440
已完工程计划投资		130	130					
已完工程实际投资		130	130					

【解】 (1) 顺延工期和补偿费用的要求成立。A工作开始时间推迟属建设单位原因且A工作在关键线路上。

(2) 顺延工期要求成立。因该事件为不可抗力事件且G工作在关键线路上。
补偿费用要求不成立。因属施工单位自行赶工行为。

(3) 施工单位的做法不妥。施工单位不得拒绝剥离复验。
项目监理机构的做法妥当。对隐蔽工程质量产生质疑时有权进行剥离复验。

(4) 事件1发生后应批准工程延期1个月。事件4发生后应批准工程延期0.5个月。其他事件未造成工期延误,故该工程实际工期为20+1+0.5=21.5(月)。

(5) 在表6-3中填出空格处的已完工程计划投资和已完工程实际投资,如表6-4。

表6-4　1~7月投资情况　(单位:万元)

月份	第1月	第2月	第3月	第4月	第5月	第6月	第7月	合计
拟完工程计划投资	130	130	130	300	330	210	210	1 440
已完工程计划投资	70	130	130	300	210	210	204	1 254
已完工程实际投资	70	130	130	310	210	228	222	1 300

7月末投资偏差=1300−1254=46(万元)>0,投资超支。

7月末进度偏差=1440−1254=186(万元)>0,进度拖延。

本章小结

本章要求掌握建设工程项目投资控制的作用与任务;理解建设工程投资控制方法和工程变更价款的确定方法;理解工程索赔分析产生的原因,合理开展索赔工作。

施工阶段工程投资控制目标是通过有效的投资控制工作和具体的投资控制措施,在满足进度和质量要求的前提下,力求使工程实际投资不超过计划投资。

施工阶段投资控制方法与手段主要是现场签证的审查和工程结算控制。

工程价款价差调整的方法有工程造价指数调整法、实际价格调整法、调价文件计算法、调值公式法等。

工程索赔是在工程施工中经常遇到的问题,要正确分析产生的原因,合理开展索赔工作。

复习思考题

1. 完成施工阶段投资控制的任务,监理工程师应做好哪些工作?
2. 按子项目分解得到的资金使用计划表其内容一般包括哪些?
3. 试述时间—投资累计曲线绘制步骤。
4. 施工准备阶段的工程造价控制措施有哪些?
5. 施工阶段的工程造价控制内容有哪些?
6. 试述项目监理机构进行工程计量和工程款支付工作的程序。
7. 竣工阶段的工程造价控制措施有哪些?
8. 试述工程计量的程序。
9. 工程计量的依据有哪些?
10. 工程价款的主要结算方式有哪些?
11. 工程进度款支付过程中,需遵循哪些要求?
12. 工程进度款支付时限是如何规定的?
13. 工程保留金的预留如何进行?
14. 安全施工费用如何支付?

15. 竣工结算方式有哪些?
16. 如何编审工程竣工结算?
17. 如何进行工程竣工结算的审查?
18. 工程索赔的类型一般有哪些?
19. 索赔产生的原因一般有哪些?
20. 工程索赔的处理原则有哪些?
21. 简述工程索赔程序。
22. 索赔费用计算方法有哪些?

第7章　建设工程项目安全控制

知识目标：

- 掌握安全生产控制的原则、任务和法律依据；
- 熟悉监理工程师在施工现场应做的主要工作；
- 掌握安全监理的程序、安全监理实施细则的主要内容和安全监理现场控制要点；
- 了解导致工程安全事故的原因。

能力目标：

- 能在现场开展安全监督工作；
- 能在现场进行安全隐患的排查工作。

7.1　安全控制概述

7.1.1　安全生产控制的基本概念

1. 安全生产

安全生产是社会的大事，它关系到国家的财产和人民群众的生命安全，甚至关系到经济发展和社会的稳定。因此，在建设工程生产过程中必须贯彻“安全第一，预防为主”的方针，切实做好安全生产管理工作。

安全生产是指在生产过程中保障人身安全和设备安全。有两方面的含义：一是在生产过程中保护职工的安全和健康，防止工伤事故和职业病危害；二是在生产过程中防止其他各类事故的发生，确保生产设备的连续、稳定、安全运转，保护国家财产不受损失。

2. 劳动保护

劳动保护是指国家采用立法、技术和管理等一系列综合措施，消除生产过程中的不安全、不卫生因素，保护劳动者在生产过程中的安全和健康，保护和发展生产力。

3. 安全生产法规

安全生产法规是指国家关于改善劳动条件，实现安全生产，为保护劳动者在生产过程中的安全和健康而采取的各种措施的总和，是必须执行的法律法规。

4. 施工现场安全生产保证体系

施工现场安全保证体系由建设工程承包单位制定，是实现安全生产目标所需要的组织机构、职责、程序、措施、过程、资源和制度。

5. 安全生产管理目标

安全生产管理目标是建设过程项目管理机构制定的施工现场安全生产保证体系所要达到的各项基本安全指标。安全生产管理目标的主要内容：

1）杜绝重大伤亡、设备安全、管线安全、火灾和环境污染等事故。

2）一般事故频率控制目标。

3）安全生产标准化工地创建目标。

4）文明施工创建目标。

5）其他目标。

6. 安全检查

安全检查是指对施工现场安全生产活动和结果的符合性和有效性进行常规的检测和测量活动。其目的是：

1）通过检查，可以发现施工中的不安全行为和物的不安全状态，而采取对策消除不安全因素，保障安全生产。

2）利用安全生产检查，进一步宣传、贯彻、落实国家安全生产方针、政策和各项安全生产规章制度。

3）安全检查实质上也是群众性的安全教育。

4）通过检查可以互相学习、总结经验、吸取教训、取长补短，有利于进一步促进安全生产工作。

5）通过安全生产检测，了解安全生产状态，为加强安全管理提供信息和依据。

7. 危险源

危险源是指可能导致死亡、伤害、职业病、财产损失、工作环境破坏或这些情况组合的因素或状态。

8. 隐患

隐患是指未被事先识别或未采取必要防护措施可能导致事故发生的各种因素。

9. 事故

事故是指任何造成疾病、伤害、死亡以及财产、设备、产品、环境的损坏或破坏。施工现场安全事故包括：物体打击、车辆伤害、机械伤害、起重伤害、触电、淹溺、灼烫、火灾、高空坠落、坍塌、放炮、火药爆炸、化学爆炸、物理性爆炸、中毒和窒息及其他伤害。

7.1.2 安全生产控制的意义

安全生产是指在生产活动中不出现危险、不发生事故、不造成人员伤亡和财产损失。所以，安全的内容包括两个方面，即人身安全和财产（机械、设备、物资）安全。而安全生产的内容，则不仅包括上述的人身安全和财产安全，而且还包括质量安全（生产中不出现质量事故）。

保证安全施工和做好劳动工作，是施工生产中的一项重要工作。施工企业是一个劳动密集型的生产部门，施工场地狭小，施工人员众多，各工种交叉作业，机械施工与手工操作并进，高空作业也较多，而且施工现场又在露天、野外和河道上，环境复杂，劳动条件差，不安全、不卫生的因素多，所以安全事故也较多。因此监理工程师必须充分重视安全生产控制，督促和指导承包商从技术上、组织上采取一系列措施，防患于未然。只有这样，才能避免安全事故的发生，保证施工的质量和施工生产的顺利进行。

7.1.3 安全生产控制的任务

建设工程安全控制的任务主要是贯彻落实国家有关安全生产的方针、政策，督促施工承包单位按照建筑施工安全生产的法规和标准组织施工，落实各项安全生产的技术措施，消除施工中的冒险性、盲目性和随意性，减少不安全的隐患，杜绝各类伤亡事故的发生，实现安全生产。

7.1.4　安全生产控制的途径

在工程建设中，人、物、环境紧密联系在一起，构成安全生产体系。所以安全生产控制就是对人、物、环境的管理和控制。安全生产控制的基本途径是：

1）从立法和组织上加强安全生产的科学管理。

2）建立各级、各部门、各系统的安全生产责任制，使全体职工在安全生产中各负其责，人人参加安全生产控制。

3）加强对全体职工进行安全生产知识教育和安全技术培训。

4）加强安全生产管理和监督检查工作，对生产存在的不安全因素，及时采取各种措施加以排除、防止事故的发生。对于已发生的事故，及时进行调查分析，采取处理措施。

5）改善劳动条件，加强保护劳动，增进职工身体健康，对施工生产中有损职工身心健康的各种职业病和职业性中毒，应采取相应的防范措施，变有害作业为安全作业。

7.1.5　安全生产控制的原则

1. “安全第一，预防为主”的原则

根据《中华人民共和国安全生产法》的总方针，“安全第一”表明了生产范围内安全与生产的关系，肯定了安全生产在建设活动中的首要位置和重要性；“预防为主”体现事先策划、事中控制及时总结，通过信息收集、归类分析、制定预案等过程进行控制和防范，体现了政府对建设工程安全生产过程中“以人为本”以及“关爱生命”、“关注安全”的宗旨。

2. 以人为本、关爱生命，维护作业人员合法权益的原则

安全生产管理应遵循维护作业人员的合法权益的原则，应改善施工作业人员的工作与生活条件。

3. 职权与责任一致的原则

国务院建设行政主管部门和相关部门对建设工程安全生产管理的职权和责任应该相一致，其职能和权限应该明确；建设主体各方应该承担相应的法律责任，对工作人员不能够依法履行监督管理职责的，应该给予行政处分，构成犯罪的，依法追究刑事责任。

7.1.6　监理单位在安全生产控制中的职责

在工程建设中，监理单位处于中心地位，因此对工程建设的安全管理工作负有全面的监督管理责任，必须配备专职的安全管理人员，并做好以下几项工作：

1）督促承包单位建立、健全能适应工程建设的安全工作体系和以安全生产责任制为核心的安全管理制度。

2）监督承包单位认真执行国家及上级主管部门颁布的安全生产法规和规定。

3）组织或督促承包单位对工程施工中的重大安全技术问题，制订出安全技术处理措施，报业主审批后实行。

4）当承包单位的安全管理工作严重失控，施工安全没有保证时，有权责令承包单位停产整顿，由此产生的损失由承包单位负担。

5）负责组织工程施工安全领导小组，担任组长，并进行下列工作：

① 协调工程建设各方面的安全工作。

② 研究、落实工程施工过程中重大安全技术问题的处理措施。

③ 根据工程不同施工阶段特点，定期或不定期地组织安全生产大检查。对查出的安全问题，督促有关单位及时整改。

6）监理工程师对现场施工中的重大不安全因素，可以用书面文件形式提请承包商纠正。一般安全问题，则由承包商自行处理。

7.1.7 施工阶段项目监理机构安全监理管理体系

1）监理单位负责人对本企业监理项目的安全监理工作全面负责，并督促、检查本单位项目监理部的安全监理工作，保证本单位安全监理的有效实施。

2）监理单位应建立健全安全监理的责任制和内部管理制度。包括审查核验制度、检查验收制度、督促整改制度、工地例会制度、资料归档制度、监理人员安全生产教育培训制度等；监理单位应为项目监理部配备足够的安全监理人员；监理单位的项目总监理工程师、专业监理工程师和监理员需经安全生产教育培训后方可上岗。

3）总监理工程师对所监理的工程项目的安全监理工作负总责，并根据工程项目特点，确定施工现场的监理机构的人员及其岗位，明确专业监理工程师、监理人员的岗位及其职责分工。

4）总监理工程师代表受总监理工程师委托处理日常监理事务，总监理工程师代表应当在授权范围内行使职权，并对总监理工程师负责。

5）专业监理工程师在总监理工程师的领导下，按照法律、法规和工程建设强制性标准实施安全监理，并对建设工程安全生产承担安全监理责任。

6）监理员在总监理工程师的领导下，从事施工现场日常安全监督检查工作，并负相应的安全监理责任。

7）安全监理应实行全过程监管，采取用“事前预控，事中监督，事后总结”的工作方法。

8）监理人员应按照有关规定进行巡查、平行检验、旁站监理和跟踪检查，发现施工现场存在安全事故隐患时，应要求施工单位立即整改；情况严重的，应当要求施工单位暂时停止施工，并及时报告建设单位。施工单位拒不整改或者不停止施工的，监理单位应当及时向有关建设行政主管部门或市区安监机构报告。

7.2 施工阶段项目监理机构的安全管理

7.2.1 项目监理机构现场安全监理工作程序

监理机构安全监理要符合《关于落实建设工程安全生产监理责任的若干意见》规定的程序。建设工程安全监理工作程序框图见图 7-1 所示。

1）监理单位按照《建设工程监理规范》(GB 50319—2012)和相关行业监理规范要求，编制含有安全生产监督管理内容的监理规划和监理实施细则。

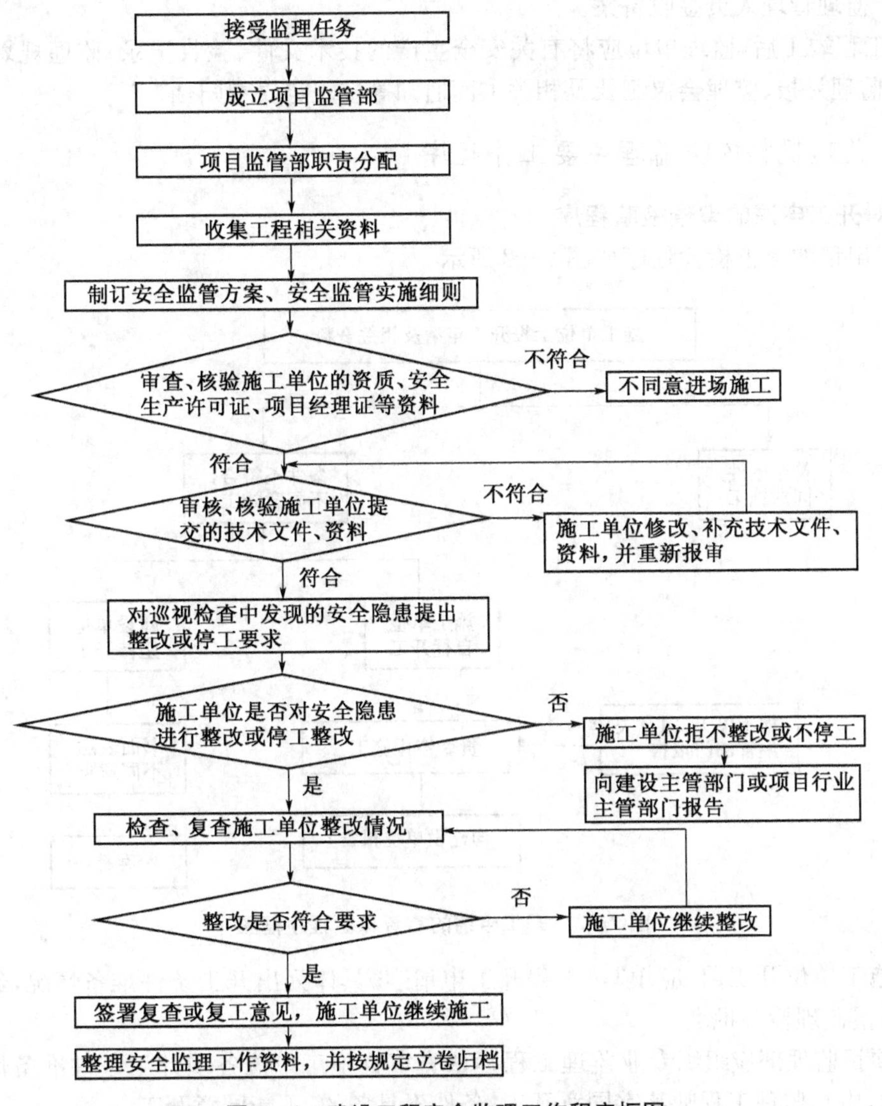

图7-1　建设工程安全监理工作程序框图

2）在施工准备阶段，监理单位审查检验施工单位提交的有关技术文件及资料，并由项目总监在有关技术文件报审表上签署意见；审查未通过的，安全技术措施及专项施工方案不得实施。

3）在施工阶段，监理单位应对施工现场安全生产情况进行巡视检查，对发现的各类安全事故隐患，应书面通知施工单位，并督促其立即整改；情况严重的，监理单位应及时下达工程暂停令，要求施工单位停工整改，并同时报告建设单位。安全事故隐患消除后，监理单位应检查整改结果，签署复查或复工意见。施工单位拒不整改或不停工整改的，监理单位应当及时向工程所在地建设主管部门或工程项目的行业主管部门报告，以电话形式报告的，应当有通话记录，并及时补充书面报告。检查、整改、复查、报告等情况应记载在监理日记、监理月报中。

监理单位应核查施工单位提交的建设施工起重机械设备和安全设施等验收记录，并由安全生产监理管理人员签收备案。

4）工程竣工后，监理单位应将有关安全生产的技术文件、验收记录、监理规划、监理实施细则、监理月报、监理会议纪要及相关书面通知等按规定立卷归档。

7.2.2 监理机构安全监理主要工作程序

1. 对开工申请的审查检验程序

开工申请的审查检验程序如图 7-2 所示。

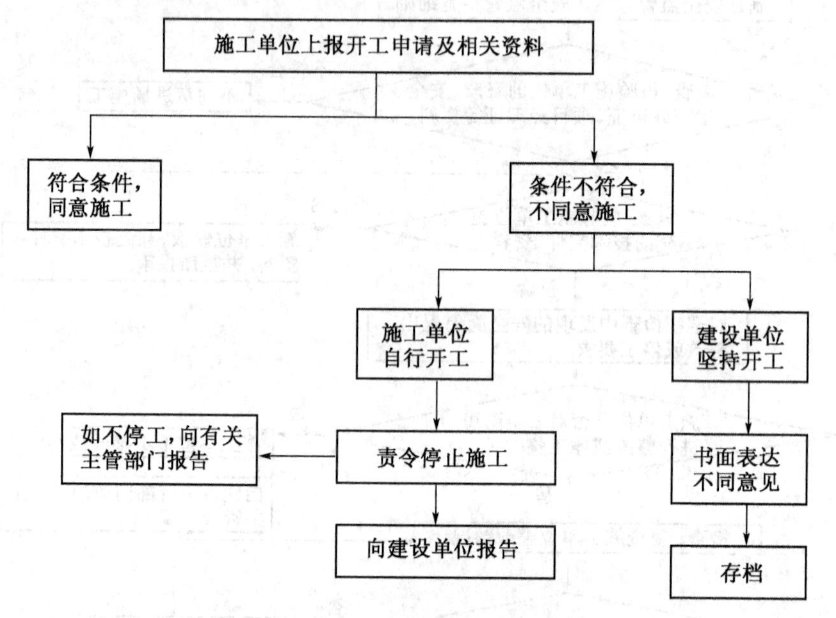

图 7-2 开工申请的审查核验程序框图

1）施工单位开工前，应填写《工程开工申请表》具体列出开工条件准备情况，经项目经理签字后报监理检验批准。

2）项目监理部应组织专业监理工程师认真审查施工单位各项开工条件准备情况。条件具备的，由总监理工程师签字同意开工；条件不具备的，不能同意开工。

3）开工条件不具备，施工单位坚持自行施工的，项目监理部应予以制止，并视情况向建设单位、建设行政主管部门报告；建设单位坚持开工的，项目监理部应予识别并以书面形式向建设单位表达自己的意见，必要时向建设行政主管部门报告。

4）开工条件一般应包括如下内容：

① 施工单位的企业资质、安全生产许可证和项目经理资质已经审查通过。

② 工程施工组织设计、临时用电方案、方案施工测量控制点、首道工序的准备工作以及施工单位的质保体系、安全生产责任制度、应急救援预案均经审查通过。

③ 安全防护、文明施工措施费使用计划已经审查通过。

④ 施工许可证已领。

⑤ 施工现场的场地道路、水电、通信和临时设施已满足开工要求。

⑥ 地下障碍物已清除或查明。

⑦ 施工图纸及设计文件已按计划提供齐全；图纸审核中心已经审查同意。

⑧ 施工人员(包括安全管理人员和施工特种作业人员)已按计划进场。

⑨ 施工用机械、材料已按计划进场;机械设备、材料等已具备报验条件。

⑩ 工程围挡、冲洗台设置和现场平面布置符合政府有关部门要求。

2. 对施工企业的资质审查检验程序

建设工程施工过程中有许多施工企业参与。一般讲,总承包单位和重要的、专业性较强的专业分包单位均需经过建设市场公开招标投标程序选择确定;不重要的、专业性不强的、施工造价标的额较低的分包单位,往往无需经过招投标程序而直接由施工总承包单位分包施工。监理机构要注意区分施工企业的确定过程是否已经过了招标投标的程序。对总承包单位或其他经公司招标确定的分包单位,其资质已由建设单位或招标代理机构在招标阶段进行了审查,进场后只要把相关资料提交给监理机构备案就可以;对其他分包单位的企业资质等资料,监理机构应审查其是否符合相关建设管理规定,是否符合实际建设工程的要求(图7-3)。

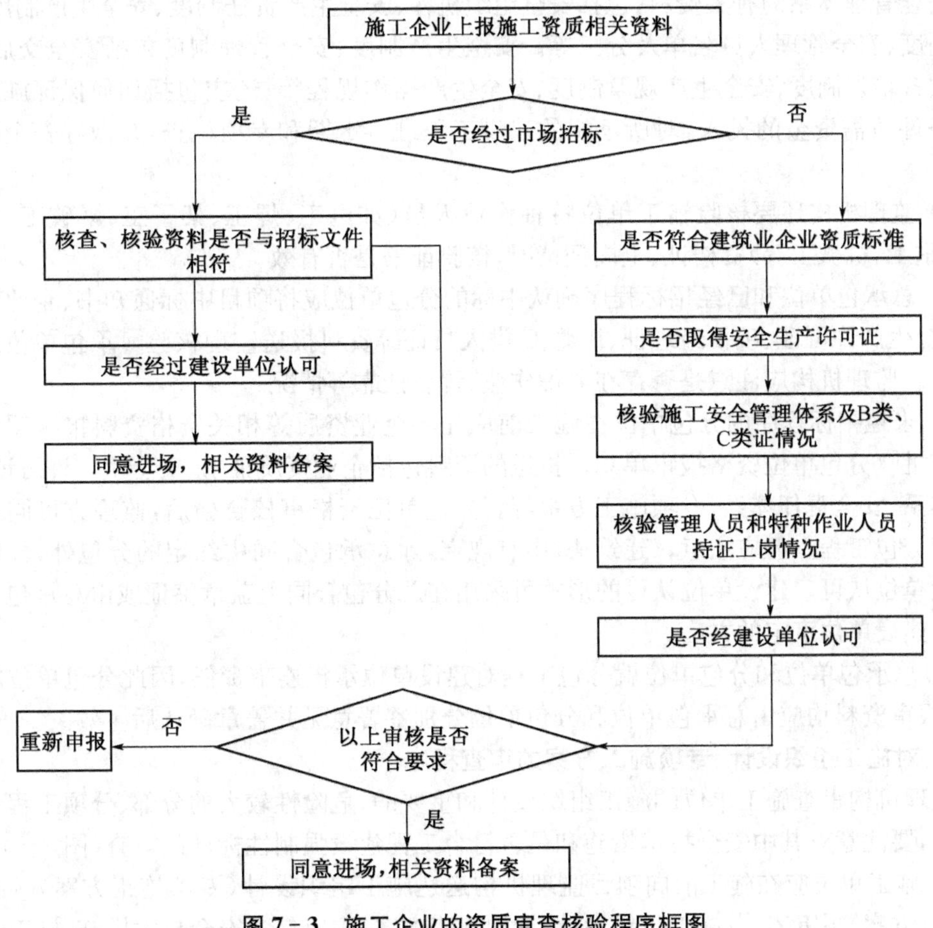

图7-3　施工企业的资质审查核验程序框图

1) 监理机构要检验施工单位的企业资质是否满足工程建设的需要。建设部在2001年4月发布了《建设业企业资质管理规定》(建设部令第87号),制定了建筑业企业资质标准。承包单位必须在规定的资质范围内进行经营活动,不得超范围经营。建筑业企业资质分为施工总承包、专业承包、劳务分包三个序列。其中施工总承包分为12个资质类别，每个资质类别又分特级、一级、二级、三级；专业承包企业分为60个资质类别，每个资质类别又分为一级、二级、三级；劳务分包企业分为13个资质类别。监理机构要注意施工单位是否存在弄虚作假、超资质经营、冒名挂靠等情况。

2）监理机构要核验施工单位是否已取得了安全生产许可证。2004年7月，建设部公布实施《建筑施工企业安全生产许可证管理规定》(建设部令第128号）。根据建设部令第128号，建设施工企业未取得安全生产许可证的，不得从事建筑施工活动。安全生产许可证有效期为3年，期满前应办理延期手续；施工企业三类人（企业负责人、项目经理、安全管理人员）应取得安全培训、考核合格证书。监理机构要审查施工企业有无接受转让、冒用或使用伪造、过期安全生产许可证的情况，项目经理、安全管理人员持有效合格证书的情况。

3）监理机构要核验施工单位安全管理体系是否健全。施工单位进场后，应向监理机构报送安全管理体系的有关资料，包括安全组织机构、安全生产责任制度、安全生产制度、安全管理制度、安全管理人员名单及分工等。安全生产制度、安全管理制度包括安全交底制度、安全教育培训制度、安全生产规章制度、安全生产操作规程等；还应包括如何保证施工安全生产条件所需资金的投入，对所承担的建设工程进行定期和专项检查，并做好安全检查记录等。

4）监理机构还要核验施工单位特种作业人员（如电工、焊工、架子工、爆破工、塔吊司机、起重工、机械工等）资格证、上岗证情况，核验证书是否有效。

5）总承包单位和已经招标程序确认中标的分包单位应将项目中标通知书、企业资质证书、安全生产许可证、项目经理证、B类、C类人员证等资料报送监理核验[《承包单位通用报审表》]。监理机构应注意是否存在弄虚作假、冒名挂靠等情况。

6）未经招标程序的分包单位在施工前应先将企业资质等相关资格资料报送项目监理机构审批[《分包单位资格报审单》]。报送的资料包括企业资质证书、安全生产许可证、质量保证体系、安全责任体系、专项施工方案等。分包单位资格审核合格后，监理方可同意其承接相应分包工程。但应注意，《建筑法》中有规定，除总承包合同中约定的分包外，分包必须经建设单位认可。建设单位认可的形式可采用在总分包合同上盖章签证或由总承包单位打报告由建设单位审定的方法。

7）总承包单位和分包单位就分包工程对建设单位承担连带责任，因此分包单位的报验资料、报审资料均应由总承包单位和分包单位分别签署意见并盖章确认后生效。

3. 对施工组织设计、专项施工方案的审查程序

监理机构审查施工单位的施工组织设计和重要的、危险性较大的分部、分项工程专项施工方案，要注意对其中安全技术措施和是否符合工程建设强制性标准的审查(图7-4)。

1）施工单位应在施工前向项目监理机构送达施工组织设计（专项施工方案）[《施工组织设计(方案)报审表》]；施工组织设计（专项施工方案）中应包含安全技术措施、施工现场临时用电方案及本工程危险性较大的分部分项工程专项施工方案的编制计划。施工组织设计应由施工单位的专业技术人员编写，施工单位技术部门的专业技术人员审核，由施工单位的技术负责人审批签字。

2）施工单位在危险性较大的分部分项工程施工前向项目监理机构报送专项施工方案，

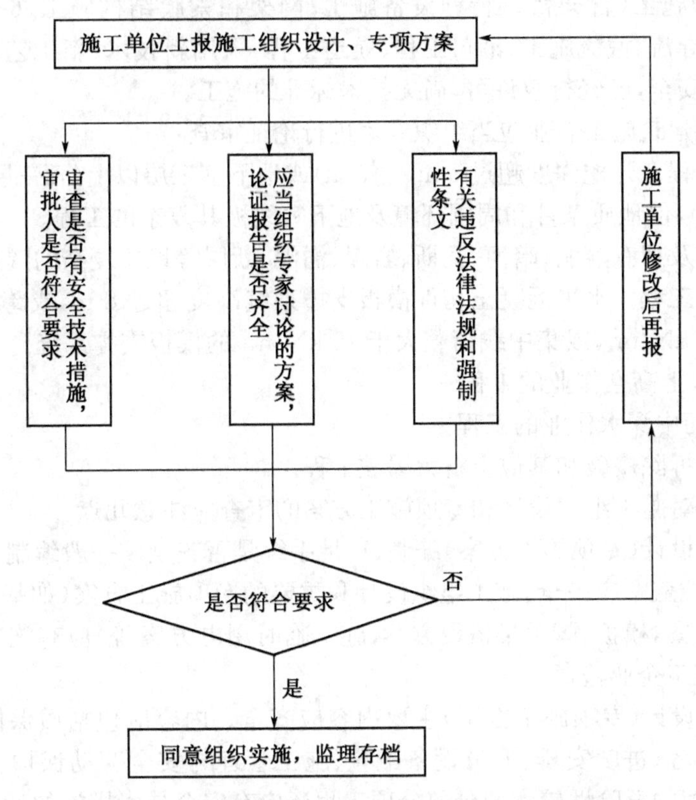

图7-4　施工组织设计、专项施工方案审查程序框图

专项施工方案应由施工单位的专业技术人员编写，施工单位技术部门的专业技术人员审核，由施工单位的技术负责人审批签字。

3）专项施工方案应当组织专家论证，施工单位应组织不少于5人的专家组对专项施工方案进行专家论证。书面论证审查报告经施工单位技术负责人签字后作为专项施工方案的附件报送项目监理部审批。

4）总监理工程师组织监理人员进行审查，总监理工程师签认；当需要施工单位修改时，应由总监理工程师签发书面意见要求施工单位修改后再报。

5）下列工程应当在施工前单位编制完专项施工方案。

① 基坑支护与降水工程，是指开挖深度超过5 m(含5 m)的基坑(槽)并采用支护结构施工的工程；或基坑虽未超过5 m，但地质条件和环境复杂、地下水位在坑底以上等工程。

② 土方开挖工程，是指开挖深度超过5 m(含5 m)的基坑、槽的土方开挖。

③ 各类工具式模板工程，包括滑模、爬模、大模板等；水平混凝土构件模板支撑系统及特殊结构模板工程。

④ 起重吊装工程。

⑤ 脚手架工程，包括：高度超过24 m的落地式钢管脚手架；附着式升降脚手架，包括整体提升与分片式提升；悬挑式脚手架；门式脚手架；挂脚手架；吊篮脚手架；卸料平台。

⑥ 采用人工、机械拆除或爆破拆除的工程。

⑦ 其他危险性较大的工程。包括：建筑幕墙的安装施工；预应力结构张拉施工；隧道工

程施工；桥梁工程施工（含架桥）；特种设备施工；网架和索膜结构施工；6 m以上的边坡施工；大江、大河的导流、截流施工；港口工程、航道工程；采用新技术、新工艺、新材料，可能影响建设工程质量安全，已经行政许可，尚无技术标准的施工。

6）下列工程建筑施工企业应当组织专家进行论证审查：

① 深基坑工程。开挖深度超过 5 m（含 5 m）或地下室三层以上（含三层）。或深度虽未超过 5 m（含 5 m），但地质条件和周围环境及地下管线极其复杂的工程。

② 地下暗挖及遇有溶洞、暗河、瓦斯、岩爆、涌泥、断层等地质复杂的隧道工程。

③ 高大模板工程。水平混凝土构件模板支撑系统高度超过 8 m，或跨度超过 18 m，施工总荷载大于 10 kN/m^2，或集中线荷载大于 15 kN/m^2 的模板支撑系统。

④ 30 m 及以上高空作业的工程。

⑤ 大江、大河中深水作业的工程。

⑥ 城市房屋拆除爆破和其他土石大爆破工程。

7）监理机构对施工组织设计和专项施工方案的审查应注意几点：

① 施工组织设计（专项施工方案）编制、审批手续是否齐全。一般编制人、审核人、批准人签字和施工单位盖章应齐全，施工组织设计和重要的专项施工方案（如基坑支护与降水方案，深基坑挖土方案，模板、脚手架搭设方案，施工临时用电方案等）应有施工企业（法人）技术负责人签字，施工企业盖章。

② 施工组织设计（专项施工方案）主要内容应齐全。内容应包括质保体系、安保体系、施工方法、工序流程、进度安排、人员设备配置、施工管理与安全劳动保护、消防、环保对策等。达到一定规模的危险性较大的分部分项工程还应有安全技术措施的计算书并附具安全验算说明。

③ 施工组织设计（专项施工方案）的合理性。如选用的计算方法和数据应注明其来源和依据，选用的物理数学模式应与实际情况相符；施工方案应与施工进度计划相一致，施工进度计划应正确体现施工的部署、流向顺序及工艺关系；施工机械设备、人员的配置应能满足施工开展的需要；施工方案与施工平面图布置协调一致等等。

④ 施工组织设计（专项施工方案）应符合国家、地方现行法律法规和工程建设强制性标准、规范的规定。

⑤ 施工过程应急救援预案应包括在施工组织设计内或单独报监理审核。

⑥ 工程发生大的变更、施工方法发生大的变化，施工单位应重新编制施工组织设计（专项施工方案），并重新报送监理审核。

4. 对建筑施工起重机械设备的审查程序

建筑施工起重机械设备是指涉及生命安全、危险性较大的施工起重机械、整体提升脚手架、模板等自升式驾设设施（如施工塔吊、履带吊、施工人货梯、井字架等）及挖掘机、打桩机等设备、设施。监理机构对建筑施工起重机械设备的审查，主要是程序性审查（图 7－5）。程序性审查不符合要求的，监理机构应明确反对相关机械设备进场、安装、使用。

1）建筑施工起重机械设备安装前，项目监理部应对施工单位报送的《材料/设备进场使用报验单》及所附资料（如生产合格证、生产（制造）许可证等）进行程序性核验，合格后方可进行安装。

2）建筑施工起重机械设备安装、拆卸前，施工单位应编制专项施工方案，经监理审批同

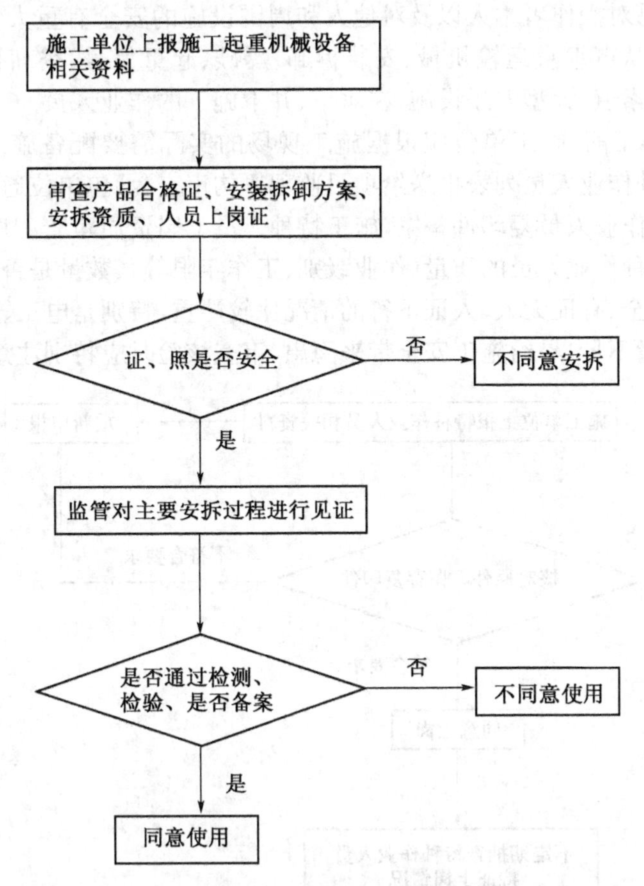

图7－5　建筑施工起重机械设备审查程序框图

意后方可实施。专项施工方案应当包括基础图、安装拆卸方法、附墙、升节措施等内容。建筑施工起重机械设备安装、拆卸单位，必须具有相应的施工资质，安装拆卸人员必须具有相关的操作资格证书。施工单位编制的专项施工方案，必须包含相关的安全施工措施，并落实专业技术人员现场监督指导的措施。监理人员对施工单位是否按方案实施（如塔吊基础尺寸、混凝土强度、钢筋规格、数量等）进行见证。注意，监理仅仅是见证，不是验收。

3）建筑施工起重机械设备安装完成后，总监理工程师应组织安全生产监督管理人员对其验收程序进行核查；《特种设备安全监察条例》规定的施工起重机械、整体提升脚手架、模板等自升式驾设设施，在验收前应当经有相当资质的检验机构检测，检验合格并按使用登记要求进行登记；验收程序符合要求，方可同意使用。对于国家没有规定由第三方进行检验检测的机械设备、设施，安装完毕后安装单位应当自检，出具自检合格证明，并向施工单位进行安全使用说明，验收手续并签字，手续齐全方可同意使用。

4）建筑施工起重机械设备、设施的使用达到国家规定的检验检测年限的，必须经具有专业资质的检验检测机构检测。到期未进行检测或经检测不合格的，监理机构应以书面形式通知施工单位不得继续使用。

5. 对施工特种作业人员上岗资质的审查程序

施工特种作业人员是指作业场所操作的设备、操作的内容具有较大的危险性，容易发生伤害事故，或者容易对操作者本人以及对他人和周围设施的安全有重大危害因素的作业人员，如电工、焊工及从事垂直运输机械、安装拆卸、爆破、起重信号、登高架设、锅炉、压力容器、起重机械、客运索道、大型游乐设施、在水下、井下施工的作业人员。

1）特种作业施工前，施工单位应根据施工现场的实际需要配备施工特种人员进场计划，并将配备的特种作业人员列表报送给项目监理机构审查《承包单位通用报审表》，项目监理机构应核对特种作业人员复印件备案，施工特种人员上岗资质审查程序（图 7－6）。监理机构应注意施工特种作业人员的质量（作业级别、工作年限等）、数量是否满足施工需要。有的施工单位证件不全、有证无人、人证不符的情况比较严重，特别是电工、爆工、塔吊指挥工、架子工等，配备数量不足，易给施工安全带来隐患，审查核验时应特别注意。

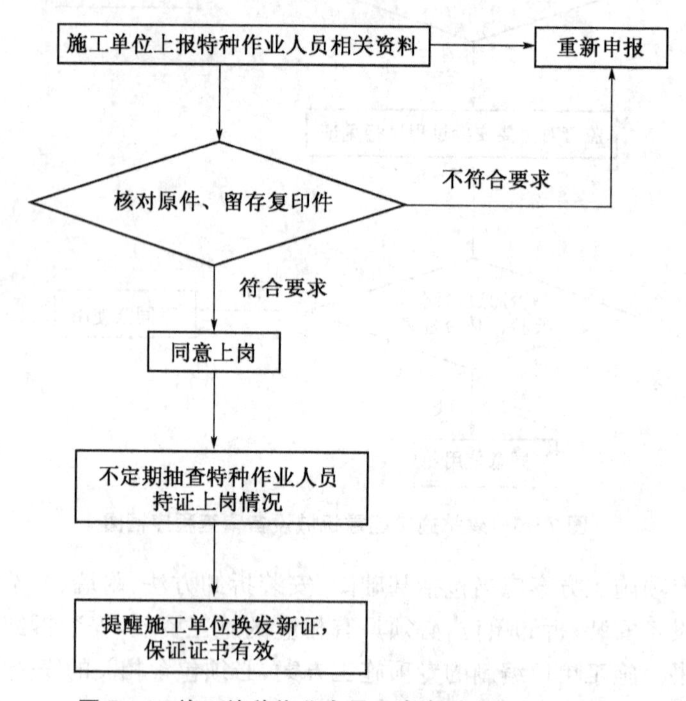

图 7－6　施工特种作业人员上岗资质审查程序框图

2）项目监理机构应定期、不定期对特种作业人员的持证上岗情况进行抽查，发现施工单位有无证上岗等情况应书面要求施工单位整改。作为监理机构，对施工特种作业人员的持证情况只能是进行抽查；严格的持证操作管理应由施工单位自行完成。监理机构应注意督促、发挥总承包单位和其他承包单位的管理作用，加强对施工现场各施工专业、各分包单位特种作业人员持证上岗情况的检查管理。监理机构在抽查中发现问题后，除应要求施工单位立即整改外，还应要求施工单位项目管理机构查找管理责任，制定纠正措施，防止类似事件再次发生。

3）施工特种作业人员的操作证书应在有效期内使用。在特种作业证有效期满前，特种作业人员必须按照国家的有关规定进行专门的安全作业培训、考核，符合要求的将核发新证或延长有效期。监理机构应提醒施工单位提前安排特种作业人员的培训考核工作，以保证特种作业的工作质量和施工安全。

6. 安全事故隐患的处理程序

《条例》规定,“发现安全事故隐患应及时要求施工单位整改或者暂时停止施工”是监理机构的安全责任之一。因此,监理机构要注意“发现”安全事故隐患并及时处理。

1）监理人员在现场发现了安全事故隐患,应及时向总监理工程师或安全生产监理人员报告。

2）总监理工程师根据安全事故隐患的严重程度,决定签发《监理工程师通知单》,书面要求施工单位整改;情况严重的,应立即要求施工单位暂停施工,并签发《工程暂停令》,书面指令施工单位执行;《工程暂停令》及时向建设单位报告。

3）施工单位整改结束,应填报《监理工程师通知单回复单》或《工程复工报审表》,经项目机构检查验收合格,方可同意恢复施工。

4）施工单位拒不整改或不暂停施工,总监理工程师应当及时向建设单位及监理公司报告,并及时向建设主管部门或行业主管部门报告。

5）发现、要求、复查、报告施工单位的整改情况,应记载在监理日记、监理月报中。

6）监理机构在实施监理过程中,应如何“发现”安全事故隐患？实际上主要指应“发现”如下几方面内容的安全隐患：

① 施工单位违反国家相关强制性标准、规范施工的；

② 施工单位未按设计文件、设计图纸进行施工的；

③ 施工单位无方案施工或未按经批准的施工组织设计、专项施工方案施工的；

④ 施工单位未按施工操作堆积施工,存在违章指挥、违章作业的；

⑤ 施工现场出现根据监理经验就可以判断为安全事故隐患的(如发现附墙脚手架的拉结点被拆除了一些;配电箱的接地线断路;大型施工设备未经安监备案就投入使用等)；

⑥ 施工现场出现生产安全事故先兆的(如基坑漏水量加大、边坡出现塌方;脚手架发生晃动;配电箱漏电,电源开关、电缆接头局部发热、打火等)。

7）安全事故隐患处理程序框图见图 7－7。

7. 发生安全生产事故的处理程序

发生安全生产事故后,监理机构具有双重身份:一是作为负有安全生产监管义务的监理方要督促施工单位立即停止施工、排除险情、抢救伤员并防止事故扩大;二是作为本身也承担建设工程安全生产责任的建设工程参与单位要接受责任调查,当存在《条例》有关条款规定时,还要接受处理或处罚。这里主要介绍监理机构作为安全生产监管一方需执行的程序。

1）当施工现场发生事故后,总监理工程师应及时会同建设单位现场负责人向施工单位了解事故情况,判断事故的严重程度,及时发出监理指令并向监理公司主要负责人报告。

2）当现场发生工程建设重大事故后,总监理工程师应签发《工程暂停令》,并及时向监理公司、建设单位及监理工程所在地建设行政主管部门或行业主管部门报告。

3）配合有关主管部门组成的事故调查组进行调查。调查内容主要包括事故发生的时间、地点、严重程度、事故发生的简要经过、事故的初步原因分析、抢救措施和事故控制情况、下一步事故处理的建议等。当调查组提出要求,监理机构应如实提供工程相关资料,如相关合同、图纸、会议纪要、监理日报、监理日记和监理工程师联系单、监理工程师通知单等资料。

4）项目监理机构应按照事故调查提出的处理意见和防范措施建议,监督检查施工单位对处理意见和防范措施的落实情况。具体内容包括现场应急抢险、查找事故原因并处理、制

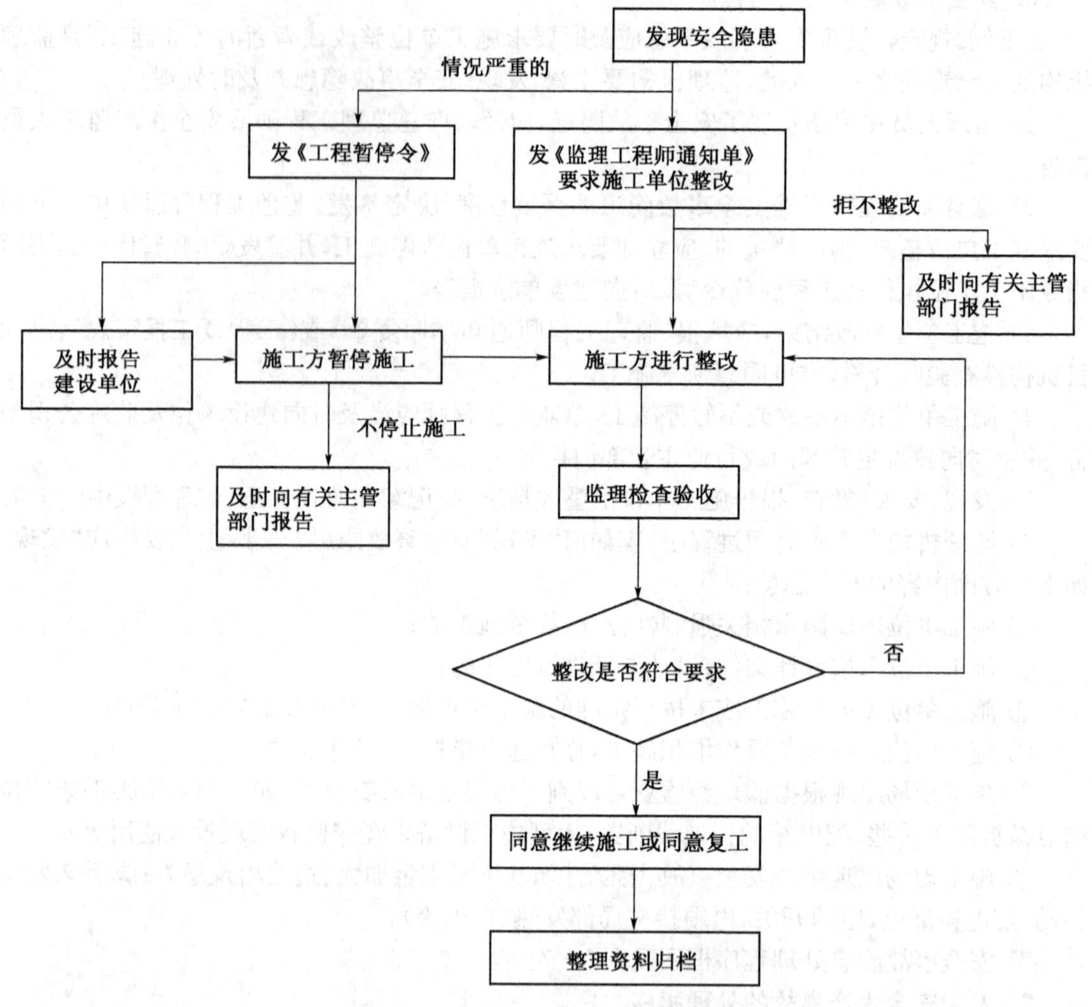

图 7-7　安全事故隐患处理程序框图

定防范措施、教育群众、处理责任人等。施工单位还要按照"四不放过"的原则，编写生产安全事故的分析报告和纠正措施方案。对具体纠正措施，监理要进行监督、核查，看是否全部落实。

5）对施工单位填报的《工程复工报审表》，安全生产监督管理人员进行核查，由总监理工程师签批。

6）现场发生生产安全事故后，监理单位应立即收集整理与事故有关的安全生产监督管理资料，分析事故原因及事故责任，必要时应如实向有关部门报告。

7）发生生产安全事故的处理程序框图见图 7-8。

8. 安全监理文件的编制

（1）编制安全监理文件

安全监理文件的编制应根据有关国家安全生产法律法规和省、市有关规定以及委托安全监理约定的要求，结合工程项目特点和施工现场实际情况进行编制，明确项目监理机构的安全监理工作内容、方法、制度和措施，并应做到有针对性、指导性、可操作性。

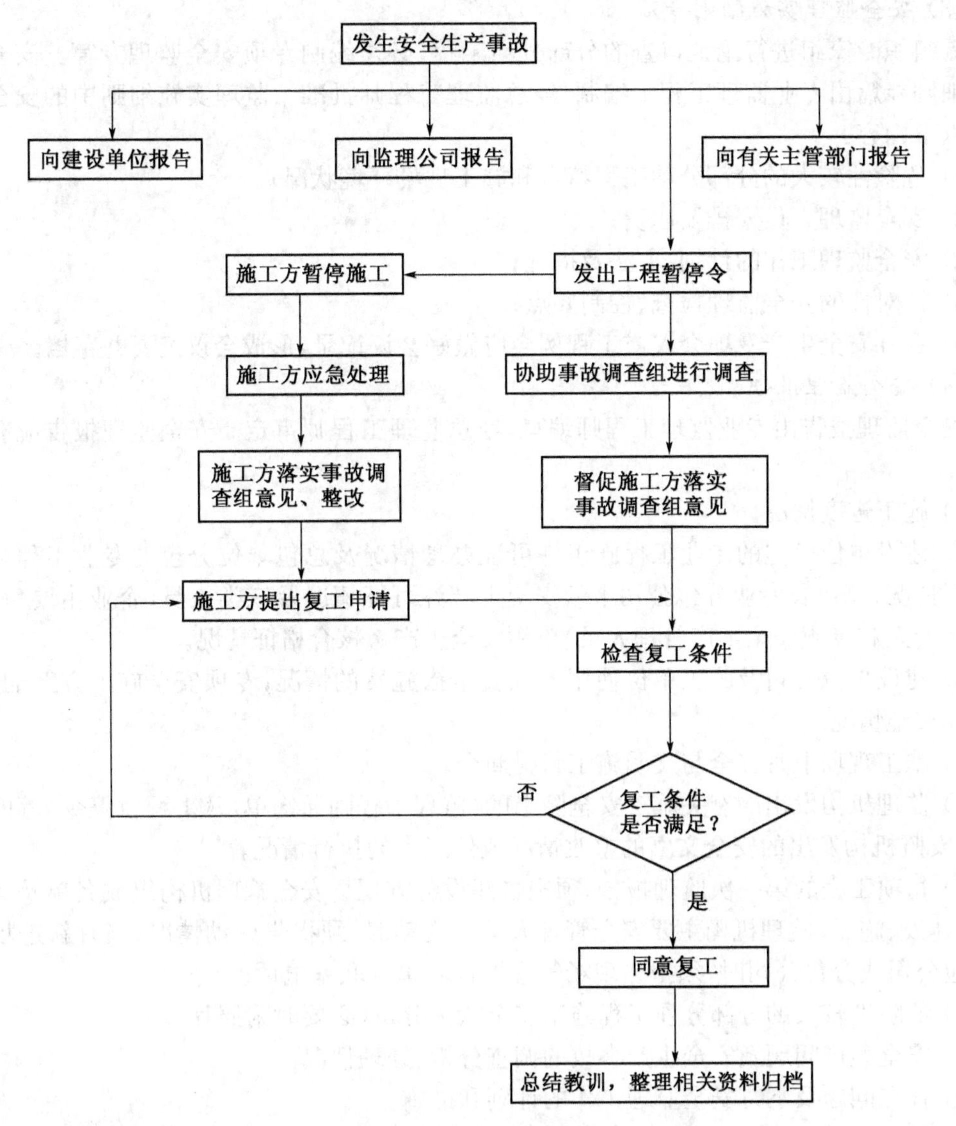

图7-8　发生生产安全事故处理程序框图

(2) 安全监理方案

项目监理机构编制的监理方案中应包含有安全监理方案的专篇。安全监理方案由总监理工程师主持编制，专业监理工程师参加，报监理单位技术负责人审批。安全监理方案中的安全监理应有以下内容：

1) 安全监理工作目标、内容；

2) 项目监理机构安全监理岗位、人员及职责；

3) 安全监理工作制度；

4) 需经监理复核验收手续的施工机械和安全设施一览表；

5) 拟定的危险性较大的分部分项工程一览表；

6) 对新材料、新技术、新工艺及特殊结构施工的编制防范安全风险的监督措施。

(3) 安全监理实施细则专篇

需组织专家组进行论证审查的分部分项工程,必须编制专项安全监理专篇。安全监理实施细则专篇由专业监理工程师编制,经总监理工程师批准。监理实施细则中的安全监理应有以下内容:

1) 危险性较大的分部分项工程特点和施工现场环境状况;

2) 安全监理人员安排及职责;

3) 安全监理工作的计划、方法及措施;

4) 针对性的安全监理检查、控制要点;

5) 召开安全生产专项会议或工程例会应做好会议记录,形成会议纪要并存档。

(4) 安全监理报告

安全监理报告由专业监理工程师编写,经总监理工程师审定。安全监理报告应有以下内容:

1) 施工进度情况。

2) 建设单位发包的专业工程施工许可证办理情况及总包单位分包的专业工程分包合同备案情况;总包及专业分包公司申领安全生产许可证情况及三类人员(企业主要负责人、项目负责人和专职安全生产管理人员)申领安全生产考核合格证情况。

3) 建设单位支付及施工单位使用专项安全措施费的情况;专项安全施工方案的制订、评审和实施情况。

4) 施工现场上月安全与文明施工状况简介。

5) 监理机构发出的有关施工安全隐患的《监理工程师通知单》、《工程暂停令》等的整改情况;安监机构发出的安全文书的整改情况或停工令的执行情况。

6) 每项工程的第一次监理报告,须报告建设各方现场安全管理机构组成名单及其联系电话;建设、施工、监理机构主要安全管理人员有变动时,须报告变动情况;当有新进场的专业承包公司或分包公司时,须报告现场管理机构名单及联系电话。

7) 危险性较大的分部分项工程施工安全状况分析(必要时附照片)。

8) 安全生产问题及安全生产事故的调查分析、处理情况。

9) 存在问题及下月安全监理工作的计划和措施。

10) 应当按有关规定将项目的施工安全状况及时向有关市、区的安全监督机构提交书面监理报告。

(5) 安全监理工作总结

工程监理项目结束时,项目监理机构编写的监理工作总结应有安全监理内容,或单独编写安全监理工作总结。安全监理工作总结由安全监理人员编写,经总监理工程师审定。安全监理工作总结应有以下内容:

1) 工程施工安全生产概况;

2) 安全监理保证体系运行情况;

3) 安全监理目标实现情况;

4) 对施工过程中重大安全生产问题,安全事故隐患及安全事故的处理和结论;

5) 安全监理工作效果及评价;

6) 必要的影像资料等。

案　例

某工程现场发现安全问题及处理结果，如表 7-1 所示。

表 7-1　现场发现安全问题及处理结果

序号	阶段	安全问题	施工单位措施	监理措施	备注
1	桩基施工	配电箱门无法关闭	统一检查，更换配电箱门	检查	已换
2		工人居住用集装箱上下不安全，未设扶手	增设扶手	检查	已加设
3		施工单位门卫制度不严，车辆出进无序，闲杂人员随便进出	加强门卫管理制度，做好车辆进出的疏导及检查工作，闲杂人员禁止进入现场	检查、督促，制定门卫管理制度	明显改进
4		不带安全帽、安全帽佩戴不规范	加强工人安全教育，制定处罚措施	检查、督促，制定安全管理处罚制度	明显好转
5		××××年 10 月 3 日桩基单位安全员没有到位	增加配备安全人员	检查落实情况	××××年 10 月 6 日已到位
6		几台桩基及电焊机电缆接头磨损、接地线破损严重。大门口电源线有接头，为穿管埋设	更换破损的电源线，重新制作电缆接头，电线架空或埋地铺设	检查、督促落实，未经整改不得使用	已整改
7		场内积土过多，局部地方积水	定期清扫，避免扬尘和场内积水	巡查、督促落实	已清理
8		汽车吊机小钩无安全装置	增设安全设置	巡查、督促落实	已增设
9		现场泥浆管多处漏水，厕所卫生较差	更换泥浆管，定期打扫厕所	巡查、督促落实	明显改善
10		10 号机钢丝绳起毛，不安全，起吊时吊机无专人指挥，有时吊机下方有人	更换钢丝绳，增设吊机指挥员且指挥人员必须持证上岗	检查，核查指挥人员的上岗证	钢丝绳已更换并增设指挥
11		乙炔瓶和氧气瓶距离太小，未达 5 m 以上	加强安全教育，重新进行气割及气焊的技术交底工作	检查落实，核查安全教育与技术交底记录	已落实
12		有 3 台钻机未用五芯线	及时更换，定期检查	检查落实，未更换禁止使用	已更换

（续表）

序号	阶段	安全问题	施工单位措施	监理措施	备注
13	桩基施工	施工人员安全意识薄弱，有的夜间睡在机台小棚内并用太阳灯取暖	没收太阳灯，加强施工人员安全教育，制订处罚措施	检查落实，核查安全教育与技术交底记录	已解决
14		电焊机无安装验收手续	统一组织进行安装验收工作	核查验收记录	已进行验收
15		9号机一次拉导管10节，机台不稳，属野蛮施工	加强安全教育，重新进行桩基施工的技术交底工作	检查安全教育与技术交底记录	未再发生
16		1号机走管上垫铜板，架体不稳	加强桩机的检修，确保机架稳定，进行安全技术交底	现场检查，核查安全技术交底记录	已整改
17		砂轮切割机上无控制开关及防护装置	安装控制开关及防护装置，进行安全技术交底	现场检查，核查安全技术交底记录	已增设
18		北侧围墙电缆上挂东西	清理悬挂物，加强安全教育	现场检查，核查安全教育记录	已清理
19		场内施工作业面积小，人员通道经常堵塞，无人指挥施工车辆的进出和停放	加强现场施工车辆指挥，确保车辆行驶及人员安全	现场检查	明显改善
20		2号机用副卷扬机拉钢筋笼	对操作工进行安全技术交底及安全教育工作	现场检查，核查安全教育记录	未再发生
21		5号机泥浆外泄，造成电缆浸泡泥浆中，极不安全	检修桩机，制定日常检修制度	现场检查，核查日常检修制度	已检修解决
22		深层搅拌机，施喷机安检证尚未办妥	抓紧办理安监证，暂停施工	责令暂停施工，核查安监证	两天后办理
23		场内周围围墙有多处漏口未补，裂缝未处理，粉刷不到位	重新围墙并粉刷	检查	重新处理
24		现场“五牌一图”标识已损坏，需要更换；大门、规划告示牌需清洁	更换标识，清洗告示牌及大门	检查	已更换
25		机械设备未悬挂“四牌”；设备表面污染严重，需重新刷漆出新	悬挂标识牌，对设备定期进行清理维护	检查	已悬挂清理
26		散装水泥罐周围未围挡，粉尘污染严重	水泥罐四周围挡并清理散落水泥	检查	明显改观
27		钢筋及钢筋制品未架空，未挂牌标识	规范钢筋及制品堆放，挂牌标识	检查	已架空、标识

（续表）

序号	阶段	安全问题	施工单位措施	监理措施	备注
28	桩基施工	现场混凝土管、护筒管堆放不整齐	按要求堆放，做好技术交底	检查、核查技术交底工作	已改善
29		部分钻机钢丝绳有断丝，需更换。吊装操作无专人指挥	立即停工，更换钢丝绳，增加指挥并持证上岗	发出停工指令，检查落实情况，核查指挥人员上岗证	已更换、增加指挥人员
30		土方开挖未按规范要求放坡，挖土未及时运出，堆放在边坡上，已造成滑坡	暂停挖土并将堆放在边坡上的土运出场地，按规范及施工组织设计要求放坡	检查，未按要求开挖，发出暂停指令	已停工并进行了处理
31		土方开挖后，要求及时破桩头，做圈梁支撑，防止基坑长时间暴露	组织桩头破除，做施工圈梁支撑	检查、验收	破桩头速度加快
32		土方外运抛洒滴漏现象严重	制定土方运输制度，防止杂土抛洒滴漏，夜间施工时不要随意鸣笛，避免扰民	检查制度，发现抛洒滴漏及时制止并按制度处罚	明显改善
33		支护桩的桩间土未清除，影响后续土建施工	安排机械清除桩间土，以免影响后续施工	检查	已清除
34		施工人员在支撑梁上行走	禁止施工人员在支撑梁上行走，对班组进行安全教育	检查，制止，核查安全教育记录	已禁止
35		目前基坑内积水问题尚未得到很好的解决	尽快挖排水沟与集水井，尽快排水	检查，督促	已组织排水
36		基坑围栏及基坑爬梯的施工未落实	相关单位抓紧施工	检查，验收	已安装好
37		加强基坑的安全巡视，对渗露点、裂缝的巡查和汇总上报工作	加强巡查，确保渗漏点及时发现、及时处理	协助巡查，督促处理	及时报告、及时落实处理
38		基坑变形持续发展，西北角居民楼已出现裂缝，沉降有加大的倾向	制订加固施工方案，组织专家论证，并按确定的方案实施	参与方案，专家论证，审批方案，督促实施，检查验收	已加固裂缝、沉降得到控制
39		监理现场巡视发现西侧圈梁（J轴）加固处出现裂缝，且有加大趋势	制订加固施工方案，组织专家论证，并按确定的方案实施	参与方案，专家论证，审批方案，督促实施，检查验收	组织专家论证并进行了加固
40		基坑四周及混凝土支撑上堆放物品	材料进场后需及时转至基坑	检查、督促，如发现及时制止	已得到控制

（续表）

序号	阶段	安全问题	施工单位措施	监理措施	备注
41	桩基施工	挖土机从第二道钢支撑南北对撑上行走，且已造成钢支撑较大变形	严禁挖土机在施工中碰撞基坑内支护构件及在钢管支撑上行走。变形钢支撑采取必要的加固措施	进行严肃批评与经济处罚，责令对支撑进行加固	已处罚，得到改善
42	桩基施工	近期接连发生工地材料设备失窃事件	各单位加强现场安全文明管理，派专门人员管理现场的材料，加强门卫管理，严禁非现场人员随意进入施工工地	检查、督促	明显改善
43	地下室及主体施工	大门口管理混乱，道路不够畅通，卫生较差	制定有效的门卫管理制度，加强管理，清理道路，打扫卫生	检查、督促落实，核查门卫制度	明显改善
44	地下室及主体施工	电线较为凌乱，总、分电箱不明确，降水井电线离水箱较近，不安全	重新整理，规范临时用电，主次分明，指定用电管理制度	检查督促落实	明显改善
45	地下室及主体施工	施工人员宿舍不够整洁，个别宿舍有电炉等禁止使用的电器	没收相应的电器，进行安全教育	复查，核查，安全教育记录	已禁止
46	地下室及主体施工	土建单位钢筋、木土加工场位于基坑上方，侧面防护工作有的不够到位	加强侧面防护，确保安全	检查、督促落实	已做好防护
47	地下室及主体施工	吊塔未取得安监证吊重物	暂停使用，安监证抓紧办理。塔吊试用时只能吊运较轻物体	责令停用，安监证办理后方可吊运重物	已停用，并取得安检证
48	地下室及主体施工	现场未佩戴胸卡和未戴好安全帽	做好宣传和教育，负责执行检查、纠违工作	检查、督促，发现予以处罚	明显改善
49	地下室及主体施工	现已进入暑季，各施工单位应做好防暑降温工作，防止人员中暑及染病	配备降温食物及药品，调整作息时间，做好生活用品的定期消毒	检查、督促落实，核查措施费的使用记录	各单位已落实
50	地下室及主体施工	目前，基坑第一道支撑的梁、板上发现了一些裂缝	减少4个角板上的施工负荷，将一些钢筋移至坑内	巡查督促落实	已搬移，得到控制
51	地下室及主体施工	基坑四块板的防护有的不严密	加密基坑四周钢筋堆放，确保安全	巡查督促落实	已防护严密
52	地下室及主体施工	基坑周边荷载（主要是钢筋等）不能太集中	分散基坑四周钢筋堆放，减少荷载对基坑的影响	巡查督促落实	已分散

（续表）

序号	阶段	安全问题	施工单位措施	监理措施	备注
53	地下室及主体施工	土建单位两个大门处的墙较高，要采取防倒塌加固措施	分散增加墙垛，加固围墙	巡查督促落实	已分散增加墙垛，加固了围墙
54		配电箱未将动力电箱与照明电箱分开；配电箱未加绝缘套管保护	将动力电箱与照明电箱分开；配电箱出线加绝缘套管保护	巡查督促落实	已分工，并做了保护
55		总配电室前未做警示牌，室内没有配备绝缘棒、绝缘手套、绝缘靴等保护设施	悬挂警示牌，配备绝缘保护措施	巡查督促落实	已落实
56		塔吊吊钢管无人指挥	起吊派人指挥，配备对讲设备	巡查督促落实	已增派指挥人员
57		基坑北侧一个开关控制2台设备	增设开关，确保一一对应	巡查督促落实	已增设
58		西北角新增的食堂不符合安全卫生要求	整改，专人负责，确保职工饮食卫生	定期检查	明显改善
59		高空作业工人不系安全带	对工人高空施工进行安全教育	检查安全教育记录，定期检查	已改正
60		氧气、乙炔瓶摆放距离太远	对气割工人进行安全技术交底	检查安全教育记录，定期检查	已交底
61		洞口临边防护不到位等	做好洞口临边防护	检查、督促落实	已防护到位
62		安全网已老化，质量不能满足安全防护要求	更换安全网，定期检查，对已损坏的安全网及时更换	巡查、督促落实	已更换
63		电锯无防护罩	停止使用，增设防护罩	巡查、督促落实	已增设
64		做好吊塔安全管理，钢丝绳有无起毛，风速过大时要采取固定措施	建立塔吊安全检查维护制度，定期进行检查维护	核查吊塔安全检查维护制度，定期检查	已维修
65		天气炎热，有4名工人中暑	配备降温食物及药品，调整作息时间，做好生活用品的定期消毒	检查、督促落实，核查措施费的使用记录	已落实
66		基坑拆撑期间，做好临边防护，成品保护，工人安全技术交底工作	各单位做好相关工作，每周由总包牵头进行安全检查	检查落实情况，核查交底记录，参加检查	已落实
67		部分电箱三级保护不到位	检查整改	复查整改情况	已落实

（续表）

序号	阶段	安全问题	施工单位措施	监理措施	备注
68	地下室及主体施工	外脚手方案，人活体搭设方案、地下室防水施工方案、预应力施工方案、外排风井施工方案未上报	编制相应方案，组织论证，报监理审查	审查相关方案，参与相关论证	已上报
69		与室内接地、接零线混用；配电房内杂物较多，有一个总配电箱没有安装露点保护器	责任单位整改落实并定期检查	复查整改落实情况	已落实
70		安全教育、安全技术交底等资料不健全，真实性差	重新进行有针对性安全教育、健全安全技术交底资料，并重新交底	检查相关资料，并参加安全教育及技术交底会议	已整改
71		塔吊要经常检查，且使用时要有专人指挥，吊运时作业人要注意避让	制定塔吊检查制度及吊运时安全要求并定期检查	核查制度，定期检查	已建立制度并按制度执行
72		要注意高空作业安全，钢管、扣件不要抛接，高空人员要系好安全带	制定脚手架安全技术要求，做好技术交底，现场专人检查	检查	已落实
73		临时用电外线进线防护不到位	总包做好保护，确保安全	检查	已整改
74		配电房内用木板做围护，缺消防砂箱及照明	拆除木板围护改用钢板围护，配备消防砂箱及照明	检查	已落实
75		末端电箱未做到“一机、一闸、一漏、一保护”	按要求进行整改，对其他配电箱进行普检	检查整改情况，定期检查	已整改
76		总包食堂门前的开关箱失火，所幸采取应急措施及时未酿成大祸	总包对此安全事故进行书面报告，认真分析原因，查明责任人，落实整改措施和处理措施，同时吸取教训，加强用电线线路的检查，确保安全用电	审查事故报告，协同业主进行事故处理	已处理
77		动火管理不到位	动火作业由总包进行统一管理，总包制定动火作业管理制度及灭火设施配备要求，应做好交底与检查工作	审核动火作业制度，召开专题会议宣布此制度；核查施工单位交底制度，现场定期组织检查	明显改观
78		脚手架平面安全网未按要求搭设	按要求对平面安全网进行整改，加强检查与破损安全网的更换	检查	已整改

（续表）

序号	阶段	安全问题	施工单位措施	监理措施	备注
79	地下室及主体施工	外脚手架拉结装置不得随意拆除	各施工单位进行交底	核查交底记录，现场检查	明显改善
80		高空作业时地面施工未划分安全隔离区	做好划分并设置安全标语，专人定期检查	检查	划分
81		部分脚手架未设安全平面网和挡脚板	统一检查，增补设置安全平面网和挡脚板	检查	已增补
82		东北角高压线防护不到位	增加防护措施，确保安全	检查	已落实
83		人货梯尚未通过便已使用	暂停使用，抓紧整改，从新申报	签发暂停令，检查整改落实	已停用并取得安检证
84		无证人员开人货梯	配备2名专职人货梯司机，持证上岗	检查，无证禁止开人货梯	已配备
85		地下室住人	严禁将地下室作为住宿场所	检查	已搬出
86		生活区明火取暖和乱拉、乱接电器	整改，加强安全教育	检查，核查安全教育记录	已整改
87		脚手架竹笆上堆放物品，堵塞行走安全通道，且易造成高空落物	清理堆放的物品，加强安全教育	检查，核查安全教育记录	已清理
88		施工现场配置消防器材数量不足，设置位置不合理	现场按消防要求增设灭火器材并合理布置	检查	已增设
89		对各类易燃、易爆物品要求严格管理	制定管理制度，定期检查执行情况	核查管理制度，定期检查	已制定
90		冬期施工安全生产	开展冬期施工安全生产知识的宣传、教育和培训	核查记录	已开展
91		脚手架拆除要有专人指挥	拆除时专人指挥	检查	已指定专人
92		场内积水未及时清理，北侧排水沟未加盖	及时整改，定期检查	检查落实情况	已落实
93		部分施工单位安全员未参加周安全检查	建立安全检查制度，未参加予以处罚	协同制定安全检查制度，落实处罚的执行	明显改观
94		氧气瓶、乙炔瓶未按有关规定要求保持安全间距	进行技术交底，定期组织检查	核查技术交底，定期检查	明显改善
95		指示牌标记不明确，安全通道不畅通、不整洁	整改	检查	已整改

（续表）

序号	阶段	安全问题	施工单位措施	监理措施	备注
96	地下室及主体施工	土建钢筋加工场和大门安全通道未搭设安全防护棚	搭设，定期检查	检查	已搭设
97		早晚噪声扰民	合理安排作息时间，减少噪声	检查	明显改善
98		切割机等用电动设备、工具的安全防护不到位	整改，做好防护，定期检查	检查	已做好防护
99		人货梯人员超员、货物超载	加强司机安全教育，禁止超载	检查	明显改善
100		楼内生火做饭	楼内禁止生火做饭，对违反的要进行罚款处理	检查并处罚	已得到禁止
101	内外装饰施工阶段	幕墙搭设裙楼及屋顶脚手架未申报专项施工方案	编制专项搭设方案，经公司技术负责人批准后报监理；在搭设合格后须经公司安全部门负责人组织验收	审核方案，现场检查	已申报
102		幕墙吊篮设备未经安监便使用	暂停使用，抓紧整改，申请验收，发证后再使用	签发暂停令，检查	已停止
103		吊篮无使用及检修制度	建立吊篮使用及检修制度，定期检修，做好检修记录	审查制度，核查检修记录	已建立
104		临时设施又随意拆除现象	临时设施严禁随意拆除。确因工程需要拆除临时设施时应办理有关手续，确保拆除后的施工安全。施工完成，应及时恢复临时设施	检查，如有随意拆除的进行处罚	已制止
105		近期发生 3 起高空坠物事件，所幸未一起人员伤亡	相关责任单位需对事故作认真分析，并写事故分析报告报监管、业主，加强安全教育	核查事故报告，对责任单位进行处罚，核查安全教育记录	已处罚、教育
106		幕墙单位未上报应急救援预案、临时用电等安全类施工方案	编制方案并及时上报	审核方案，检查落实情况	已上报
107		人货梯、吊塔、吊篮等大型机械设备的钢丝绳和安全保护装置、器件等未及时保养	监理各类大型机械设备的保养制度并对照执行，留下记录	检查制度及保养记录	明显改善
108		大楼楼层卫生较差，未做到工完场清	垃圾要及时清理，实行卫生包干制度	检查	明显改善

（续表）

序号	阶段	安全问题	施工单位措施	监理措施	备注
109	内外装饰施工阶段	高考期间做好噪音控制	高考期间各施工单位调整作息时间，当日20时至次日7时不进行对周边有施工噪音影响的作业	检查	已调整
110		个别电焊工上岗证未年检	将此电焊工清理出场，不得焊接，增设有证人员	检查	已落实
111		非施工人员进场居住，并在施工区域随便活动	加强安全教育，将非施工人员清理出场，禁止非施工人员在现场随意活动加强巡查	检查	明显改善
112		临时外防护拆除后未做好警示工作及补救安全措施	整改，定期巡查	检查	已落实
113		幕墙焊接时不用接火斗、未随身配备灭火器材，无看火人员	进行焊接安全技术交底并配备相应设施	检查	已落实
114		幕墙保湿板施工前未完成动火作业	暂停保温施工，待动火作业完成后再施工	签发暂停令，核查技术交底记录，现场检查	已停工并进行了技术交底
115		幕墙吊篮施工人员未系安全带	进行安全教育培训	检查，检查记录	已整改
116		楼层内有人吸烟	建立制度禁止楼内吸烟，一经发现将从严处罚，每日检查	检查并对违规者进行处罚	明显改善
117		临时用电配电箱、电缆未架空，老化线路未及时更换	整改，定期检查	检查	已更换
118		外幕墙单位私自割断人货电梯拉结点，造成人货电梯立杆倾斜	停止使用人货电梯，调整立杆，恢复拉结点并采取加强措施；幕墙单位加强安全教育，引以为戒	对幕墙施工单位处以3 000元处罚，将责任人清理出场，将处理结果张榜公示；检查拉结点的恢复	已处罚，进行了加固处理
119		现场已发生多起失窃事件	与总包牵头，相关单位安排人员组成联防小分队，加强夜间巡视工作	检查落实情况	已落实
120		部分施工人员不戴安全帽，有的安全帽戴得不规范	进行安全教育培训	核查，核查记录	明显改善

（续表）

序号	阶段	安全问题	施工单位措施	监理措施	备注
121	内外装饰施工阶段	幕墙单位在29F槽钢搬运过程中掉落3块槽钢，幸未造成人员伤亡	立即停工整顿，对工人进行安全教育，采取措施杜绝此类事件的发生	签发停工令，对幕墙施工单位处以1 000元处罚，检查教育记录	已停工，进行了处罚和教育
122		ALC板安装单位有直接把电线插入插座的现象	整改，加强用电安全教育	检查	明显改善
123		楼内工人不得随意大小便，楼内未设置大小便桶	进行文明施工教育培训，楼内设置大小便桶，每日检查	检查，检查记录	明显改善
124		幕墙施工期间，楼边向外2 m范围内堆放任何材料	整改，定期检查	检查	全部移除
125		施工单位有：在楼面动火施工；物质出门；拆除洞口临边防护；进行上下交叉作业等情况，要以书面形式报告总包	建立制度，未经总包同意的，总包有权进行处理	检查	已落实
126		幕墙单位、电梯单位施工过程中分别发生失火事件，经及时扑救，未造成人员伤亡和财产损失	查找原因，对责任人严肃处理。并将分析处理报告报基建办、项目管理(PM)、监理。进行安全教育培训	根据报告，分别对责任单位处以1 000元处罚，检查培训记录	已处罚、教育
127		装饰阶段配电箱、电缆要架空，漏电保护戳是否到位，一机一闸	安全员不定期巡查电线、电缆有无破损现象，如有立即更换	检查	已落实
128		电梯安装时井道内照明不足，人员不系安全带	增加照明，加强工人的安全教育培训	检查，核查培训记录	已落实
129		进入装修阶段，大楼内还有人居住	立即清理出场	检查	已搬出
130		幕墙吊篮在21F发生故障，停滞不动	启动应急预案，加强吊篮的维修保养	检查记录	已检修
131		电梯、热泵机组、水泵和配电箱、配电柜、母线槽等价格昂贵的设备对工作环境要求高，现场保护不足	各自做好保护，防止被破坏	检查	已做好保护
132		春节将至，工人归乡心切，质量、安全意识容易松懈，属事故多发期	现场管理不能有丝毫的麻痹大意，做好工人返家的后勤保障工作，做好安全教育	检查	已进行教育

（续表）

序号	阶段	安全问题	施工单位措施	监理措施	备注
133	内外装饰施工阶段	ALC板2层安装门头上方的墙板未灌浆固定，工人施工时碰掉，导致墙板从高空坠落	ACL板施工单位停工整顿，进行技术交底	对ACL板单位进行处罚，检查技术交底记录	已处罚并进行了交底记录
134		四层报告厅脚手架防护不到位	做好防护，认真检查	检查	已做好防护
135		6层装饰单位仓库内无灭火器	配置足够的灭火器材	检查，对装饰单位进行处罚	已配备
136		大楼偷盗现象极为严重，尤其是电线、电缆、阀门等材料损失较大	各家施工单位安排专人巡逻，加强门卫管理。加大处罚力度	检查、巡查，一旦发现严惩	已加强巡逻
137		18层东边砌块砖堆放在靠窗边窗口外侧	立即移至内部并进行拦护	检查	已搬移
138		暑假探亲的小孩在现场四处乱跑	做好工人的安全教育工作，近期内请将小孩劝回家	检查	已落实
139		装饰单位的木工板堆放过高，砂子堆放过于集中	立即分散堆放以免对架构造成破坏，对材料员进行安全教育	检查	已分散堆放
140		圆盘锯无防护罩	停止使用，增加防护罩	检查	已做好防护
141		幕墙用冲击电钻未增加漏电开关	停止使用，增加漏电开关	检查	已增设

本章小结

本章主要介绍了监理单位在安全监理中的安全监理实施程序、安全监理规划、安全监理实施细则的编制内容；安全监理过程中的现场审核和检验及现场控制要点；监理单位在施工现场的安全监理的工作程序和内容及安全事故应急预案的内容、编制。在实施过程中应加强安全监理的审核和现场控制，目的是使监理单位和监理人员切实履行安全监理职责，并按照一定的程序进行安全监理，使安全监理工作得到落实。

复习思考题

1. 简述现场安全监理审核检验要点。
2. 简述施工现场安全事故应急预案的分类和主要内容。
3. 简述安全生产管理中监理工程师的安全责任。
4. 简述监理单位和监理工程师在安全生产中的法律责任。
5. 简述监理工程师在施工阶段安全生产控制中的主要工作。

第8章　监理信息管理、资料管理与组织协调工作

知识目标：

- 了解项目监理机构的信息管理内容；
- 了解建设工程文件档案资料管理职责；
- 熟悉建设工程监理文件档案资料管理方法；
- 了解项目监理机构的组织协调工作内容、方法；
- 掌握建设工程信息管理流程。

能力目标：

- 能开展项目监理资料采集和归档；
- 能进行建设工程档案组卷。

8.1　项目监理机构的信息管理

8.1.1　信息管理有关基本概念

1. 数据

数据是客观实体属性的反映，是一组表示数量、行为和目标，可以记录下来加以鉴别的符号。

数据是客观实体属性的反映，客观实体通过各个角度的属性的描述，反映与其他实体的区别。例如，在反映某个建设工程质量时，通过对设计、施工单位资质人员、施工设备、使用的材料、构配件、施工方法、工程地质、天气、水文等各个角度的数据搜集汇总起来，就能很好地反映该工程的总体质量。这里，各个角度的数据就是指建设工程这个实体的各种属性的反映。

数据有多种形态，这里所提到的数据是广义的数据概念，包括文字、数值、语言、图表、图形、颜色等多种形态。计算机对此类数据都可以加以处理，如：施工图纸、管理人员发出的指令、施工进度的网络图、管理的直方图、月报表等都是数据。

2. 信息

信息和数据是不可分割的。信息来源于数据，又高于数据，信息是数据的灵魂，数据是信息的载体。对信息有不同的定义，从辩证唯物主义的角度出发，信息的定义：

信息是对数据的解释，反映了事物(事件)的客观规律，为使用者提供决策和管理所需要的依据。

使用信息的目的是为决策和管理服务。信息是决策和管理的基础，决策和管理依赖信息，正确的信息才能保证决策的正确，不正确的信息则会造成决策的失误，管理则更离不开信息。传统的管理是定性分析，现代的管理则是定量管理，定量管理离不开系统信息的支持。

(1) 信息的时态

信息有3个时态：信息的过去时是知识，现代时是数据，将来时是情报。

1) 知识是前人经验的总结，是人类对自然界规律的认识和掌握，是一种系统化的信息。

2) 信息的现在时是数据。数据是人类生产实践中不断产生信息的载体，我们要用动态的眼光来看待数据，把握住数据的动态节奏，就掌握了信息的变化。

3) 信息的将来时是情报。情报代表信息的趋势和前沿，情报往往要用特定的手段获取，有特定的使用范围、特定的目的、特定的时间、特定的传递方式，带有特定的机密性。

(2) 信息的特点

信息具有真实性、系统性、时效性、不完全性、层次性等特点。

3. 信息管理

所谓信息管理是指信息的收集、整理、处理、存储、传递与应用等一系列工作的总称。项目监理机构的信息管理工作一般包括以下工作：

(1) 建立信息的编码系统

编码是指设计代码，而代码指的是代表事物名称、属性和状态的符号与数字。使用代码既可以为事物提供一个精炼而不含混的记号，又可以提高数据处理的效率。

(2) 明确信息流程

信息流程反映了工程项目建设中各参加部门、各单位间的关系。为了保证监理工作顺利进行，必须使监理信息在工程项目管理的各级各部门之间、内部组织与外部环境之间流动，称为“信息流”。在监理工作中一般有3种信息流：

1) 项目监理机构各级之间的纵向信息流。主要是指从总监理工程师、总监办公室、子项目监理组或职能部门、专项监理组及至监理员等各上下级之间的信息流。

2) 项目监理机构各级之间的横向信息流。主要是指从子项目监理组或职能部门、专项监理组及至监理员等各同级之间的信息流。

3) 项目监理机构内部组织与建设工程各参建单位之间的信息流。主要是指从项目监理机构、建设单位、施工单位、设计单位、各设备材料供应商之间的信息流。

三种信息流都应有清晰的流线，并保证畅通。

(3) 监理信息的收集

信息管理工作的质量好坏，很大程度上取决于原始资料的全面性和可靠性。因此，建立一套完善的信息采集制度是极其必要的。必须把握信息来源，做到信息收集及时、准确。

(4) 监理信息的处理

信息处理一般包括收集、加工、传输、存储、检索、输出等6项内容。

1) 收集。对原始信息的收集，是很重要的基础工作。

2) 加工。是信息处理的基本内容，其目的是通过加工为监理工程师提供有用的信息。

3) 传输。是信息借助于一定的载体在监理工作的各参加部门、各单位之间的传输。通过传输，形成各种信息流，畅通的信息流是监理工作顺利进行的重要保证。

4）存储。指对处理后的信息的分类保存。

5）检索。监理工作中既然存储了大量的信息，为了查找方便，就需要拟定一套科学的、查找迅速的方法和手段，这就称之为信息的检索。

6）输出。指将信息按照需要编印成各类报表和文件，供监理人员在监理工作中使用。

8.1.2 建设工程项目管理中的信息

1. 建设工程项目信息的形式

由于建设工程信息管理工作涉及多部门、多环节、多专业、多渠道，工程信息量大，来源广泛，形式多样，主要信息形态有下列形式：文字图形信息、语言信息、新技术信息。

2. 建设工程项目信息的分类原则和方法

信息分类是指在一个信息管理系统中，将各种信息按一定的原则和方法进行区分和归类，并建立起一定的分类系统和排列顺序，以便管理和使用信息。

（1）信息分类的原则

对建设项目的信息进行分类必须遵循以下基本原则：稳定性、兼容性、可扩展性、逻辑性、综合实用性。

（2）项目信息分类基本方法

建设工程项目信息分类有两种基本方法：

1）线分类法（层级分类法或树状结构分类法）。它是将分类对象按所选定的若干属性或特征（作为分类的划分基础）逐次地分成相应的若干个层级目录，并排列成一个有层次的、逐级展开的树状信息分类体系。

2）面分类法。将所选定的分类对象的若干个属性或特征视为若干个“面”，每个“面”中又可以分成许多彼此独立的若干个类目。

3. 建设工程项目信息的分类

建设工程项目监理过程中，涉及大量的信息，这些信息依据不同标准可划分如下：

（1）按照建设工程的目标划分

1）投资控制信息指与投资控制直接有关的信息；

2）质量控制信息指与建设工程项目质量有关的信息；

3）进度控制信息指与进度相关的信息；

4）合同管理信息指与建设工程相关的各种合同信息。

（2）按照建设工程项目信息的来源划分

1）项目内部信息。指建设工程项目各个阶段、各个环节、各有关单位发生的信息总体；

2）项目外部信息。指来自项目外部环境的信息。

（3）按照信息的稳定程度划分

1）固定信息指在一定时间内相对稳定不变的信息；

2）流动信息是指在不断变化的动态信息。

（4）按照信息的层次划分

1）战略性信息指该项目建设过程中的战略决策所需的信息、投资总额、建设总工期、承包商的选定、合同价的确定等信息；

2）管理型信息指项目年度进度计划、财务计划等；

3）业务性信息指各业务部门的日常信息，较具体，精度较高。

（5）按照信息的性质划分

将建设项目信息按项目管理性质划分为：组织类信息、管理类信息、经济类信息和技术类信息四大类。

（6）按其他标准划分

1）按照信息范围的不同，可以把建设工程项目信息分为精细的信息和摘要的信息两类。

2）按照信息时间的不同，可以把建设工程项目信息分为历史性信息、即时信息和预测性信息三大类。

3）按照监理阶段的不同，可以把建设工程项目信息分为计划的、作业的、核算的、报告的信息。

4）按照对信息的期待性不同，可以把建设工程项目信息分为预知的和突发的信息两类。

8.1.3　建设工程信息管理流程

建设工程的参建各方对数据和信息的收集是不同的，有不同的来源，不同的角度，不同的处理方法，但要求各方的数据和信息应该规范。

建设工程参建各方在不同的时期对数据和信息收集也是不同的，侧重点有不同，但也要规范信息行为。

从监理的角度，建设工程的信息收集由于介入阶段不同，所以收集的内容也不同。监理单位介入的阶段有：项目决策阶段、项目设计阶段、项目施工招投标阶段、项目施工阶段等。各不同阶段，与建设单位签订的监理合同内容也不尽相同，因此收集信息要根据具体情况决定。

1. 项目决策阶段的信息收集

在项目决策阶段，信息收集从以下方面进行：

1）项目相关市场方面的信息。如产品预计进入市场后的市场占有率、社会需求量、预计产品价格变化趋势、影响市场渗透的因素、产品的生命周期等。

2）项目资源相关方面的信息。如资金筹措渠道、方式，原辅料、矿藏来源，劳力，水、电、气供应等。

3）自然环境相关方面的信息。如城市交通、运输、气象、地质、水文、地形地貌、废料处理可能性等。

4）新技术、新设备、新工艺、新材料，专业配套能力方面的信息。

5）政治环境，社会治安状况，当地法律、政策、教育的信息。

2. 设计阶段的信息收集

监理单位在设计阶段的信息收集要从以下方面进行：

1）可行性研究报告，前期相关文件资料，存在的疑点和建设单位的意图，建设单位前期准备和项目审批完成的情况。

2）同类工程相关信息。建筑规模，结构形式，造价构成，工艺、设备的选型，地质处理方式及实际效果，建设工期，采用新材料、新工艺、新设备、新技术的实际效果及存在问题，技术经济指标。

3）拟建工程所在地相关信息。地质、水文情况、地形地貌、地下埋设和人防设施情况；城市拆迁政策和拆迁户数，青苗补偿，周围环境（水电气、道路等的接入点，周围建设、交通、学校、医院、商业、绿化、消防、排污）。

4）勘察、测量、设计单位相关信息。同类工程完成情况，实际效果，完成该工程的能力，人员构成，设备投入，质量管理体系完善情况，创新能力，收费情况，施工期技术服务主动性和处理发生问题的能力，设计深度和技术文件质量，专业配套能力，设计概算和施工图预算编制能力，合同履约情况，采用设计新技术、新设备能力等。

5）工程所在地政府相关信息。国家和地方政策、法律、法规、规范规程、环保政策、政府服务情况和限制等。

6）设计中的设计进度计划，设计质量保证体系，设计合同执行情况，偏差产生的原因，纠偏措施，专业间设计交接情况，执行规范、规程、技术标准，特别是强制性规范执行的情况，设计概算和施工图预算结果，了解超限额的原因，了解各设计工序对投资的控制等。

3. 施工招投标阶段的信息收集

施工招投标阶段信息收集从以下几方面进行：

1）工程地质、水文地质勘察报告，施工图设计及施工图预算、设计概算，设计、地质勘察、测绘的审批报告等方面的信息，特别是该建设工程有别于其他同类工程的技术要求、材料、设备、工艺、质量要求等有关信息。

2）建设单位建设前期报审文件。如立项文件，建设用地、征地、拆迁文件。

3）工程造价的市场变化规律及所在地区的材料、构件、设备、劳动力差异。

4）当地施工单位管理水平、质量保证体系、施工质量、设备、机具能力。

5）本工程适用的规范、规程、标准，特别是强制性规范。

6）所在地关于招投标有关法规、规定，国际招标、国际贷款指定适用的范本，本工程适用的建筑施工合同范本及特殊条款精髓所在。

7）所在地招投标代理机构能力、特点，所在地招投标管理机构及管理程序。

8）该建设工程采用的新技术、新设备、新材料、新工艺，投标单位对“四新”的处理能力和了解程度、经验、措施。

4. 施工阶段的信息收集

施工阶段的信息收集，可从施工准备期、施工期、竣工保修期3个子阶段分别进行。

（1）施工准备期

施工准备期指从建设工程合同签订到项目开工阶段，在施工招投标阶段监理未介入时，本阶段是施工阶段监理信息搜集的关键阶段，监理工程师应该从如下几方面收集信息：

1）监理大纲；施工图设计及施工图预算，特别要掌握结构特点，掌握工程难点、特点，掌握工业工程的工艺流程特点、设备特点，了解工程预算体系（按单位工程、分部工程、分项工程分解）；了解施工合同。

2）施工单位项目经理部组成，进场人员资质；进场设备的规格型号、保修记录；施工场地的准备情况；施工单位质量保证体系及施工单位的施工组织设计，特殊工程的技术方案，施工进度网络计划图表；进场材料、构件管理制度；安全保安措施；数据和信息管理制度；检测和检验、试验程序和设备；承包单位和分包单位的资质等施工单位信息。

3）建设工程场地的地质、水文、测量、气象数据；地上、地下管线，地下洞室，地上原有建筑物及周围建筑物、树木、道路；建筑红线，标高、坐标；水、电、气管道的引人标志；地质勘察报告、地形测量图及标桩等环境信息。

4）施工图的会审和交底记录；开工前的监理交底记录；对施工单位提交的施工组织设计按照项目监理部要求进行修改的情况；施工单位提交的开工报告及实际准备情况。

5）本工程需遵循的相关建筑法律、法规和规范、规程，有关质量检验、控制的技术法规和质量验收标准。

（2）施工实施期

施工实施期，信息来源相对比较稳定，主要是施工过程中随时产生的数据，由施工单位层层收集上来，比较单纯，容易实现规范化。

施工实施期收集的信息应该分类并由专门的部门或专人分级管理，项目监理部可从下列方面收集信息：

1）施工单位人员、设备、水、电、气等能源的动态信息。

2）施工期气象的中长期趋势及同期历史资料，每天不同时段动态信息，特别在气候对施工质量影响较大的情况下，更要加强收集气象资料。

3）建筑原材料、半成品、成品，构配件等工程物资的进场、加工、保管、使用等信息。

4）项目经理部管理程序；质量、进度、投资的事前、事中、事后控制措施；数据采集来源及采集、处理、存储、传递方式；工序间交接制度；事故处理制度；施工组织设计及技术方案执行的情况；工地文明施工及安全措施等。

5）施工中需要执行的国家和地方规范、规程、标准；施工合同执行情况。

6）施工中发生的工程数据，如地基验槽及处理记录，工序间交接记录，隐蔽工程检查记录等。

7）建筑材料必需项目有关信息，如水泥、砖、砂石、钢筋、外加剂、混凝土、防水材料、回填土、饰面板、玻璃幕墙等。

8）设备安装的试运行和测试项目有关信息，如电气接地电阻、绝缘电阻测试，管道通水通气、通风试验，电梯施工试验，消防报警、自动喷淋系统联动试验等。

9）施工索赔相关信息，如索赔程序，索赔依据，索赔证据，索赔处理意见等。

（3）竣工保修期

该阶段要收集的信息有：

1）工程准备阶段文件，如立项文件，建设用地、征地、拆迁文件，开工审批文件等。

2）监理文件，如监理规划、监理实施细则、有关质量问题和质量事故的相关记录、监理工作总结以及监理过程中各种控制和审批文件等。

3）施工资料分为建筑安装工程资料和市政基础设施工程资料两大类。

4）竣工图分建筑安装工程竣工图和市政基础设施工程竣工图两大类。

5）竣工验收资料如工程竣工总结、竣工验收备案表、电子档案等。

在竣工保修期，监理单位按照现行《建设工程文件归档整理规范》(GB/T50328—2001)收集监理文件并协助建设单位督促施工单位完善全部资料的收集、汇总和归类整理。

8.2 项目监理机构的资料管理

8.2.1 建设工程文件档案资料概念与特征

1. 建设工程文件概念

建设工程文件指在工程建设过程中形成的各种形式的信息记录，包括工程准备阶段文件、监理文件、施工文件、竣工图和竣工验收文件，也可简称为工程文件。

1）工程准备阶段文件。工程开工以前，在立项、审批、征地、勘察、设计、招投标等工程准备阶段形成的文件。

2）监理文件。监理单位在工程设计、施工等阶段监理过程中形成的文件。

3）施工文件。施工单位在工程施工过程中形成的文件。

4）竣工图。工程竣工验收后，真实反映建设工程项目施工结果的图样。

5）竣工验收文件。建设工程项目竣工验收过程中形成的文件。

2. 建设工程档案概念

建设工程档案指在工程建设活动中直接形成的具有归档保存价值的文字、图表、声像等各种形式的历史记录，也可简称工程档案。

3. 建设工程文件档案资料

建设工程文件和档案组成建设工程文件档案资料。

4. 建设工程文件档案资料载体

1）纸质载体。以纸张为基础的载体形式。

2）缩微品载体。以胶片为基础，利用缩微技术对工程资料进行保存的载体形式。

3）光盘载体。以光盘为基础，利用计算机技术对工程资料进行存储的形式。

4）磁性载体。以磁性记录材料（磁带、磁盘等）为基础，对工程资料的电子文件、声音、图像进行存储的方式。

5. 建设工程文件档案资料特征

建设工程文件档案资料有以下方面的特征：分散性和复杂性、继承性和时效性、面性和真实性、随机性、多专业性和综合性。

6. 工程文件归档范围

1）对与工程建设有关的重要活动，记载工程建设主要过程和现状、具有保存价值的各种载体的文件，均应收集齐全，整理立卷后归档。

2）工程文件的具体归档范围按照现行《建设工程文件归档整理规范》（GB/T 50328—2001）中“建设工程文件归档范围和保管期限表”共5大类执行。

8.2.2 建设工程文件档案资料管理职责

建设工程档案资料的管理涉及到建设单位、监理单位、施工单位等以及地方城建档案管理部门。对于一个建设工程而言，归档有三方面含义：

1）建设、勘察、设计、施工、监理等单位将本单位在工程建设过程中形成的文件向本单位档案管理机构移交；

2）勘察、设计、施工、监理等单位将本单位在工程建设过程中形成的文件向建设单位档案管理机构移交；

3）建设单位按照现行《建设工程文件归档整理规范》（GB/T 50328—2001）要将汇总的该建设工程文件档案向地方城建档案管理部门移交。

1. 通用职责

1）工程各参建单位填写的建设工程档案应以施工及验收规范、工程合同、设计文件、工程施工质量验收统一标准等为依据。

2）工程档案资料应随工程进度及时收集、整理，并应按专业归类，认真书写，字迹清楚，项目齐全、准确、真实，无未完成事项。采用统一表格，特殊要求需增加的表格应统一归类。

3）工程档案资料进行分级管理，建设工程项目各单位技术负责人负责本单位工程档案资料的全过程组织工作并负责审核，各相关单位档案管理员负责工程档案资料的收集、整理工作。

4）对工程档案资料进行涂改、伪造、随意抽撤或损毁、丢失等，应按有关规定予以处罚，情节严重的，应依法追究法律责任。

2. 建设单位职责

1）在工程招标及与勘察、设计、监理、施工等单位签订协议、合同时，应对工程文件的套数、费用、质量、移交时间等提出明确要求。

2）收集和整理工程准备阶段、竣工验收阶段形成的文件，并应进行立卷归档。

3）负责组织、监督和检查勘察、设计、施工、监理等单位的工程文件的形成、积累和立卷归档工作；也可委托监理单位监督、检查工程文件的形成、积累和立卷归档工作。

4）收集和汇总勘察、设计、施工、监理等单位立卷归档的工程档案。

5）在组织工程竣工验收前，应提请当地城建档案管理部门对工程档案进行预验收；未取得工程档案验收认可文件，不得组织工程竣工验收。

6）对列入当地城建档案管理部门接收范围的工程，工程竣工验收3个月内，向当地城建档案管理部门移交一套符合规定的工程文件。

7）必须向参与工程建设的勘察、设计、施工、监理等单位提供与建设工程有关的原始资料，原始资料必须真实、准确、齐全。

8）可委托承包单位、监理单位组织工程档案的编制工作；负责组织竣工图的绘制工作，也可委托承包单位、监理单位、设计单位完成，收费标准按照所在地相关文件执行。

3. 监理单位职责

1）应设专人负责监理资料的收集、整理和归档工作，在项目监理部，监理资料的管理应由总监理工程师负责，并指定专人具体实施，监理资料应在各阶段监理工作结束后及时整理归档。

2）监理资料必须及时整理、真实完整、分类有序。在设计阶段，对勘察、测绘、设计单位的工程文件的形成、积累和立卷归档进行监督、检查；在施工阶段，对施工单位的工程文件的形成、积累、立卷归档进行监督、检查。

3）可以按照委托监理合同的约定，接受建设单位的委托，监督、检查工程文件的形成积累和立卷归档工作。

4）编制的监理文件的套数、提交内容、提交时间，应按照现行《建设工程文件归档整理规范》(GB/T 50328—2001)和各地城建档案管理部门的要求，编制移交清单，双方签字、盖章后，及时移交建设单位，由建设单位收集和汇总。监理公司档案部门需要的监理档案，按照《建设工程监理规范》(GB 50319—2012)的要求，及时由项目监理部提供。

4. 施工单位职责

1) 实行技术负责人负责制，逐级建立、健全施工文件管理岗位责任制，配备专职档案管理员，负责施工资料的管理工作。工程项目的施工文件应设专门的部门(专人)负责收集和整理。

2) 建设工程实行总承包的，总承包单位负责收集、汇总各分包单位形成的工程档案，各分包单位应将本单位形成的工程文件整理、立卷后及时移交总承包单位。建设工程项目由几个单位承包的，各承包单位负责收集、整理、立卷其承包项目的工程文件，并应及时向建设单位移交，各承包单位应保证归档文件的完整、准确、系统，能够全面反映工程建设活动的全过程。

3) 可以按照施工合同的约定，接受建设单位的委托进行工程档案的组织、编制工作。

4) 按要求在竣工前将施工文件整理汇总完毕，再移交建设单位进行工程竣工验收。

5) 负责编制的施工文件的套数不得少于地方城建档案管理部门要求，应有完整施工文件移交建设单位及自行保存，保存期可根据工程性质以及地方城建档案管理部门有关要求确定。如建设单位对施工文件的编制套数有特殊要求的，可另行约定。

5. 地方城建档案管理部门职责

1) 负责接收和保管所辖范围应当永久和长期保存的工程档案和有关资料。

2) 负责对城建档案工作进行业务指导，监督和检查有关城建档案法规的实施。

3) 列入向本部门报送工程档案范围的工程项目，其竣工验收应有本部门参加并负责对移交的工程档案进行验收。

8.2.3　建设工程档案编制质量要求与组卷方法

对建设工程档案编制质量要求与组卷方法，应该按照建设部和国家质量检验检疫总局于2002年1月10日联合发布，2002年5月1日开始实施的《建设工程文件归档整理规范》(GB/T 50328—2001)国家标准，此外，尚应执行《科学技术档案案卷构成的一般要求》(GB/T 11822—2000)、《技术制图复制图的折叠方法》(GB 10609.3—89)、《城市建设档案卷质量规定》(建办[1995]697号)等规范或文件的规定及各省、市地方相应的地力规范。

1. 归档文件的质量要求

1) 归档的工程文件一般应为原件。

2) 工程文件的内容及其深度必须符合国家有关工程勘察、设计、施工、监理等方面的技术规范、标准和规程。

3) 工程文件的内容必须真实、准确，与工程实际相符合。

4) 工程文件应采用耐久性强的书写材料，如碳素墨水、蓝黑墨水，不得使用易褪色的书写材料，如红色墨水、纯蓝墨水、圆珠笔、复写纸、铅笔等。

5) 工程文件应字迹清楚，图样清晰，图表整洁，签字盖章手续完备。

6) 工程文件中文字材料幅画尺寸规格宜为A4幅面(297 mm×210 mm)。图纸宜采用国家标准图幅。

7）工程文件的纸张应采用能够长期保存的韧力大、耐久性强的纸张。图纸一般采用蓝晒图，竣工图应是新蓝图。计算机出图必须清晰，不得使用计算机所出图纸的复印件。

8）所有竣工图均应加盖竣工图章。

9）利用施工图改绘竣工图，必须标明变更修改依据；凡施工图结构、工艺、平面布置等有重大改变，或变更部分超过图面1/3的，应当重新绘制竣工图。

10）不同幅面的工程图纸应按《技术制图复制图的折叠方法》(GB 10609.3—89）统一折叠成A4幅画，图标栏露在外面。

11）工程档案资料的缩微制品，必须按国家缩微标准进行制作，主要技术指标(解像力、密度、海波残留量等)要符合国家标准，保证质量，以适应长期安全保管。

12）工程档案资料的照片(含底片)及声像档案，要求图像清晰，声音清楚，文字说明或内容准确。

13）工程文件应采用打印的形式并使用档案规定用笔，手工签字，在不能够使用原件时，应在复印件或抄件上加盖公章并注明原件保存处。

2. 归档工程文件的组卷要求

(1）立卷的原则和方法

1）立卷应遵循工程文件的自然形成规律，保持卷内文件的有机联系，便于档案的保管和利用。

2）一个建设工程由多个单位工程组成时，工程文件应按单位工程组卷。

3）立卷采用的方法：

① 工程文件可按建设程序划分为工程准备阶段文件、监理文件、施工文件、竣工图、竣工验收文件5部分；

② 工程准备阶段文件可按单位工程、分部工程、专业工程、形成单位等组卷；

③ 监理文件可按单位工程、分部工程、专业工程、阶段等组卷；

④ 施工文件可按单位工程、分部工程、专业工程、阶段等组卷；

⑤ 竣工图可按单位工程、专业工程等组卷；

⑥ 竣工验收文件可按单位工程、专业工程等组卷。

4）立卷过程中宜遵循下列要求：

① 案卷不宜过厚，一般不超过40 mm；

② 案卷内不应有重复文件，不同载体的文件一般应分别组卷。

(2）卷内文件的排列

1）文字材料按事项、专业顺序排列。同一事项的请示与批复、同一文件的印本与定稿、主件与附件不能分开，并按批复在前、请示在后，印本在前、定稿在后，主件在前、附件在后的顺序排列。

2）图纸按专业排列，同专业图纸按图号顺序排列。

3）既有文字材料又有图纸的案卷，文字材料排前，图纸排后。

(3）案卷的编目

1）编制卷内文件页号应符合下列规定：

① 卷内文件均按有书写内容的页面编号。每卷单独编号，页号从“1”开始。

② 页号编写位置：单页书写的文字在右下角；双面书写的文件，正面在右下角，背面在左下角。折叠后的图纸一律在右下角。

③ 成套图纸或印刷成册的科技文件材料，自成一卷的，原目录可代替卷内目录，不必重新编写页码。

④ 案卷封面、卷内目录、卷内备考表不编写页号。

2）卷内目录的编制应符合下列规定：

① 卷内目录式样宜符合现行《建设工程文件归档整理规范》中附录B的要求。

② 序号。以一份文件为单位，用阿拉伯数字从1依次标注。

③ 责任者。填写文件的直接形成单位和个人。有多个责任者时，选择两个主要责任者，其余用“等”代替。

④ 文件编号。填写工程文件原有的文号或图号。

⑤ 文件题名。填写文件标题的全称。

⑥ 日期。填写文件形成的日期。

⑦ 页次。填写文件在卷内所排列的起始页号，最后一份文件填写起止页号。

⑧ 卷内目录排列在卷内文件之前。

3）卷内备考表的编制应符合下列规定：

① 卷内备考表的式样宜符合现行《建设工程文件归档整理规范》中附录C的要求。

② 卷内备考表主要标明卷内文件的总页数、各类文件数（照片张数），以及立卷单位对案卷情况的说明。

③ 卷内备考表排列在卷内文件的尾页之后。

4）案卷封面的编制应符合下列规定：

① 案卷封面印刷在卷盒、卷夹的正表面，也可采用内封面形式。案卷封面的式样宜符合现行《建设工程文件归档整理规范》中附录D的要求。

② 案卷封面的内容应包括：档号、档案馆代号、案卷题名、编制单位、起止日期密级、保管期限、共几卷、第几卷。

③ 档号应由分类号、项目号和案卷号组成，档号由档案保管单位填写。

④ 档案馆代号应填写国家给定的本档案馆的编号，档案馆代号由档案馆填写。

⑤ 案卷题名应简明、准确地揭示卷内文件的内容。案卷题名应包括工程名称、专业名称、卷内文件的内容。

⑥ 编制单位应填写案卷内文件的形成单位或主要责任者。

⑦ 起止日期应填写案卷内全部文件形成的起止日期。

⑧ 保管期限分为永久、长期、短期3种期限。各类文件的保管期限见现行《建设工程文件归档整理规范》中附录A的要求。永久是指工程档案需永久保存。长期是指工程档案的保存期等于该工程的使用寿命。短期是指工程档案保存20年以下。同一案卷内有不同保管期限的文件，该案卷保管期限应从长。

⑨ 工程档案套数一般不少于2套，一套由建设单位保管，另一套原件要求移交当地城建档案管理部门保存，接收范围规范规定各城市可以根据本地情况适当拓宽或缩减，具体可向建设工程所在地城建档案管理部门询问。

⑩ 密级分为绝密、机密、秘密等3种。同一案卷内有不同密级的文件，应以高密级为本卷密级。

5）卷内目录、卷内备考表、卷内封面应采用70 g以上白色书写纸制作，幅面统一采用A4幅面。

8.2.4 建设工程档案验收与移交

1. 验收

1）列入城建档案管理部门档案接收范围的工程，建设单位在组织工程竣工验收前，应提请城建档案管理部门对工程档案进行预验收。建设单位未取得城建档案管理部门出具的认可文件，不得组织工程竣工验收。

2）城建档案管理部门在进行工程档案预验收时，应重点验收以下内容：

① 工程档案分类齐全、系统完整；

② 工程档案的内容真实、准确地反映工程建设活动和工程实际状况；

③ 工程档案已整理立卷，立卷符合现行《建设工程文件归档整理规范》的规定；

④ 竣工图绘制方法、图式及规格等符合专业技术要求，图面整洁，盖有竣工图章；

⑤ 文件的形成、来源符合实际，要求单位或个人签章的文件，其签章手续完备；

⑥ 文件材质、幅面、书写、绘图、用墨、托裱等符合要求。

工程档案由建设单位进行验收，属于向地方城建档案管理部门报送工程档案的工程项目还应会同地方城建档案管理部门共同验收。

3）国家、省市重点工程项目或一些特大型、大型的工程项目的预验收和验收，必须要有地方城建档案管理部门参加。

4）为确保工程档案的质量，各编制单位、地方城建档案管理部门、建设行政管理部门等要对工程档案进行严格检查、验收。编制单位、制图人、审核人、技术负责人必须进行签字或盖章。对不符合技术要求的，一律退回编制单位进行改正、补齐，问题严重者可令其重做。不符合要求者，不能交工验收。

5）凡报送的工程档案，如验收不合格将其退回建设单位，由建设单位责成责任者重新进行编制，达到要求后重新报送。检查验收人员应对接收的档案负责。

6）地方城建档案管理部门负责工程档案的最后验收，并对编制报送工程档案进行业务指导、督促和检查。

2. 移交

1）列入城建档案管理部门接收范围的工程，建设单位在工程竣工验收后3个月内向城建档案管理部门移交一套符合规定的工程档案。

2）停建、缓建工程的工程档案，暂由建设单位保管。

3）对改建、扩建和维修工程，建设单位应当组织设计单位、监理单位、施工单位据实修改、补充和完善工程档案。对改变的部位，应当重新编写工程档案，并在工程竣工验收后3个月内向城建档案管理部门移交。

4）建设单位向城建档案管理部门移交工程档案时，应办理移交手续，填写移交目录，双方签字、盖章后交接。

5）施工单位、监理单位等有关单位应在工程竣工验收前将工程档案按合同或协议规定的时间、套数移交给建设单位，办理移交手续。

8.2.5 建设工程监理文件档案资料管理

1. 监理资料档案管理工作的概念范畴

资料档案管理在管理学上属于基础管理工作范畴，监理资料档案管理工作是建设工程

“四控、两管、一协调”中“信息管理”的重要内容，是监理人员必须进行的工作。

2. 监理资料档案管理工作的内容

(1) 对资料的采集、处理、归档工作

1) 项目监理部应对资料信息目录规定的项目进行采集，资料信息来源主要有：建设单位、施工单位、设计单位、勘察单位、政府部门、监理公司（含项目监理部），监理人员应认真区别，并针对性地采集，以提高采集信息资料效率。对于收集的信息资料应及时进行处理（如需要现场验收、检查、记录、收发文、无效信息的甄别，规定入档资料的整理归档等工作）。

2) 资料的归档工作具体统一规定

① 每月资料必须归档，归档定于地区监理部检查之后；未归档的文件应分类放临时文件夹，每类临时文件应手写目录作封面；临时文件中对于未闭合的资料应分开放置，如到月检后仍未闭合归档的，则应留副本在档案外交专人跟踪，以提高管理效率。

② 发出资料时资料应加注发文编码，归档时应严格甄别，按公司资料目录归档，并标注档案编码；收入资料时资料应加注收文编码，编码由项目自行统一形式（如△序号，或◇序号，或▽序号……），收文登记表应有序号、日期、文件名、收文人签名、文件来源（来文有编号的要标注上）的记录；为使资料编码标准规范，公司为项目部刻制编码章，规定发文编码在资料的左上角（蓝色），归档编码在右上角（红色），收文编码在左下角（手写）。

(2) 资料采集的内容

采集的资料主要是工程合同法律文件、设计勘察文件、监理工作指导文件、施工单位管理体系文件、工程监理记录、监理业务工作记录、来往文件等。

3. 项目监理部主要资料信息采集计划

项目监理部主要资料信息采集计划见表8-1。

表8-1 项目监理部主要资料信息采集计划

文件类型	资料信息	采集方向	采集时间	备注
1. 合同文件（A类）	(1)委托监理合同（包括监理招标投标文件）	公司部门	进驻现场前	
	(2) 建设工程施工合同（包括施工招投标文件、答疑、技术标、经济标）	建设单位	进驻现场前	
	(3) 工程分包合同，各类建设单位与第三方签订的涉及监理业务的合同		相关合同签订后及时收集	
	(4) 有关合同变更的协议文件		相关协议签订后及时收集	
	(5) 合同争议调解的文件		相关文件签订后及时收集	
	(6) 违约处理文件		相关文件签订后及时收集	
	(7) 费用索赔处理的文件（包括费用索赔申请表、费用索赔审批表）		施工过程及时收集	
	(8) 工程延期及工程延误处理的文件（包括各类延期申请表）		施工过程及时收集	

（续表）

文件类型	资料信息	采集方向	采集时间	备注
2. 勘察、设计文件(B类)	(1) 工程地质、水文地质勘察报告	建设单位	开工前	
	(2) 测量基础资料		开工前	
	(3) 施工图及说明文件		开工前	
	(4) 图纸会审有关记录		开工前	
	(5) 设计交底有关记录及会议纪要		开工前	
	(6) 工程变更文件(包括工程变更单位表)		变更后及时收集	
3. 监理工作指导文件(C类)	(1) 工程项目监理规划	项目监理部	开工前	
	(2) 监理实施细则		总体或分部分项开工前	
	(3) 工程进度、质量、造价、安全的控制计划等有关资料		开工前	
4. 施工组织方案报审表(D类)	(1) 施工组织设计(总体或分阶段)及专项施工方案资料	施工单位	总体或分阶段专项工程开工前	以上资料均采用A2表(施工组织设计(方案)报审表)报审
	(2) 分部工程施工方案		分部工程开工前	
	(3) 季节性施工方案		季节性施工前	
5. 资质资料(E类)	(1) 总包单位资质资料及人员上岗证	总包单位	开工前	
	(2) 分包单位资质资料及人员上岗证	分包单位	分包工程开工前	以上资料均采用A3表(分包单位资格报审表)
	(3) 材料、构配件、设备供应商资质资料	建设方/施工单位	材料报验前	
	(4) 工程试验室(包括有见证取样送检试验室)资质资料	施工单位	开工前	
	(5) 公司和项目监理人员的资质证明	监理公司	进场和人员变更时	
6. 工程进度文件(F类)	(1) 工程开工、暂停令及复工文件(工程开工/复工报审表)	项目监理部	开工前，暂停令及复工文件签署后及时收集	
	(2) 工程进度计划报审文件	施工单位	竣工前	
	(3) 工程竣工报审文件(包括工程竣工报验单)		施工过程及时收集	
	(4) 其他有关工程进度控制的文件		施工过程及时收集	

（续表）

文件类型	资料信息	采集方向	采集时间	备注
7. 工程报验申请表(G类)	(1) 施工测量放线报审文件	施工单位	施工过程及时收集	
	(2) 专项施工试验报审文件(如桩基检测、玻璃幕墙、氡气检测、防雷接地检测等专项试验检测)		施工过程及时收集	
	(3) 分项工程质量报审文件(填写A4报验申请表)		施工过程及时收集	
	(4) 分部/单位工程质量报审文件		施工过程及时收集	
	(5) 质量问题处理记录及质量事故处理报告		施工过程及时收集	
	(6) 其他有关工程质量控制的文件		施工过程及时收集	
	(7) 设备安装专项验收记录	施工单位	相关验收后及时收集	
	(8) 工程竣工预验收报验表		相关验收后及时收集	
	(9) 人防工程验收记录		相关验收后及时收集	
	(10) 消防工程验收记录		相关验收后及时收集	
	(11) 其他有关工程的验收记录		相关验收后及时收集	
	(12) 单位工程验收记录		相关验收后及时收集	
8. 工程材料报审文件(H类)	(1) 建筑材料、构配件、设备报审文件	施工单位	施工过程及时收集	以上资料采用A9表(工程材料/构配件/设备报审表)
	(2) 有见证取样送检检测报审文件和资料	施工单位	施工过程及时收集	
9. 费用支付审批文件(I类)	(1) 工程施工概(预)算报验资料	施工单位	施工前	
	(2) 工程量申报及审批资料		施工过程及时收集	
	(3) 工程预付款报批文件(工程款支付申请表、工程款支付证书)		施工合同约定时间	
	(4) 工程变更费用报批文件		工程变更前	
	(5) 工程竣工结算报批文件		工程竣工后	
	(6) 其他有关工程造价控制的资料		施工过程及时收集	
10. 会议纪要(J类)	(1) 监理会议纪要(含第一次工地会议)	项目监理部	会议后及时收集	
	(2) 工地专题及其他会议纪要		会议后及时收集	
11. 监理报告、总结(K类)	(1) 监理安全周报		每周	
	(2) 工程质量月报		每月	
	(3) 监理月报		每月	
	(4) 工程质量评估报告		工程竣工后	
	(5) 监理工作总结		工程竣工后	

（续表）

文件类型	资料信息	采集方向	采集时间	备注
12. 监理工作函件（L类）	(1) 监理工程师通知单及施工单位回复单		施工过程及时收集	
	(2) 监理工作联系单		施工过程及时收集	
13. 监理工作记录文件（M类）	(1) 施工监理日志		施工过程及时收集	
	(2) 总监巡视记录		施工过程及时收集	
	(3) 旁站监理记录		施工过程及时收集	
	(4) 监理抽检记录		施工过程及时收集	
	(5) 工程照片及声像资料		施工过程及时收集	
	(6) 安全档案：隐患报告书，隐患整改通知单，检查记录汇总表，暂停工通知书，其他安全资料		施工过程及时收集	
	(7) 工人工资发放、检查资料	施工单位/监理部	每月施工单位申请月进度款前	
14. 工程管理往来函件（N类）	(1) 建设单位函件	建设单位	施工过程及时收集	
	(2) 施工单位函件	施工单位	施工过程及时收集	
	(3) 设计单位函件	设计单位	施工过程及时收集	
	(4) 政府部门函件	政府部门	施工过程及时收集	
	(5) 其他部门函件	相关部门	施工过程及时收集	
15. 其他	(1) 技术性文件		施工过程及时收集	
	(2) 法规性文件		施工过程及时收集	
	(3) 管理性文件		施工过程及时收集	
	(4) 公司文件	公司部门	施工过程及时收集	
	(5) 公司检查记录		施工过程及时收集	

4. 项目监理资料采集和归档过程

建设工程监理文件档案资料管理主要内容是：监理文件档案资料收、发文与登记；监理文件档案资料传阅；监理文件档案资料分类存放；监理文件档案资料归档、借阅、更改与作废。

(1) 项目监理档案资料采集过程

项目监理档案资料采集过程见表8-2。

表8-2　项目监理档案资料采集过程

输入	工具与技术	输出
(1) 项目监理部主要资料信息采集计划	(1) 收发文登记表	(1) 登记入录
(2) 监理工作需求	(2) 公司资料管理规定	(2) 收发文编码
(3) 相关单位要求	(3) 面洽、电脑、传真机、电话	
	(4) 发文编码章	

所有收文应在收文登记表上进行登记(按监理信息分类别进行登记)。应记录文件名称、文件摘要信息、文件的发放单位(部门)文件编号以及收文日期,必要时应注明接收文件的具体时间,最后由项目监理部负责收文人员签字。

监理信息在有追溯性要求的情况下,应注意核查所填部分内容是否可追溯。如材料报审表中是否明确注明该材料所使用的具体部位,以及该材料质保证明的原件保存处等。

如不同类型的监理信息之间存在相互对照或追溯关系时(如监理工程师通知单和监理工程师通知回复单),在分类存放的情况下,应在文件和记录上注明相关信息的编号和存放处。

资料管理人员应检查文件档案资料的各项内容填写和记录是否真实完整,签字认可人员应为符合相关规定的责任人员,并且不得以盖章和打印代替手写签认。文件档案资料以及存储介质质量应符合要求,所有文件档案必须使用符合档案归档要求的碳素墨水填写或打印生成,以适应长时间保存的要求。

有关工程建设照片及声像资料等应注明拍摄日期及所反映工程建设部位等摘要信息。收文登记后应交给项目总监或由其授权的监理工程师进行处理,重要文件内容应在监理日记中记录。

部分收文如涉及到建设单位的工程建设指令或设计单位的技术核定单以及其他重要文件,应将复印件在项目监理部专栏内予以公布。

(2) 监理文件档案资料传阅与登记

由建设工程项目监理部总监理工程师或其授权的监理工程师确定文件、记录是否需传阅,如需传阅应确定传阅人员名单和范围,并注明在文件传阅纸上,随同文件和记录进行传阅。也可按文件传阅纸样式刻制方形图章,盖在文件空白处,代替文件传阅纸。每位传阅人员阅后应在文件传阅纸上签名,并注明日期。文件和记录传阅期限不应超过该文件的处理期限。传阅完毕后,文件原件应交还信息管理人员归档。

(3) 监理文件资料发文与登记

发文由总监理工程师或其授权的监理工程师签名,并加盖项目监理部图章,对盖章工作应进行专项登记。如为紧急处理的文件,应在文件首页标注“急件”字样。

所有发文按监理信息资料分类和编码要求进行分类编码,并在发文登记表上登记。登记内容包括:文件资料的分类编码、发文文件名称、摘要信息、接收文件的单位(部门)名称、发文日期(强调时效性的文件应注明发文的具体时间)。收件人收到文件后应签名。

发文应留有底稿,并附一份文件传阅纸,信息管理人员根据文件签发人指示确定文件责任人和相关传阅人员。文件传阅过程中,每位传阅人员阅后应签名并注明日期。发文的传阅期限不应超过其处理期限。重要文件的发文内容应在监理日记中予以记录。

项目监理部的信息管理人员应及时将发文原件归入相应的资料柜(夹)中,并在目录清单中予以记录。

(4) 项目监理档案资料归档过程

项目监理档案资料归档过程见表8-3。

表8-3　项目监理档案资料归档过程

输入	工具与技术	输出
(1) 收发文登记表	(1) 文档登记表	(1) 归档编码
(2) 项目部生成资料	(2) 公司资料管理规定	(2) 登记入录
	(3) 电脑录入储存、归档编码章	

监理文件档案经收/发文、登记和传阅工作程序后，必须使用科学的分类方法进行存放，这样既可满足项目实施过程查阅、求证的需要，又方便项目竣工后文件和档案的归档和移交。项目监理部应备有存放监理信息的专用资料柜和用于监理信息分类归档存放的专用资料夹。在大中型项目中应采用计算机对监理信息进行辅助管理。

信息管理人员则应根据项目规模规划各资料柜和资料夹内容。

文件和档案资料应保持清晰，不得随意涂改记录，保存过程中应保持记录介质的清洁和不破损。

项目建设过程中文件和档案的具体分类原则应根据工程特点制定，监理单位的技术管理部门可以明确本单位文件档案资料管理的框架性原则，以便统一管理并体现出企业的特色。

监理文件档案资料归档内容、组卷方法以及监理档案的验收、移交和管理工作，应根据现行《建设工程监理规范》和《建设工程文件归档整理规范》，并参考工程项目所在地区建设工程行政主管部门、建设监理行业主管部门、地方城市建设档案管理部门的规定执行。

对一些需连续产生的监理信息，如对其有统计要求，在归档过程中应对该类信息建立相关的统计汇总表格以便进行核查和统计，并及时发现错漏之处，从而保证该类监理信息的完整性。

监理文件档案资料的归档保存中应严格按照保存原件为主、复印件为辅和按照一定顺序归档的原则。如在监理实践中出现作废和遗失等情况，应明确地记录作废和遗失原因、处理的过程。

如采用计算机对监理信息进行辅助管理，当相关的文件和记录经相关责任人员签字确定、正式生效并已存入项目部相关资料夹中时，计算机管理人员应将储存在计算机中的相关文件和记录改变其文件属性为"只读"，并将保存的目录记录在书面文件上以便于进行查阅。在项目文件档案资料归档前不得将计算机中保存的有效文件和记录删除。

按照现行《建设工程文件归档整理规范》(GB/T 50328—2～1)，监理文件有10大类27个，要求在不同的单位归档保存，现分述如下：

1) 监理规划

① 监理规划(建设单位长期保存，监理单位短期保存，送城建档案管理部门保存)；

② 监理实施细则(建设单位长期保存，监理单位短期保存，送城建档案管理部门保存)；

③ 监理部总控制计划等(建设单位长期保存，监理单位短期保存)。

2) 监理月报中的有关质量问题(建设单位长期保存，监理单位长期保存，送城建档案管理部门保存)

3) 监理会议纪要中的有关质量问题(建设单位长期保存，监理单位长期保存，送城建档案管理部门保存)

4）进度控制

① 工程开工/复工审批表（建设单位长期保存，监理单位长期保存，送城建档案管理部门保存）；

② 工程开工/复工暂停令（建设单位长期保存，监理单位长期保存，送城建档案管理部门保存）。

5）质量控制

① 不合格项目通知（建设单位长期保存，监理单位长期保存，送城建档案管理部门保存）；

② 质量事故报告及处理意见（建设单位长期保存，监理单位长期保存，送城建档案管理部门保存）。

6）造价控制

① 预付款报审与支付（建设单位短期保存）；

② 月付款报审与支付（建设单位短期保存）；

③ 设计变更、洽商费用报审与签认（建设单位长期保存）；

④ 工程竣工结算审核意见书（建设单位长期保存，送城建档案管理部门保存）。

7）分包资质

① 分包单位资质材料（建设单位长期保存）；

② 供货单位资质材料（建设单位长期保存）；

③ 试验等单位资质材料（建设单位长期保存）。

8）监理通知

① 有关进度控制的监理通知（建设单位、监理单位长期保存）；

② 有关质量控制的监理通知（建设单位、监理单位长期保存）；

③ 有关造价控制的监理通知（建设单位、监理单位长期保存）。

9）合同与其他事项管理

① 工程延期报告及审批（建设单位永久保存，监理单位长期保存，送城建档案管理部门保存）；

② 费用索赔报告及审批（建设单位、监理单位长期保存）；

③ 合同争议、违约报告及处理意见（建设单位永久保存，监理单位长期保存，送城建档案管理部门保存）；

④ 合同变更材料（建设单位、监理单位长期保存，送城建档案管理部门保存）。

10）监理工作总结

① 专题总结（建设单位长期保存，监理单位短期保存）；

② 月报总结（建设单位长期保存，监理单位短期保存）；

③ 工程竣工总结（建设单位、监理单位长期保存，送城建档案管理部门保存）；

④ 质量评估报告（建设单位、监理单位长期保存，送城建档案管理部门保存）。

（5）监理文件档案资料借阅、更改与作废

项目监理部存放的文件和档案原则上不得外借，如政府部门、建设单位或施工单位确有需要，应经过总监理工程师或其授权的监理工程师同意，并在信息管理部门办理借阅手续。监理人员在项目实施过程中需要借阅文件和档案时，应填写文件借阅单，并明确归还时间。

信息管理人员办理有关借阅手续后，应在文件夹的内附目录上做特殊标记，避免其他监理人员查阅该文件时，因找不到文件引起工作混乱。

监理文件档案的更改应由原制定部门相应责任人执行，涉及审批程序的，由原审批责任人执行。若指定其他责任人进行更改和审批时，新责任人必须获得所依据的背景资料。监理文件档案更改后，由信息管理部门填写监理文件档案更改通知单，并负责发放新版本文件。发放过程中必须保证项目参建单位中所有相关部门都得到相应文件的有效版本。文件档案换发新版时，应由信息管理部门负责将原版本收回作废。考虑到日后有可能出现追溯需求，信息管理部门可以保存作废文件的样本以备查阅。

8.2.6　监理工作的基本表式

建设工程监理在施工阶段的基本表式按照《建设工程监理规范》(GB 50319—2012) 附录(见附录)执行，该类表式可以一表多用，由于各行业各部门各地区已经各自形成一套表式，使得建设工程参建各方的信息行为不规范、不协调，因此，建立一套通用的，适合建设、监理、施工、供货各方，适合各个行业、各个专业的统一表式已具有充分的必要性，可以大大提高我国建设工程信息的标准化、规范化。

1. 建设工程监理基本表式总说明

1) 建设工程监理基本表式分为A类表(施工单位报审/验表)、B类表(工程监理单位用表)和C类表(通用表)三类。其中，A类表是由施工单位填写后报工程监理单位或建设单位审批或验收；B类表是工程监理单位对外签发的监理文件或监理工作控制记录表；C类表是工程参建各方的通用表式。

2) 针对下列表式的审核，总监理工程师除签字外，还需加盖执业印章：

① A1　施工组织设计/(专项)施工方案报审表

② B2　开工令

③ B7　复工令

④ A13　费用索赔报审表

⑤ A14　工程临时/最终延期报审表

⑥ B4　工程暂停令

⑦ B8　工程款支付证书

2. 建设工程监理基本表式填写说明

(1) A1　施工组织设计/(专项)施工方案报审表

1) 工程施工组织设计/(专项)施工方案，应填写相应的单位工程、分部工程、分项工程或与安全施工有关的工程名称。

2) 对分包单位编制的施工组织设计/(专项)施工方案均应由施工总承包单位按规定完成相关审批手续后，报送项目监理机构审核。

(2) A2　开工报审表

1) 表中证明文件资料是指能够证明已具备开工条件的相关文件资料。

2) 一个工程项目只填报一次，如工程项目中含有多个单位工程且开工时间不一致时，则每个单位工程都应填报一次。

3) 总监理工程师应根据《建设工程监理规范》(GB 50319—2012) 3.0.7 条款中所列条

件审核后签署意见。

4）该表经总监理工程师签署意见，报建设单位同意后由总监理工程师签发开工令。

(3) A3 复工报审表

1）该表用于工程因各种原因暂停后，具备复工条件的情形。工程复工报审时，应附有能够证明已具备复工条件的相关文件资料。

2）表中证明文件可以为相关检查记录、有针对性的整改措施及其落实情况、会议纪要、影像资料等。

(4) A4 分包单位资格报审表

1）分包单位的名称应按《企业法人营业执照》全称填写。

2）分包单位资质材料包括：营业执照、企业资质等级证书、安全生产许可文件、专职管理人员和特种作业人员的资格证书等。

3）分包单位业绩材料是指分包单位近 3 年完成的与分包工程内容类似的工程及质量情况。

4）施工单位的试验室报审可参用此表。

(5) A5 施工控制测量成果报验表

1）该表用于施工单位施工测量放线完成并自检合格后，报送项目监理机构复核确认。

2）测量放线的专业测量人员资格（测量人员的资格证书）及测量设备资料（施工测量放线使用测量仪器的名称、型号、编号、校验资料等）应经项目监理机构确认。

3）测量依据资料及测量成果。

① 平面、高程控制测量。需报送控制测量依据资料、控制测量成果表（包含平差计算表）及附图；

② 定位放样。报送放样依据、放样成果表及附图。

(6) A6 工程材料/设备/构配件报审表

1）该表用于项目监理机构对工程材料、设备、构配件在施工单位自检合格后进行的检查。

2）填写此表时应写明工程材料、设备、构配件的名称、进场时间、拟使用的工程部位等。

3）质量证明文件指。生产单位提供的合格证、质量证明书、性能检测报告等证明资料。进口材料、构配件、设备应有商检的证明文件；新产品、新材料、新设备应有相应资质机构的鉴定文件。如无证明文件原件，需提供复印件，但需要在复印件上注明原件存放单位，并加盖证明文件提供单位公章。

4）自检结果是指施工单位核对所购材料、构配件、设备清单、质量证明资料后，并对工程材料、构配件、设备实物及外部观感质量进行验收自检核实的结果。

5）由建设单位采购的主要设备则由建设单位、施工单位、项目监理机构进行开箱检查，并由三方在开箱检查记录上签字。

6）进口材料、构配件和设备应按照合同约定，由建设单位、施工单位、供货单位、项目监理机构及其他有关单位进行联合检查，检查情况及结果应形成记录，并由各方代表签字认可。

(7) A7 ________报审/验表

1）该表为报审/验的通用表式，主要用于检验批、隐蔽工程、分项工程的报验。此外，也用于关键部位或关键工序施工前的施工工艺质量控制措施和施工单位试验室等其他内容的报审。

2）分包单位的报验资料必须经施工单位审核后方可向项目监理机构报验。

3）检验批、隐蔽工程、分项工程需经施工单位自检合格后并附有相应工序和部位的工程质量检查记录，报送项目监理机构验收。

4）填写该表时，应注明所报审施工工艺及新工艺等的使用部位。

(8) A8　分部工程报验表

1）该表用于项目监理机构对分部工程的验收。分部工程所包含的分项工程全部自检合格后，施工单位报送项目监理机构。

2）附件包含：《分部（子分部）工程质量验收记录表》及工程质量验收规范要求的质量控制资料、安全及功能检验（检测）报告等。

(9) A9　监理通知回复单

1）该表用于施工单位在收到《监理通知》后，根据通知要求进行整改、自查合格后，向项目监理机构报送回复意见。

2）回复意见应根据《监理通知》的要求，简要说明落实整改的过程、结果及自检情况，必要时应附整改相关证明资料，包括检查记录、对应部位的影像资料等。

(10) A10　单位工程竣工验收报审表

1）该表用于单位（子单位）工程完成后，施工单位自检符合竣工验收条件后，向建设单位及项目监理机构申请竣工验收。

2）一个工程项目中含有多个单位工程时，则每个单位工程都应填报一次。

3）表中质量验收资料指：能够证明工程按合同约定完成并符合竣工验收要求的全部资料，包括单位工程质量控制资料，有关安全和使用功能的检测资料，主要使用功能项目的抽查结果等。对需要进行功能试验的工程（包括单机试车、无负荷试车和联动调试），应包括试验报告。

(11) A11　工程款支付申请表

该表中附件是指和付款申请有关的资料，如已完成合格工程的工程量清单、价款计算及其他和付款有关的证明文件和资料。

(12) A12　施工进度计划报审表

该表中施工总进度计划是指工程实施过程中进度计划发生变化，与施工组织设计中的总进度计划不一致，经调整后的施工总进度计划。

(13) A13　费用索赔报审表

该表中证明材料应包括：索赔意向书、索赔事项的相关证明材料。

(14) A14　工程临时/最终延期报审表

应在表中写明总监理工程师同意或不同意工程临时延期的理由和依据。

(15) B1　总监理工程师任命书

1）根据监理合同约定，由工程监理单位法定代表人任命有类似工程管理经验的注册监理工程师担任项目总监理工程师。负责项目监理机构的日常管理工作。

2）工程监理单位法定代表人应根据相关法律法规、监理合同及工程项目和总监理工程师的具体情况明确总监理工程师的授权范围。

(16) B2 开工令

1) 建设单位对《开工报审表》签署同意意见后，总监理工程师才可签发《开工令》。

2)《开工令》中的开工日期作为施工单位计算工期的起始日期。

(17) B3 监理通知

1) 该表用于项目监理机构按照监理合同授权，对施工单位提出要求。监理工程师现场发出的口头指令及要求，也应采用此表予以确认。

2) 内容包括：针对施工单位在施工过程中出现的不符合设计要求、不符合施工技术标准、不符合合同约定的情况、使用不合格的材料、构配件和设备等行为，提出纠正施工单位在工程质量、进度、造价等方面的违规、违章行为的指令和要求。

3) 施工单位收到《监理通知》后，须使用《监理通知回复单》回复，并附相关资料。

(18) B4 工程暂停令

1) 该表适用于总监理工程师签发指令要求停工处理的事件。

2) 总监理工程师应根据暂停工程的影响范围和程度，按照施工合同和监理合同的约定签发暂停令。

3) 签发工程暂停令时，必须注明停工的部位。

(19) B5 监理报告

1) 项目监理机构在实施监理过程中，发现工程存在安全事故隐患，发出《监理通知》或《工程暂停令》后，施工单位拒不整改或者不停工时，应当采用本表及时向政府主管部门报告。

2) 情况紧急下，项目监理机构可先通过电话、传真或电子邮件方式向政府主管部门报告，事后应以书面形式监理报告送达政府主管部门，同时抄报建设单位和工程监理单位。

3)"可能产生的后果"是指：基坑坍塌；模板、脚手支撑倒塌；大型机械设备倾倒；严重影响和危及周边(房屋、道路等)环境；易燃易爆恶性事故；人员伤亡等。

4) 本表应附相应《监理通知》或《工程暂停令》等证明监理人员所履行安全生产管理职责的相关文件资料。

(20) B6 旁站记录

1) 该表是监理人员对关键部位、关键工序的施工质量，实施全过程现场跟踪监督活动的实时记录。

2) 表中的施工单位是指负责旁站部位的具体作业班组。

3) 表中施工情况是指旁站部位的施工作业内容，主要施工机械、材料、人员和完成的工程数量等记录。

4) 表中监理情况是指监理人员检查旁站部位施工质量的情况，包括施工单位质检人员到岗情况、特殊工种人员持证情况以及施工机械、材料准备及关键部位、关键工序的施工是否按(专项)施工方案及工程建设强制性标准执行等情况。

(21) B8 工程款支付证书

该表是项目监理机构收到施工单位《工程款支付申请表》后，根据施工合同约定对相关资料审查复核后签发的工程款支付证明文件。

(22) C1 工作联系单

该表用于工程监理单位与工程建设有关方相互之间的日常书面工作联系，有特殊规定的除外。工作联系的内容包括:告知、督促、建议等事项。本表不需要书面回复。

(23) C2　工程变更单

1) 该表仅适用于施工单位提出的工程变更。

2) 附件应包括工程变更的详细内容,变更的依据,对工程造价及工期的影响程度,对工程项目功能、安全的影响分析及必要的图示。

8.2.7　监理规划

监理规划应在签订委托监理合同,收到施工合同、施工组织设计(技术方案)、设计图纸文件后一个月内,由总监理工程师组织完成该工程项目的监理规划编制工作,经监理公司技术负责人审核批准后,在监理交底会前报送建设单位。

监理规划的内容应有针对性,做到控制目标明确、措施有效、工作程序合理、工作制度健全、职责分工清楚、对监理实践有指导作用。监理规划应有时效性,在项目实施过程中,应根据情况的变化作必要的调整、修改,经原审批程序批准后,再次报送建设单位。

8.2.8　监理实施细则

对于技术复杂、专业性强的工程项目应编制"监理实施细则",监理实施细则应符合监理规划的要求,并结合专业特点,做到详细、具体、具有可操作性,监理实施细则也要根据实际情况的变化进行修改、补充和完善,内容主要有专业工作特点、监理工作流程、监理控制要点及目标值、监理工作方法及措施。

8.2.9　监理日记

监理日记由专业监理工程师和监理员书写,监理日记和施工日记一样,都是反映工程施工过程的实录,一个同样的施工行为,往往两本日记可能记载有不同的结论,事后在工程发现问题时,日记就起了重要的作用,因此,认真、及时、真实、详细、全面地做好监理日记,对发现问题,解决问题,甚至仲裁、起诉都有作用。

监理日记有不同角度的记录,项目总监理工程师可以指定一名监理工程师对项目每天总的情况进行记录,通称为项目监理日志;专业工程监理工程师可以从专业的角度进行记录;监理员可以从负责的单位工程、分部工程、分项工程的具体部位施工情况进行记录,侧重点不同,记录的内容、范围也不同。

8.2.10　监理例会会议纪要

监理例会是履约各方沟通情况,交流信息、协调处理、研究解决合同履行中存在的各方面问题的主要协调方式。会议纪要由项目监理部根据会议记录整理,例会上意见不一致的重大问题,应将各方的主要观点,特别是相互对立的意见记入"其他事项"中。会议纪要的内容应准确如实,简明扼要,经总监理工程师审阅,与会各方代表会签,发至合同有关各方,并应有签收手续。

8.2.11　监理月报

监理月报由项目总监理工程师组织编写,由总监理工程师签认,报送建设单位和本监理单位，报送时间由监理单位和建设单位协商确定，一般在收到承包单位项目经理部报送来的工程进度，汇总了本月已完工程量和本月计划完成工程量的工程量表、工程款支付申请表等相关资料后，在最短的时间内提交，在5～7天之内。

8.2.12 监理工作总结

监理总结有工程竣工总结、专题总结、月报总结三类，按照《建设工程文件归档整理规范》的要求，三类总结在建设单位都属于要长期保存的归档文件，专题总结和月报总结在监理单位是短期保存的归档文件，而工程竣工总结属于要报送城建档案管理部门的监理归档文件。

8.3 项目监理机构的组织协调工作

监理工程师在施工监理过程中，要顺利而有效地完成合同规定的任务，做好组织协调工作是十分重要的。建设单位、承包商和监理工程师均是独立的一方，建设单位与监理工程师的关系是委托与被委托的关系，监理工程师与承包商是监理与被监理的关系。要使施工承包合同得以履行，监理工程师在其监理过程中必须独立、公正、公平地履行自身的职责，不能偏袒任何一方，根据合同的规定，既要维护建设单位的权益，又要维护承包商的权益，能正确处理建设单位、承包商、自身三者之间关系，例如：建设单位不按合同规定给承包商支付款项，承包商提出索赔，而且可能出现施工受阻，工期可能延长等问题。又如，监理工程师下达的指令，承包商不执行，从而带来很多问题等，这些问题如何解决？这就需要监理工程师具有较强的组织协调能力来解决这些问题。

8.3.1 建设工程监理组织协调概述

1. 组织协调的概念

协调就是联结、联合、调和所有的活动及力量，使各方配合得适当，其目的是促使各方协同一致，以实现预定目标。协调工作应贯穿于整个建设工程实施及其管理过程中。

建设工程系统就是一个由人员、物质、信息等构成的人为组织系统。用系统方法分析，建设工程的协调一般有三大类：一是“人员/人员界面”；二是“系统/系统界面”；三是“系统/环境界面”。

建设工程组织是由各类人员组成的工作班子，由于每个人的性格、习惯、能力、岗位、任务、作用的不同，即使只有两个人在一起工作，也有潜在的人员矛盾或危机。这种人和人之间的间隔，就是指“人员/人员界面”。

建设工程系统是由若干个子项目组成的完整体系，子项目即子系统。由于子系统的功能、目标不同，容易产生各自为政的趋势和相互推诿的现象。这种子系统和子系统之间的间隔，就是指“系统/系统界面”。

建设工程系统是一个典型的开放系统。它具有环境适应性，能主动从外部世界取得必要的能量、物质和信息。在取得的过程中，不可能没有障碍和阻力。这种系统与环境之间的间隔，就是指“系统/环境界面”。

项目监理机构的协调管理就是在“人员/人员界面”、“系统/系统界面”、“系统/环境界面”之间，对所有的活动及力量进行联结、联合、调和的工作。系统方法强调，要把系统作为一个整体来研究和处理，因为总体的作用规模要比各子系统的作用规模之和大。为了顺利实现建设工程系统目标，必须重视协调管理，发挥系统整体功能。在建设工程监理中，要保证项目的参与各方围绕建设工程开展工作，使项目目标顺利实现。组织协调工作最为重要，也最为困难，是决定监理工作能否成功的关键，只有通过积极的组织协调才能实现整个系统全面协调控制的目的。

2. 组织协调的范围和层次

从系统方法的角度看，项目监理机构协调的范围可分为系统内部的协调和系统外部的协调。系统外部协调又分为近外层协调和远外层协调。近外层和远外层的主要区别是：建设工程与近外层关联单位（如材料供应单位、设备制造单位等）一般有合同关系，与远外层关联单位（如政府部门、金融机构等）一般没有合同关系。

8.3.2　项目监理机构组织协调的工作内容

1. 项目监理机构内部的协调

(1) 项目监理机构内部人际关系的协调

项目监理机构是由人组成的工作体系，工作效率很大程度上取决于人际关系的协调程度，总监理工程师应首先抓好人际关系的协调，激励项目监理机构成员。

1) 在人员安排上要量才录用。对项目监理机构各种人员，要根据每个人的专长进行安排，做到人尽其才。人员的搭配应注意能力互补和性格互补，人员配置应尽可能少而精，防止力不胜任和忙闲不均现象的发生。

2) 在工作委任上要职责分明。对项目监理机构内的每一个岗位，都应订立明确的目标和岗位责任制，应通过职能清理，使管理职能不重不漏，做到事事有人管，人人有专责，同时明确岗位职权。

3) 在成绩评价上要实事求是。谁都希望自己的工作做出成绩，并得到肯定。但工作成绩的取得，不仅需要主观努力，而且需要一定的工作条件和相互配合。要发扬民主作风，实事求是评价，以免人员无功自傲或有功受屈，要使每个人热爱自己的工作，并对工作充满信心和希望。

4) 在矛盾调解上要恰到好处。人员之间的矛盾总是存在的，一旦出现矛盾就应进行调解，要多听取项目监理机构成员的意见和建议，及时沟通，使人员始终处于团结、和谐、热情高涨的工作气氛之中。

(2) 项目监理机构内部组织关系的协调

项目监理机构是由若干部门（专业组）组成的工作体系。每个专业组都有自己的目标和任务。如果每个子系统都从建设工程的整体利益出发，理解和履行自己的职责，则整个系统就会处于有序的良性状态，否则，整个系统便处于无序的紊乱状态，导致功能失调，效率下降。

项目监理机构内部组织关系的协调可从以下几方面进行：

1) 在职能划分的基础上设置组织机构，根据工程对象及委托监理合同所规定的工作内容。确定职能划分，并相应设置配套的组织机构。

2) 明确规定每个部门的目标、职责和权限，最好以规章制度的形式作出明文规定。

3）事先约定各个部门在工作中的相互关系。在工程建设中许多工作是由多个部门共同完成的，其中有主办，牵头和协作、配合之分，事先约定，才不至于出现误事、脱节等贻误工作的现象。

4）建立信息沟通制度，如采用工作例会、业务碰头会、发会议纪要、工作流程图或信息传递卡等方式来沟通信息，这样可从局部了解全局，服从并适应全局需要。

5）及时消除工作中的矛盾或冲突。总监理工程师应采用民主的作风，注意从心理学、行为科学的角度激励各个成员的工作积极性；采用公开的信息政策，让大家了解建设工程实施情况、遇到的问题或危机；经常性地指导工作，和成员一起商讨遇到的问题，多倾听他们的意见、建议，鼓励大家同舟共济。

(3) 项目监理机构内部需求关系的协调

建设工程监理实施中有人员需求、试验设备需求、材料需求等，而资源是有限的，因此，内部需求平衡至关重要。需求关系的协调可从以下环节进行：

1）对监理设备、材料的平衡。建设工程监理开始时，要做好监理规划和监理实施细则的编写工作，提出合理的监理资源配置，要注意抓住期限上的及时性、规格上的明确性、数量上的准确性、质量上的规定性。

2）对监理人员的平衡。要抓住调度环节，注意各专业监理工程师的配合。一个工程包括多个分部分项工程，复杂性和技术要求各不相同，这就存在监理人员配备、衔接和调度问题。如土建工程的主体阶段，主要是钢筋混凝土工程或预应力钢筋混凝土工程；设备安装阶段，材料、工艺和测试手段就不同；还有配套、辅助工程等。监理力量的安排必须考虑到工程进展情况，做出合理的安排，以保证工程监理目标的实现。

2. 与业主的协调

监理实践证明，监理目标的顺利实现和与业主协调的好坏有很大的关系。

我国长期的计划经济体制使得业主合同意识差、随意性大，主要体现：一是沿袭计划经济时期的基建管理模式，搞“大业主，小监理”，在一个建设工程上，业主的管理人员要比监理人员多或管理层次多，对监理工作干涉多，并插手监理人员应做的具体工作；二是不把合同中规定的权力交给监理单位，致使监理工程师有职无权，发挥不了作用；三是科学管理意识差，在建设工程目标确定上压工期、压造价，在建设工程实施过程中变更多或时效不按要求，给监理工作的质量、进度、投资控制带来困难。因此，与业主的协调是监理工作的重点和难点。

监理工程师应从以下几方面加强与业主的协调：

1）监理工程师首先要理解建设工程总目标、理解业主的意图。对于未能参加项目决策过程的监理工程师，必须了解项目构思的基础、起因、出发点，否则可能对监理目标及完成任务有不完整的理解，会给监理工程师的工作造成很大的困难。

2）利用工作之便做好监理宣传工作，增进业主对监理工作的理解，特别是对建设工程管理各方职责及监理程序的理解；主动帮助业主处理建设工程中的事务性工作，以自己规范化、标准化、制度化的工作去影响和促进双方工作的协调一致。

3）尊重业主，让业主一起投入建设工程全过程。尽管有预定的目标，但建设工程实施必须执行业主的指令，使业主满意。对业主提出的某些不适当的要求，只要不属于原则问题，都可先执行，然后利用适当时机、采取适当方式加以说明或解释；对于原则性问题，可采取书面报告等方式说明原委，尽量避免发生误解，以使建设工程顺利实施。

3. 与承包商的协调

监理工程师对质量、进度和投资的控制都是通过承包商的工作来实现的，所以做好与承包商的协调工作是监理工程师组织协调工作的重要内容。

(1) 坚持原则，实事求是，严格按规范、规程办事，讲究科学态度

监理工程师在监理工作中应强调各方面利益的一致性和建设工程总目标；监理工程师应鼓励承包商将建设工程实施状况、实施结果和遇到的困难和意见向他汇报，以寻找对目标控制可能的干扰。双方了解得越多越深刻，监理工作中的对抗和争执就越少。

(2) 协调不仅是方法、技术问题，更多的是语言艺术、感情交流和用权适度问题

有时尽管协调意见是正确的，但由于方式或表达不妥，反而会激化矛盾。而高超的协调能力则往往能起到事半功倍的效果，令各方面都满意。

(3) 施工阶段的协调工作内容

施工阶段协调工作的主要内容。

1) 与承包商项目经理关系的协调。从承包商项目经理及其工地工程师的角度来说，他们最希望监理工程师公正、通情达理并容易理解别人；希望从监理工程师处得到明确而不是含糊的指示，并且能够对他们所询问的问题给予及时的答复；希望监理工程师的指示能够在他们工作之前发出。他们可能对本本主义者以及工作方法僵硬的监理工程师最为反感。这些心理现象，作为监理工程师来说，应该非常清楚。一个既懂得坚持原则、又善于理解承包商项目经理的意见、工作方法灵活、随时可能提出或愿意接受变通办法的监理工程师肯定是受欢迎的。

2) 进度问题的协调。由于影响进度的因素错综复杂，因而进度问题的协调工作也十分复杂。实践证明，有两项协调工作很有效：一是业主和承包商双方共同商定一级网络计划，并由双方主要负责人签字，作为工程施工合同的附件；二是设立提前竣工奖，由监理工程师按一级网络计划节点考核，分期支付阶段工期奖，如果整个工程最终不能保证工期，由业主从工程款中将已付的阶段工期奖扣回并按合同规定予以罚款。

3) 质量问题的协调。在质量控制方面应实行监理工程师质量签字认可制度。对没有出厂证明、不符合使用要求的原材料、设备和构件，不准使用；对工序交接实行报验签证；对不合格的工程部位不予验收签字，也不予计算工程量，不予支付工程款。在建设工程实施过程中，设计变更或工程内容的增减是经常出现的，有些是合同签订时无法预料和明确规定的。对于这种变更，监理工程师要认真研究，合理计算价格，与有关方面充分协商，达成一致意见，并实行监理工程师签证制度。

4) 对承包商违约行为的处理。在施工过程中，监理工程师对承包商的某些违约行为进行处理是一件很慎重而又难免的事情。当发现承包商采用不适当的方法进行施工，或是用了不符合合同规定的材料时，监理工程师除了立即制止外，可能还要采取相应的处理措施。遇到这种情况，监理工程师应该考虑的是自己的处理意见是否在监理权限以内，根据合同要求，自己应该怎么做等等。在发现质量缺陷并需要采取措施时，监理工程师必须立即通知承包商。监理工程师要有时间期限的概念，否则承包商有权认为监理工程师对已完成的工程内容是满意或认可的。

监理工程师最担心的可能是工程总进度和质量受到影响。有时，监理工程师会发现，承

包商的项目经理或某个工地工程师不称职。此时明智的做法是继续观察一段时间，待掌握足够的证据时，总监理工程师可以正式向承包商发出警告。万不得已时，总监理工程师有权要求撤换承包商的项目经理或工地工程师。

5）合同争议的协调。对于工程中的合同争议，监理工程师应首先采用协商解决的方式，协商不成时才由当事人向合同管理机关申请调解。只有当对方严重违约而使自己的利益受到重大损失且不能得到补偿时才采用仲裁或诉讼手段。如果遇到非常棘手的合同争议问题，不妨暂时搁置等待时机，另谋良策。

6）对分包单位的管理。主要是对分包单位明确合同管理范围，分层次管理。将总包合同作为一个独立的合同单元进行投资、进度、质量控制和合同管理，不直接和分包合同发生关系。对分包合同中的工程质量、进度进行直接跟踪监控，通过总包商进行调控、纠偏。分包商在施工中发生的问题，由总包商负责协调处理，必要时监理工程师帮助协调。当分包合同条款与总包合同发生抵触，以总包合同条款为准。此外，分包合同不能解除总包商对总包合同所承担的任何责任和义务。分包合同发生的索赔问题，一般由总包商负责，涉及到总包合同中业主义务和责任时，由总包商通过监理工程师向业主提出索赔，由监理工程师进行协调。

7）处理好人际关系。在监理过程中，监理工程师处于一种十分特殊的位置。业主希望得到独立、专业的高质量服务，而承包商则希望监理单位能对合同条件有一个公正的解释。因此，监理工程师必须善于处理各种人际关系，既要严格遵守职业道德，礼貌而坚决地拒收任何礼物，以保证行为的公正性，又要利用各种机会增进与各方面人员的友谊与合作，以利于工程的进展。否则，便有可能引起业主或承包商对其可信赖程度的怀疑。

4. 与设计单位的协调

监理单位必须协调与设计单位的工作，以加快工程进度，确保质量，降低消耗。

1）真诚尊重设计单位的意见，在设计单位向承包商介绍工程概况、设计意图、技术要求、施工难点等时，注意标准过高、设计遗漏、图纸差错等问题，并将其解决在施工之前；施工阶段，严格按图施工；结构工程验收、专业工程验收、竣工验收等工作，约请设计代表参加；若发生质量事故，认真听取设计单位的处理意见，等等。

2）施工中发现设计问题，应及时向设计单位提出，以免造成大的直接损失；若监理单位掌握比原设计更先进的新技术、新工艺、新材料、新结构、新设备时，可主动向设计单位推荐。为使设计单位有修改设计的余地而不影响施工进度，协调各方达成协议，约定一个期限，争取设计单位、承包商的理解和配合。

3）注意信息传递的及时性和程序性。监理工作联系单、工程变更单传递，要按规定的程序进行传递。

这里要注意的是，监理单位与设计单位都是受业主委托进行工作的，两者之间并没有合同关系，所以监理单位主要是和设计单位做好交流工作，协调要靠业主的支持。设计单位应就其设计质量对建设单位负责，《建筑法》指出：工程监理人员发现工程设计不符合建设工程质量标准或者合同约定的质量要求的，应当报告建设单位并要求设计单位改正。

5. 与供货单位之间的协调工作

在现有体制下很多建设工程项目的大宗材料设备均由建设单位采购，两者间有合同关系，这就要求总监理工程师与供货单位发生关系，首先要以委托监理合同为依据，分清是否是委托监理范围之内的验货，若是则应由建设单位在签订采购合同时，明确监理责权，监理机构按正常监理工作执行，特殊情况明确驻厂(场)监理，进行过程监督检查。对非委托监理的范围应协调供货单位与承包单位的各种关系，如进场时间、场地、垂直运输、保管、防护等，应要求双方签订配合协议，并依此进行协调。

6. 与政府部门及其他单位的协调

一个建设工程的开展还存在政府部门及其他单位的影响，如政府部门、金融组织、社会团体、新闻媒介等，它们对建设工程起着一定的控制、监督、支持、帮助作用，这些关系若协调不好，建设工程实施也可能严重受阻。

(1) 与政府部门的协调

1) 建设工程质量监督部门与监理单位之间是监督与配合的关系。工程质量监督部门作为受政府委托的机构，对工程质量进行宏观控制，并对监理单位工程质量进行监督。监理机构应在总监的领导下认真执行工程质量监督部门发布的对工程质量监督的意见，监理应及时、如实地向工程质量监督部门反映情况，接受其监督。总监应与本工程项目的质量监督负责人加强联系，尊重其职权，双方密切配合。总监理工程师应充分利用工程质量监督部门对承包单位的监督强制作用，完成工程质量的控制工作。

2) 重大质量事故，在承包商采取急救、补救措施的同时，应敦促承包商立即向政府有关部门报告情况，接受检查和处理。

3) 建设工程合同应送公证机关公证，并报政府建设管理部门备案；征地、拆迁、移民要争取政府有关部门支持和协作；现场消防设施的配置，宜请消防部门检查认可；要敦促承包商在施工中注意防止环境污染，坚持做到文明施工。

(2) 协调与社会团体的关系

一些大中型建设工程建成后，不仅会给业主带来效益，还会给该地区的经济发展带来好处，同时给当地人民生活带来方便，因此必然会引起社会各界关注。业主和监理单位应把握机会，争取社会各界对建设工程的关心和支持。这是一种争取良好社会环境的协调。

对本部分的协调工作，从组织协调的范围看是属于远外层的管理。根据目前的工程监理实践，对远外层关系的协调，应由业主主持，监理单位主要是协调近外层关系。如业主将部分或全部远外层关系协调工作委托监理单位承担，则应在委托监理合同专用条件中明确委托的工作和相应的报酬。

8.3.3 建设工程监理组织协调的方法

1. 会议协调法

会议协调法是建设工程监理中最常用的一种协调方法，实践中常用的会议协调法包括第一次工地会议、监理例会、专业性监理会议等。

(1) 第一次工地会议

第一次工地会议是建设工程尚未全面展开前，履约各方相互认识、确定联络方式的会议，也是检查开工前各项准备工作是否就绪并明确监理程序的会议。第一次工地会议应在项目总监理工程师下达开工令之前举行，会议由建设单位主持召开，监理单位、总承包单位的授权代表参加，也可邀请分包单位参加，必要时邀请有关设计单位人员参加。

(2) 监理例会

1) 监理例会是由总监理工程师主持,按一定程序召开的,研究施工中出现的计划、进度、质量及工程款支付等问题的工地会议。

2) 监理例会应当定期召开,宜每周召开一次。

3) 参加人包括:项目总监理工程师(也可为总监理工程师代表)、其他有关监理人员、承包商项目经理、承包单位其他有关人员。需要时,还可邀请其他有关单位代表参加。

4) 会议的主要议题:① 对上次会议存在问题的解决和纪要的执行情况进行检查;② 工程进展情况;③ 对下月(或下周)的进度预测及其落实措施;④ 施工质量、加工订货、材料的质量与供应情况;⑤ 质量改进措施;⑥ 有关技术问题;⑦ 索赔及工程款支付情况;⑧ 需要协调的有关事宜。

5) 会议纪要。会议纪要由项目监理机构起草,经与会各方代表会签,然后分发给有关单位。会议纪要内容:① 会议地点及时间;② 出席者姓名、职务及他们代表的单位;③ 会议中发言者的姓名及所发表的主要内容;④ 决定事项;⑤ 诸事项分别由何人何时执行。

(3) 专业性监理会议

除定期召开工地监理例会以外,还应根据需要组织召开一些专业性协调会议,例如加工订货会、业主直接分包的工程内容承包单位与总包单位之间的协调会、专业性较强的分包单位进场协调会等,均由监理工程师主持会议。

2. 交谈协调法

在实践中,并不是所有问题都需要开会来解决,有时可采用"交谈"这一方法。交谈包括面对面的交谈和电话交谈两种形式。无论是内部协调还是外部协调,这种方法使用频率都是相当高的。其作用在于:

1) 保持信息畅通。交谈本身没有合同效力,由于其方便和及时,建设工程参与各方之间及监理机构内部都愿意采用这一方法进行。

2) 寻求协作和帮助。在寻求别人帮助和协作时,往往要及时了解对方的反应和意见,以便采取相应的对策。另外,相对于书面寻求协作,人们更难于拒绝面对面的请求。因此,采用交谈方式请求协作和帮助比采用书面方法实现的可能性要大。

3) 及时发布工程指令。在实践中,监理工程师一般都采用交谈方式先发布口头指令,这样,一方面可以使对方及时地执行指令,另一方面可以和对方进行交流,了解对方是否正确理解指令。随后,再以书面形式加以确认。

3. 书面协调法

当会议或者交谈不方便或不需要时,或者需要准确地表达自己的意见时,就会用到书面协调的方法。书面协调方法的特点是具有合同效力,一般常用于以下几方面:

1) 不需双方直接交流的书面报告、报表、指令和通知等;

2) 需要以书面形式向各方提供详细信息和情况通报的报告、信函和备忘录等;

3) 事后对会议记录、交谈内容或口头指令的书面确认。

4. 访问协调法

访问法主要用于外部协调中,有走访和邀访两种形式。走访是指监理工程师在建设工程施工前或施工过程中,对与工程施工有关的各政府部门、公共事业机构、新闻媒介或工程毗邻单位等进行访问,向他们解释工程的情况,了解他们的意见。邀访是指监理工程师邀请上述各单位(包括业主)代表到施工现场对工程进行指导性巡视,了解现场工作。因为在多数情况下,有关方面并不了解工程,不清楚现场的实际情况,如果进行一些不恰当的干预,会对工程产生不利影响。这个时候,采用访问法可能是一个相当有效的协调方法。

5. 情况介绍法

情况介绍法通常是与其他协调方法紧密结合在一起的,它可能是在一次会议前,或是一次交谈前,或是一次走访或邀访前向对方进行的情况介绍。形式上主要是口头的,有时也伴有书面的。介绍往往作为其他协调的引导,目的是使别人预先了解情况。因此,监理工程师应重视任何场合下的每一次介绍,要使别人能够理解你介绍的内容、问题和困难、你想得到的协助等。

总之,组织协调是一种管理艺术和技巧,监理工程师尤其是总监理工程师需要掌握领导科学、心理学、行为科学等方面的知识和技能,如激励、交际、表扬和批评的艺术、开会的艺术、谈话的艺术、谈判的技巧,等等。只有这样,监理工程师才能进行有效的协调。

案　例

某工程监理资料要求

施工资料核查目录

检查内容	序号	检查项目	检查记录
工程管理资料	1	工程概况表	
	2	工程开工报告	
		1) 工程开工报审表	
		2) 资质证书、营业执照	
		3) 安全资格证书	
		4) 项目经理、六大员证书	
		5) 特殊工种工人上岗证	
		6) 进场设备清单	
	3	施工现场质量管理检查记录	
	4	进度计划分析	
	5	施工日志	
工程技术资料	1	工程技术文件报审表	
		1) 施工组织设计	
		2) 混凝土、模板等施工方案	
	2	技术交底	
	3	图纸会审记录	
	4	设计交底记录	
	5	设计变更记录	

（续表）

检查内容	序号	检查项目	检查记录
工程测量记录	1	工程定位测量记录	
	2	地基验槽记录	
	3	楼层放线记录	
	4	沉降观测	
	5	建筑物垂直度观测	
工程施工记录	1	隐蔽工程检查记录	
	2	模板等工程预检记录	
	3	中间检查交接记录	
	4	地基处理记录	
	5	混凝土浇灌申请书	
	6	混凝土开盘鉴定	
	7	混凝土施工记录	
	8	砂浆、混凝土配合比	
	9	砂浆试块检测报告	
	10	混凝土试块检测报告	
工程物资资料	1	钢筋	
		1）钢筋进场报验	
		2）钢筋检测报告	
		3）厂家提供的钢筋合格证	
		4）焊条、焊剂合格证	
		5）钢筋焊接接头检测报告	
	2	水泥	
		1）水泥出厂合格证	
		2）水泥检测报告	
		3）水泥进场材料报验表	
	3	砂子试验报告	
	4	碎石试验报告	
	5	砖试验报告	
	6	防水材料合格证	

（续表）

检查内容	序号	检查项目	检查记录
工程物资资料	7	给水管	
		1）卫生许可证	
		2）管材合格证	
		3）厂家提供的管材检测报告	
	8	电气材料	
		1）电线、灯具合格证	
		2）阻燃线槽（管）合格证	
		3）进场报验申请表	
施工验收资料	1	检验批	
	2	分项工程验收记录	
	3	分部工程验收记录	
	4	单位工程验收	

监理资料核查目录

序号	检查项目	检查记录
一	**施工合同文件及委托监理合同**	
1	施工合同	
2	监理合同	
3	监理委托书	
二	**勘察设计文件**	
1	地质勘察报告	
2	施工图	
3	图纸审查意见书	
三	**监理规划**	
1	监理规划	
2	旁站监理方案	
3	监理规划审批表	
四	**监理实施细则**	
1	土方工程施工质量监理实施细则	
2	钢筋工程施工质量监理实施细则	
3	模板工程施工质量监理实施细则	
4	混凝土工程施工质量监理实施细则	

（续表）

序号	检查项目	检查记录
五	**分包单位资格报审表**	
1	分包单位资质报审表	
2	分包单位资质证明	
3	分包协议草案	
六	**设计交底与图纸会审会议纪要**	
1	设计交底	
2	图纸会审记录	
七	**施工组织设计(方案)报审表**	
1	施工组织设计	
2	混凝土工程施工方案	
3	模板工程施工方案	
4	脚手架工程施工方案	
八	**工程开工、复工报审表及暂停令**	
1	项目经理、六大员资格证	
2	特殊工人上岗证	
3	进场设备清单	
4	基准点复核记录	
5	工程开工报审表	
6	工程暂停令	
7	施工企业资质证书营业执照	
8	施工企业安全资格证	
九	**测量核验资料**	
1	工程定位测量记录	
2	地基验槽记录	
3	沉降观测记录	
十	**工程进度计划**	
1	工程进度计划图	
2	工程延期报审与批复	
十一	**工程材料、构配件、设备的质量证明文件**	
1	水泥、钢筋、砖、防水材料等	
2	出厂合格证	
3	出厂质量证明文件	
4	材料构配件报审表	

（续表）

序号	检查项目	检查记录
5	复试试验报告单	
十二	**检测试验资料**	
1	砂浆混凝土配合比通知单	
2	砂浆混凝土抗压强度试验报告单	
3	钢筋接头试验报告	
4	回填土干密度试验报告	
5	防水工程试水检查记录	
十三	**工程变更**	
十四	**隐蔽工程验收资料**	
十五	**工程计量和工程款支付证书**	
十六	**监理工程师通知单**	
1	监理工程师通知单	
2	监理工程师回复单	
十七	**监理工作联系单**	
十八	**报验申请表**	
十九	**会议纪要**	
1	第一次工地会议纪要	
2	监理例会会议纪要	
3	专题工地会议纪要	
二十	**来往函件**	
1	建设单位来函	
2	施工单位来函	
3	政府部门函件	
4	其他部门函件	
二十一	**监理日记**	
1	项目监理日记	
2	监理人员监理日记	
二十二	**监理月报**	
二十三	**质量缺陷与事故的处理文件**	
二十四	**分部单位工程等验收资料**	
二十五	**索赔文件资料**	
二十六	**竣工结算审核意见书**	
二十七	**质量评估报告等专题报告**	

(续表)

序号	检查项目	检查记录
二十八	**监理工程总结**	
1	阶段工作小结	
2	监理工作总结	

本章小结

本章节要求掌握与项目监理机构信息管理有关的基本概念、信息的形式、信息的分类原则和方法、监理工作的基本表式、项目监理组织与工程建设其他组织之间的协调;理解建设工程文件档案资料概念与特征、项目监理机构组织协调的工作内容、建设工程信息管理流程、建设工程监理组织协调的方法;了解建设工程文件档案资料管理职责、建设工程档案编制质量要求与组卷方法。

项目监理机构的信息管理包括信息的收集、整理、处理、存储、传递与应用等一系列工作。应将各种信息按一定的原则和方法进行区分和归类,并建立起一定的分类系统和排列顺序,以便管理和使用信息。对建设项目的信息进行分类必须遵循以下基本原则:稳定性、兼容性、可扩展性、逻辑性、综合实用性。

建设工程监理要求参建各方的数据和信息应该规范。监理文件包括工程准备阶段文件、监理文件、施工文件、竣工图和竣工验收文件,也可简称为工程文件。建设工程监理文件档案资料管理主要内容是:监理文件档案资料收、发文与登记;监理文件档案资料传阅;监理文件档案资料分类存放;监理文件档案资料归档、借阅、更改与作废。建设工程监理在施工阶段的基本表式按照《建设工程监理规范》(GB 50319—2012) 附录执行。

建设工程监理的协调方法包括:经常性事项的程序化组织协调;利用责权体系的指令性组织协调;设立专门机构或专人进行组织协调;利用会议进行组织协调;利用监理文件进行组织协调。

复习思考题

1. 建设工程项目信息形态有哪些形式?
2. 建设工程文件由哪些资料组成?
3. 进入城建档案馆的工程档案移交程序有哪些?
4. 建设单位档案管理的职责是什么?
5. 施工准备阶段信息要收集哪些资料?
6. 建设工程信息管理系统的基本功能包括哪些?
7. 建设工程监理文件档案收文时应该做哪些工作?
8. 简述组织协调与目标规划、目标控制关系。
9. 项目监理机构协调的工作内容有哪些?
10. 建设工程监理组织协调的常用方法有哪些?

附录 1　施工阶段监理工作的基本表式

A 类表(施工单位报审/验表)

A1　施工组织设计/(专项)施工方案报审表
A2　开工报审表
A3　复工报审表
A4　分包单位资格报审表
A5　施工控制测量成果报验表
A6　工程材料/设备/构配件报审表
A7　________________ 报审/验表
A8　分部工程报验表
A9　监理通知回复单
A10　单位工程竣工验收报表
A11　工程款支付申请表
A12　施工进度计划报审表
A13　费用索赔报审表
A14　工程临时/最终延期报审表

B 类表(工程监理单位用表)

B1　总监理工程师任命书
B2　开工令
B3　监理通知
B4　工程暂停令
B5　监理报告
B6　旁站记录
B7　复工令
B8　工程款支付证书

C 类表(通用表)

C1　工作联系单
C2　工程变更单
C3　索赔意向通知书

A类表(施工单位报审/验表)

施工组织设计/(专项)施工方案报审表

表A1

工程名称:______________ 编号:________

<table>
<tr><td>致:______________(项目监理机构)
我方已完成__________工程施工组织设计/(专项)施工方案的编制,并按规定已完成相关审批手续,请予以审查。
附:□施工组织设计
□专项施工方案
□施工方案

施工单位(盖章)__________
项目经理(签字)__________
年 月 日</td></tr>
<tr><td>审查意见:

专业监理工程师(签字)__________
年 月 日</td></tr>
<tr><td>审核意见:

项目监理机构(盖章)__________
总监理工程师(签字、加盖执业印章)__________
年 月 日</td></tr>
<tr><td>审批意见(仅对超过一定规模的危险性较大分部分项工程专项方案):

建设单位(盖章)__________
建设单位代表(签字)__________
年 月 日</td></tr>
</table>

注:本表一式三份,项目监理机构、建设单位、施工单位各一份。

开工报审表

表 A2

工程名称：________________　　　　编号：________

<table>
<tr><td>致：________________（建设单位）
________________（项目监理机构）
我方承担的________工程，已完成相关准备工作，具备开工条件，特此申请于____年____月____日开工，请予以审批。
附件：证明文件资料

施工单位（盖章）________
项目经理（签字）________
年　月　日</td></tr>
<tr><td>审核意见：

项目监理机构（盖章）________
总监理工程师（签字）________
年　月　日</td></tr>
<tr><td>审核意见：

建设单位（盖章）________
建设单位代表（签字）________
年　月　日</td></tr>
</table>

注：本表一式三份，项目监理机构、建设单位、施工单位各一份。

复工报审表

表 A3

工程名称：________________________　　　　　　　　　　编号：________

致：________________________（项目监理机构） 编号为__________（工程暂停令）所停工的__________部位，现已满足复工条件，我方申请于________年________月________日复工，请予以审批。 附：□证明文件资料 施工单位(盖章)________________ 项目经理(签字)________________ 年　　月　　日
审核意见： 项目监理机构(盖章)________________ 总监理工程师(签字)________________ 年　　月　　日
审核意见： 建设单位(盖章)________________ 建设单位代表(签字)________________ 年　　月　　日

注：本表一式三份，项目监理机构、建设单位、施工单位各一份。

分包单位资格报审表

表 A4

工程名称：________________　　编号：________

致：________________（项目监理机构）

经考察，我方认为拟选择的________________（分包单位）具有承担下列工程的施工/安装资质和能力，可以保证本工程按施工合同第____条款的约定进行施工/安装。分包后，我方仍承担本工程施工合同的全部责任。请予以审查。

分包工程名称（部位）	分包工程量	分包工程合同额
合　　计		

附：1. 分包单位资质材料
2. 分包单位业绩材料
3. 施工单位对分包单位的管理制度

施工单位（盖章）________________
项目经理（签字）________________
年　月　日

审核意见：

专业监理工程师（签字）________________
年　月　日

审核意见：

项目监理机构（盖章）________________
总监理工程师（签字）________________
年　月　日

注：本表一式三份，项目监理机构、建设单位、施工单位各一份。

施工控制测量成果报验表

表 A5

工程名称：________________ 编号：______

致：________________（项目监理机构）

我方已完成________________的施工控制测量，经自检合格，请予以查验。

附：1. 施工控制测量依据资料

2. 施工控制测量成果表

施工单位（盖章）____________

项目经理（签字）____________

年 月 日

审核意见：

项目监理机构（盖章）____________

专业监理工程师（签字）____________

年 月 日

注：本表一式三份，项目监理机构、建设单位、施工单位各一份。

工程材料/设备/构配件报审表

表 A6

工程名称：________________　　编号：________

致：________________（项目监理机构）

我方于____年____月____日进场的用于工程________部位的______（工程材料/设备/构配件），已完成自检。现将相关资料（见附件）报上，请予以审查。

附件：1. 工程材料/设备/构配件清单

2. 质量证明文件

3. 自检结果

施工单位（盖章）________________

项目经理（签字）________________

年　月　日

审核意见：

项目监理机构（盖章）________________

专业监理工程师（签字）________________

年　月　日

注：本表一式二份，项目监理机构、施工单位各一份。

＿＿＿＿＿＿＿＿**报审/验表**　　　　表 A7

工程名称：＿＿＿＿＿＿＿＿＿＿＿＿＿＿＿＿　　　　编号：＿＿＿＿＿

<table>
<tr><td>致：＿＿＿＿＿＿＿＿＿＿＿＿＿＿（项目监理机构）
我方已完成＿＿＿＿＿＿＿＿＿＿＿＿＿＿＿＿＿＿工作，现报上该工程报验申请表，请予以审查、验收。

附：□检验批/分项工程质量自检结果
□关键部位或关键工序的质量控制措施
□其他

施工单位（盖章）＿＿＿＿＿＿＿＿
项目经理（签字）＿＿＿＿＿＿＿＿
年　月　日</td></tr>
<tr><td>审查、验收意见：

项目监理机构（盖章）＿＿＿＿＿＿＿＿
专业监理工程师（签字）＿＿＿＿＿＿＿＿
年　月　日</td></tr>
</table>

注：本表一式二份，项目监理机构、施工单位各一份。

分部工程报验表

表 A8

工程名称：________________　　编号：________

致：________________（项目监理机构）

我方已完成________________（分部工程），现将有关资料（见附件）报上，请予以审查、验收。

附：□分部工程质量检验表
　　□分部工程质量资料

施工单位（盖章）________________
项目经理（签字）________________
年　月　日

检查意见：

专业监理工程师（签字）________________
年　月　日

验收意见：

项目监理机构（盖章）________________
总监理工程师（签字）________________
年　月　日

注：本表一式三份，项目监理机构、建设单位、施工单位各一份。

监理通知回复单

表 A9

工程名称：________________　　　　编号：________

致：________________（项目监理机构） 我方接到编号为__________的监理通知后，已按要求完成相关工作，请予以复查。 附：需要说明的情况   施工单位（盖章）__________ 项目经理（签字）__________ 年　月　日
复查意见：   项目监理机构（盖章）__________ 总/专业监理工程师（签字）__________ 年　月　日

注：本表一式三份，项目监理机构、建设单位、施工单位各一份。

单位工程竣工验收报审表

表 A10

工程名称：______________　　编号：________

<table>
<tr><td>致：______________（项目监理机构）
　　我方已按施工合同要求完成______________工程，经自检合格，现将有关资料报上，请予以预验收。

附件：1. 工程质量验收报告
　　　2. 工程功能检验资料

施工单位（盖章）__________
项目经理（签字）__________
年　月　日</td></tr>
<tr><td>预验收意见：

项目监理机构（盖章）__________
总监理工程师（签字）__________
年　月　日</td></tr>
</table>

注：本表一式三份，项目监理机构、建设单位、施工单位各一份。

工程款支付申请表

表 A11

工程名称：______________________ 编号：________

致：______________________（项目监理机构）

我方已完成______________________工作，按施工合同约定，建设单位应在______年______月______日前支付该项工程款共（大写）______________（小写：________），现将有关资料报上，请予以审核。

附件：

1. 工程量清单

2. 计算方法

施工单位（盖章）______________

项目经理（签字）______________

年　　月　　日

注：本表一式三份，项目监理机构、建设单位、施工单位各一份。

施工进度计划报审表　　表 A12

工程名称：____________________　　编号：________

<table>
<tr><td>
致：____________________（项目监理机构）
　　我方根据施工合同的有关规定，已完成____________工程施工进度计划的编制，并经我单位技术负责人审查批准，请予以审查。

附：□施工总进度计划
　　□阶段性进度计划

施工单位（盖章）____________
项目经理（签字）____________
年　　月　　日
</td></tr>
<tr><td>
审核意见：

专业监理工程师（签字）____________
年　　月　　日
</td></tr>
<tr><td>
审核意见：

项目监理机构（盖章）____________
总监理工程师（签字）____________
年　　月　　日
</td></tr>
</table>

注：本表一式三份，项目监理机构、建设单位、施工单位各一份。

费用索赔报审表

表 A13

工程名称：______________________　　　　编号：________

<table>
<tr><td>致：______________________(项目监理机构)
根据施工合同________条款，由于______________________的原因，我方申请索赔金额(大写)______________________，请予批准。
索赔理由：______________________

附件：□索赔金额的计算
□证明材料

施工单位(盖章)________
项目经理(签字)________
年　月　日</td></tr>
<tr><td>审核意见：
□不同意此项索赔
□同意此项索赔，索赔金额为(大写)______________
同意/不同意索赔的理由：______________________

附件：□索赔金额的计算

项目监理机构(盖章)________
总监理工程师(签字、加盖执业印章)________
年　月　日</td></tr>
<tr><td>审批意见：

建设单位(盖章)________
建设单位代表(签字)________
年　月　日</td></tr>
</table>

注：本表一式三份，项目监理机构、建设单位、施工单位各一份。

工程临时/最终延期报审表　表A14

工程名称：________________________　编号：________

<table>
<tr><td>致：________________________（项目监理机构）
　　根据施工合同__________（条款），由于____________________的原因，我方申请工程临时/最终延期_____（日历天），请予批准
附件：
　　1. 工程延期依据及工期计算
　　2. 证明材料

施工单位（盖章）____________
项目经理（签字）____________
年　月　日</td></tr>
<tr><td>审核意见：
　　□同意临时/最终延长工期 __________（日历天）。工程竣工日期从施工合同约定的______年______月______日延迟到______年______月______日。
　　□不同意延长工期，请按约定竣工日期组织施工。

项目监理机构（盖章）____________
总监理工程师（签字、加盖执业印章）____________
年　月　日</td></tr>
<tr><td>审核意见：

建设单位（盖章）____________
建设单位代表（签字）____________
年　月　日</td></tr>
</table>

注：本表一式三份，项目监理机构、建设单位、施工单位各一份。

B 类表（工程监理单位用表）

总监理工程师任命书

表 B1

工程名称：______________________________ 编号：__________

致：______________________________（建设单位）

兹任命______________（注册监理工程师注册号：__________________）为我单位____项目总监理工程师。负责履行建设工程监理合同、主持项目监理机构工作。

工程监理单位（盖章）______________

法定代表人（签字）______________

年 月 日

注：本表一式三份，项目监理机构、建设单位、施工单位各一份。

开工令

表 B2

工程名称：______________________　　编号：__________

致：______________________（施工单位）

经审查，本工程已具备施工合同约定的开工条件，现同意你方开始施工，开工日期为：________年________月________日。

附件：开工报审表

项目监理机构（盖章）________________

总监理工程师（签字、加盖执业印章）________________

年　　月　　日

注：本表一式三份，项目监理机构、建设单位、施工单位各一份。

监理通知

表 B3

工程名称：________________ 编号：________

致：________________（施工单位）

事由：____

____

____

____

内容：____

____

____

____

项目监理机构（盖章）________________

总/专业监理工程师（签字）________________

年 月 日

注：本表一式三份，项目监理机构、建设单位、施工单位各一份。

工程暂停令

表 B4

工程名称：__________　　编号：__________

致：__________（施工单位）

由于______________________________原因，经建设单位同意，现通知你方于______年______月______日______时起，暂停______部位（工序）施工，并按下述要求做好后续工作。

要求：

项目监理机构（盖章）__________

总监理工程师（签字、加盖执业印章）__________

年　月　日

注：本表一式三份，项目监理机构、建设单位、施工单位各一份。

监理报告

表 B5

工程名称：______________________________ 编号：__________

致：______________________________（主管部门）

由________________________（施工单位）施工的______________________________（工程部位），存在安全事故隐患。我方已于________年______月____日发出编号为：____________的《监理通知》/《工程暂停令》，但施工单位未（整改/停工）。

特此报告。

附件：□监理通知

□工程暂停令

□其他

项目监理机构（盖章）__________________

总监理工程师（签字）__________________

年 月 日

注：本表一式四份，主管部门、建设单位、工程监理单位、项目监理机构各一份。

旁站记录

表 B6

工程名称：________________　　　　编号：________

<table>
<tr><td>施工单位</td><td colspan="3"></td></tr>
<tr><td>旁站的关键部位、关键工序</td><td colspan="3"></td></tr>
<tr><td>旁站开始时间</td><td>年　月　日　时　分</td><td>旁站结束时间</td><td>年　月　日　时　分</td></tr>
<tr><td colspan="4">旁站的关键部位、关键工序施工情况：</td></tr>
<tr><td colspan="4">旁站的情况：</td></tr>
<tr><td colspan="4">意见和建议：

旁站监理人员(签字)：________
年　月　日</td></tr>
</table>

注：本表一式一份，项目监理机构留存。

复工令

表 B7

工程名称：________________________ 编号：________

致：________________________（施工单位）

我方发出的编号为：__________停工令，要求暂停__________________部位（工序）施工，经查已具备复工条件，经建设单位同意，现通知你方于______年______月______日______时起恢复施工。

附件：复工报审表

项目监理机构（盖章）__________

总监理工程师（签字、加盖执业印章）__________

年 月 日

注：本表一式三份，项目监理机构、建设单位、施工单位各一份。

工程款支付证书　　表B8

工程名称：______________　　编号：__________

<table>
<tr><td>
致：______________（建设单位）
根据施工合同约定，经审核施工单位工程款支付申请表，扣除有关款项后，同意本期支付工程款共计（大写）______________（小写：__________）。按施工合同约定及时付款。
其中：1. 施工单位申报款为：
2. 经审核施工单位应得款为：
3. 本期应扣款为：
4. 本期应付款为：
附件：1. 施工单位的工程款支付申请表及附件
2. 项目监理机构审查记录

专业监理工程师（签字）__________
年　月　日
</td></tr>
<tr><td>
审核意见：

项目监理机构（盖章）__________
总监理工程师（签字、加盖执业印章）__________
年　月　日
</td></tr>
<tr><td>
审核意见：

建设单位（盖章）__________
建设单位代表（签字）__________
年　月　日
</td></tr>
</table>

注：本表一式三份，项目监理机构、建设单位、施工单位各一份。

C 类表(通用表)

工作联系单

表 C1

工程名称：________________ 编号：________

致：________________   发出单位________________ 负责人(签字)________________ 年 月 日

工程变更单

表C2

工程名称：________________　　编号：________

<table>
<tr><td colspan="3">致：________________
由于________________原因，兹提出________________工程变更，请予以审批。

附件：□变更内容
□变更设计图
□相关会议纪要
□其他

变更提出单位：________
负责人：________
年　月　日</td></tr>
<tr><td>工程数量增/减</td><td colspan="2"></td></tr>
<tr><td>费用增/减</td><td colspan="2"></td></tr>
<tr><td>工期变化</td><td colspan="2"></td></tr>
<tr><td colspan="2">施工单位（盖章）

项目经理（签字）</td><td>设计单位（盖章）

设计负责人（签字）</td></tr>
<tr><td colspan="2">项目监理机构（盖章）

总监理工程师（签字）</td><td>建设单位（盖章）

负责人（签字）</td></tr>
</table>

注：本表一式四份，建设单位、项目监理机构、设计单位、施工单位各一份。

索赔意向通知书

表 C3

工程名称：________________________ 编号：________

致：________________________

根据《建设工程施工合同》________________（条款）的约定，由于发生了____________________事件，且该事件的发生非我方原因所致。为此，我方向__________（单位）提出索赔要求。

附件：索赔事件资料

提出单位(盖章)________________

负责人(签字)________________

年 月 日

附录 2　某工程项目旁站监理方案

一、工程概况

工程概况如附表 2－1。

附表 2－1　其工程项目工程概况

工程名称	1# 教学楼	1# 楼宿舍	食堂
建筑面积/m^2	25 304	13 570	1 140
建筑层数/层	6	7	4
建设单位	略		
勘察单位	略		
设计单位	略		
施工单位	略		
监理单位	略		

二、编写依据

本旁站监理方案的编写主要依据我国的法律、法规和行政规章、现行建筑工程规范、工程建设强制性技术标准、本工程合同、勘察设计文件等，主要有：

1.《中华人民共和国建筑法》；

2.《建筑工程质量管理条例》；

3.《中华人民共和国合同法》；

4.《建设工程旁站监理管理规定》；

5.《建设工程监理人员岗位职责管理规定》；

6.《建设工程监理规范》(GB 50319—2012)；

7.《建筑工程施工质量验收统一标准》(GB 50300—2001)；

8. 适用于本工程项目的相关规范；

9.《房屋建筑工程施工旁站监理管理办法(试行)》(建市[2002]189 号)；

10. 本项目《监理规划》、《监理细则》；

11. 本项目《施工组织设计》、《施工方案》；

12. 建设单位与监理单位签订的建设工程监理合同；

13. 建设单位与施工单位签订的建筑工程施工合同；

14. 本工程地质勘察资料，含已通过有资质的审图机构审查并作出“通过审查记录”的施工图设计文件(图纸、设计说明、设计指定的标准图集、设计交底会议纪要、设计变更文件、建设单位提出的并由原设计确认的工程变更文件等)。

三、旁站监理的范围、内容

旁站监理的范围、内容如附表 2－2。

附表 2-2 旁站监理的范围、内容

序号	旁站监理的范围	旁站监理工作的具体内容
1	土方回填	(一) 检查基底处理质量：土方回填前应清除基底的垃圾、树根等杂物，抽除坑穴积水、淤泥，验收基底标高。如在耕植土或松土上填方，应在基底压实后再进行。 (二) 对回填土料按设计要求进行检查、验收。(宜优先利用基槽中挖出的土，但不得含有有机杂质)。 (三) 填方施工过程中应检查排水措施、每层填筑厚度、含水量、压实遍数。填筑厚度及压实遍数应根据土质、压实系数及所用机具确定。填方工程的施工参数如每层填筑厚度、压实遍数及压实系数对重要工程均应做现场试验后确定或由设计提供。 (四) ① 回填前混凝土应达到一定的强度，不致因填土而受损伤。② 注意回填土施工应在相对两侧或四周同时进行回填。③ 房心和管沟的回填，应在完成上下水道的安装或墙间加固后再进行，并将沟槽、地坪上的积水和有机物等清除干净，为防止管道中心线位移或损坏管道，应用人工先在管道周围填土夯实，管道两边应同时进行。管道下部应按要求填夯回填土，漏夯或不实易造成管道下方空虚，使管道折断、渗漏。④ 如必须分段填夯时，交接应填成阶梯形，上下层错缝距离不小于 1 m。⑤ 雨天回填应连续进行，尽快完成，防止地面水流入坑(槽)内，现场应有防雨排水措施。⑥ 严禁汽车直接倒土入槽。 (五) 填方施工结束后检查标高、压实程度。
2	混凝土浇筑(含防水混凝土浇筑)	(一) 施工前应对水泥、砂、石子、钢材等原材料进行检查，对施工组织设计中制定的施工顺序、监测手段(包括仪器、方法)也应检查。混凝土配合比应进行设计，不得采用经验配合比。 (二) 在混凝土的浇筑地点随机抽取用于检查结构构件混凝土强度的试件，取样频次应符合相应要求，每次取样应至少留置一组标准养护试件，同条件养护试件的留置组数应根据实际需要确定。(同一强度等级同条件养护试件的留置数量不宜大于 10 组，不应少于 3 组，分别用统计法和非统计法进行混凝土强度评定)。 (三) 施工缝的留设应按混凝土浇筑前根据设计要求和施工技术要求确定的方案进行留设。 (四) 检查混凝土开盘鉴定资料和验证混凝土配合比的混凝土标养试块。 (五) 首车商品混凝土有 1 m^3 润管砂浆是不符合结构混凝土要求的，必须放到外面，千万不可用于结构体。 (六) 抽查混凝土实际配料单，核对混凝土原材料的品种、规格、用量及实际配合比，每班至少 3 次。 (七) 应在混凝土界面剂涂刷后 1.5 h 内完成该部位的混凝土浇筑。检查混凝土界面剂涂刷质量，应满刷。 (八) 抽查混凝土初凝时间控制情况。 (九) “二缝一带”处的施工旁站。施工缝的留设审批及监督施工缝的处理。

（续表）

序号	旁站监理的范围	旁站监理工作的具体内容
2	混凝土浇筑（含防水混凝土浇筑）	（十）浇筑质量检查。分层浇筑时分层厚度、洞口处对称浇筑。 （十一）混凝土振捣质量检查。梁柱节点处进行全程旁站，其他部位进行抽查。不能漏振、过振、欠振。不得直接振动钢筋，不得用振动器具振动混凝土。 （十二）检查模板浇水湿润、清渣情况，控制混凝土结合面用同配合比砂浆铺垫的厚度，以防止混凝土构件烂根。 （十三）注意模板、钢筋的位置和牢固度，是否有变形、移位、漏浆的情况；检查插筋、预留、预埋件的位置；检查混凝土保护层垫块有无掉落、破坏情况；监督看模、看筋工在岗检查、巡视。 （十四）监督浇筑施工顺序、施工间隙、浇筑速度的控制。 （十五）检查混凝土标高、面筋保护层的控制情况，监督在终凝前进行收光、压实。 （十六）检查混凝土养护措施的落实情况和养护开始时间。 （十七）检查夏季高温施工措施的执行情况。 （十八）注意当遇雨天或含水率有显著变化时，应检查配合比的调整情况。 （十九）监督安全施工。包括使用工器具的完好性、安全性、施工用电的安全性、操作人员的安全防护、未封闭的“四口”“五临边”的安全防护等。
		（二十）防水混凝土 ① 防水混凝土工程的施工，应尽可能做到一次浇筑完成。对于大体积防水混凝土工程，可采取分区浇筑、使用发热量低的水泥或掺外加剂等相应措施，以减少温度裂缝。 ② 施工期间，应做好基坑降排水工作，使地下水面低于施工底面 30 cm 以下，严防地下水及地面水流入基坑造成积水，影响混凝土正常硬化，导致防水混凝土强度及抗渗性降低。在主体混凝土结构施工前，必须做好混凝土垫层，使其起到辅助防线作用。 ③ 模板固定不得采用螺栓拉杆或铁丝对穿，以免在混凝土内造成引水通路。如固定模板用的螺栓必须穿过防水混凝土结构时，应采取止水措施。 ④ 钢筋不得用铁丝或铁钉固定在模板上，必须采用同配合比的细石混凝土或砂浆块作垫层，并确保钢筋保护层的厚度不小于 30 mm，绝不允许出现负误差。 ⑤ 在做防水混凝土前，应将施工缝处的混凝土表面凿毛，清除浮粒和杂物，用水冲洗干净，保持湿润，再铺一层 20～25 mm 厚与原混凝土配合比相同的水泥砂浆。 ⑥ 固定设备用的锚栓等预埋件，应在浇筑混凝土前埋。如必须在混凝土中预留锚孔时，预留孔底部须保留至少 150 mm 厚的混凝土。 ⑦ 防水混凝土的养护对其抗渗性能影响极大，因此，当混凝土进入终凝（浇筑后 4～6 h）即应开始浇水养护，养护时间不少于 14 d。防水混凝土不宜采用蒸汽养护，冬期施工时可采取保温措施。 ⑧ 防水混凝土不宜过早拆模，拆模时混凝土表面温度与周围气温之差不得超过15～20℃，以防混凝土表面出现裂缝。 ⑨ 防水混凝土浇筑后严禁打洞，所有预埋件、预留孔都应事前埋设准确。 ⑩ 防水混凝土工程的地下结构部分，拆模后应及时回填，以利于混凝土后期强度的增长，并获得预期的抗渗性能。回填土前，亦可在结构外侧铺贴一道柔性附加防水层或抹一道刚性防水砂浆附加防水层。

（续表）

序号	旁站监理的范围	旁站监理工作的具体内容
3	梁柱节点钢筋绑扎	（一）钢筋应有出厂质量证明和检验报告单，并按有关规定分批抽取试样作机械性能试验，合格后方可使用。 （二）冷拉钢筋表面不得有裂纹和局部缩颈，冷弯后不得有裂纹，断裂或起层等现象，机械性能应符合设计和规范的要求。 （三）铁丝采用20～22号镀锌铁丝或绑扎钢筋，专用火烧死，铁丝不应有锈蚀和过硬情况。 （四）水泥砂浆垫块50 mm见方，厚度等于保护层，ϕ6～ϕ10 mm支撑筋等设置情况。 （五）现浇柱与基础连接用的插筋下端，用90°弯钩与基础钢筋进行绑扎，箍筋比柱箍筋缩小一个柱筋直径，以便连接，插筋位置应用木条或钢筋架成井字形固定，以免造成柱子轴线偏移。 （六）柱子钢筋绑扎 ① 检查箍筋间距和数量是否符合设计要求，箍筋是否按弯钩错开要求套在下层伸出的搭接筋上，绑扣是否向里。 ② 框架柱及剪力墙暗柱的纵向钢筋接头采用电渣压力焊焊接接头，相邻接头间距应大于500 mm，接头的最低点距楼板面的距离应大于柱截面的长边尺寸且距楼板面的距离应大于500 mm及35 d，在同一截面上钢筋连接的根数不得超过截面钢筋总数的50%。 ③ 抗震设计时纵向受拉钢筋的最小锚固长度应符合设计及规范的要求。 ④ 抗震设计时纵向受拉钢筋的最小绑扎搭接长度应符合设计及规范要求。 ⑤ 箍筋应与主筋垂直，箍筋与主筋交点均要绑扎，主筋与箍筋非转角部分的相交点成梅花或交错绑扎，但箍筋的平直部分与纵向钢筋交叉点可成梅花式交错扎牢，以防骨架歪斜，箍筋的接头（即弯钩叠合处）应沿柱子竖向交错布置，并位于箍筋与柱角主筋交接点上，但在有交叉式箍筋的大截面柱子，其接头可位于箍筋与任何一根中间主筋的交接点上。在有抗震要求的地区，柱箍筋端头应弯成135°，平直长度不应小于10 d，柱基、柱顶、梁柱交接处，箍筋间距应按设计要求加密。 ⑥ 框架梁、牛腿及柱帽中的钢筋，应放在柱的纵向钢筋内侧。 ⑦ 如设计要求箍筋设有拉筋时，拉筋应钩住箍筋。 ⑧ 柱箍控制保护层可用水泥砂浆垫块（应在柱主筋外皮上，间距一般1 000 mm），以确保主筋保护层厚度的正确。 （七）梁钢筋绑扎 ① 梁中箍筋与主筋垂直，箍筋的接头应交错设置，箍筋转角与纵向钢筋的交叉点应扎牢，箍筋弯钩的叠合处，在梁中应交错绑扎，有抗震要求的结构，箍筋弯钩应为135°，如果做成封闭箍时，单面焊缝长度应为6～10 d。 ② 弯起钢筋与负弯矩位置要正确，梁与柱交接处，梁钢筋插入柱内长度应符合设计要求。 ③ 梁的受拉钢筋直径≥25 mm时，不应采用绑扎接头，小于25 mm时，可采用绑扎接头，搭接长度应按设计要求，搭接长度的末端与钢筋弯曲处的距离不得小于10 d，接头不宜设在梁最大弯矩处，受拉区域内Ⅰ级钢筋绑扎接头的末端应做成弯钩（Ⅱ、Ⅳ级钢筋不可做弯钩），搭接处应在中心和两端扎牢，接头位置应相互错开，在受力钢筋30 d区段范围内（且不小于500 mm）。有绑扎接头的受力钢筋截面面积占受力钢筋总截面面积的百分率：在受拉区不得超过25%；受压区不得超过50%。 ④ 纵向受拉钢筋为双排或三排时，两排钢筋之间应垫以直径25 mm的短钢筋，如纵向钢筋直径大于25 mm时，短钢筋直径规格宜与纵向钢筋规格相同，以保证设计要求。 ⑤ 主梁的纵向受力钢筋在同一高度遇有垫梁时，必须支承在垫梁或边梁受力钢筋之上，主筋两端的搁置长度应保持均匀一致，次梁的纵向受力钢筋应支承在主梁的纵向受力钢筋之上。

<table>
<tr><th>序号</th><th>旁站监理的范围</th><th>旁站监理工作的具体内容</th></tr>
<tr><td>4</td><td>卷材防水层细部构造处理</td><td>(一) 天沟、檐沟、泛水、水落口、檐口、变形缝、伸出屋面管道等部位，是屋面工程中最易渗透的薄弱环节。这些部位应进行防水增强处理，并作重点旁站质量检查。

(二) 用于细部构造的防水材料，由于品种多、用量少而作用大，因此，对此部分的防水材料应按照有关材料标准进行检查验收。

(三) 女儿墙泛水
① 铺贴泛水处的卷材应采取满贴法。
② 砖墙上的卷材收头可直接压在女儿墙压顶下，压顶应做防水处理；也可压入砖墙凹槽内固定密封，凹槽距屋面找平层不应小于 250 mm，凹槽上部的墙体应作防水处理。

(四) 水落口的防水构造
① 水落口杯上口的标高应设置在沟底的最低处。
② 防水层贴入水落口杯内不应小于 50 mm。
③ 水落口周围直径 500 mm 范围内的坡度不应小于 5%，并采用防水涂料或密封材料涂封，其厚度不应小于 2 mm。
④ 水落口杯与基层接触处应留宽 20 mm、深 20 mm 凹槽，并嵌填密封材料。

(五) 伸出屋面管道的防水构造
① 管道根部直径 500 mm 范围内，找平层应抹出高度不小于 30 mm 的圆台。
② 管道周围与找平层或细石混凝土防水层之间，应预留 20 mm×20 mm 的凹槽，并用密封材料嵌填密实。
③ 管道根部四周应增设附加层，宽度和高度均不应小于 300 mm。
④ 管道上的防水层收头处应用金属箍紧固，并用密封材料封严。</td></tr>
</table>

四、旁站监理的工作程序

依据《房屋建筑工程施工旁站监理管理办法(试行)》建市[2002]189 号的规定，旁站监理的工作程序按附图 2-1 执行。

五、旁站监理人员的职责

1. 检查施工企业现场质量保证体系的运行情况。

2. 在施工现场跟班监督关键部位、关键工序的执行方案及工程建设强制性标准情况。

3. 核查进场建筑材料、建筑构配件、设备和商品混凝土的质量检验报告等，并可在现场监督施工企业进行检验或者委托具有资格的第三方进行复验并签署有关见证取样、施工试验的记录。

4. 认真做好旁站监理记录和监理日记，保存旁站监理的原始资料。

5. 监督/检查施工企业施工日记/记录的填写。

6. 检查投入的人力、材料、主要设备及其使用、运转情况。

7. 对施工企业违反施工规范、施工方案、工程建设强制性标准的行为，旁站监理人员应及时制止，并责令和监督施工企业立即整改；对发现的已经或者可能危及工程质量的施工活动，要按规定及时向监理工程师或总监理工程师报告。

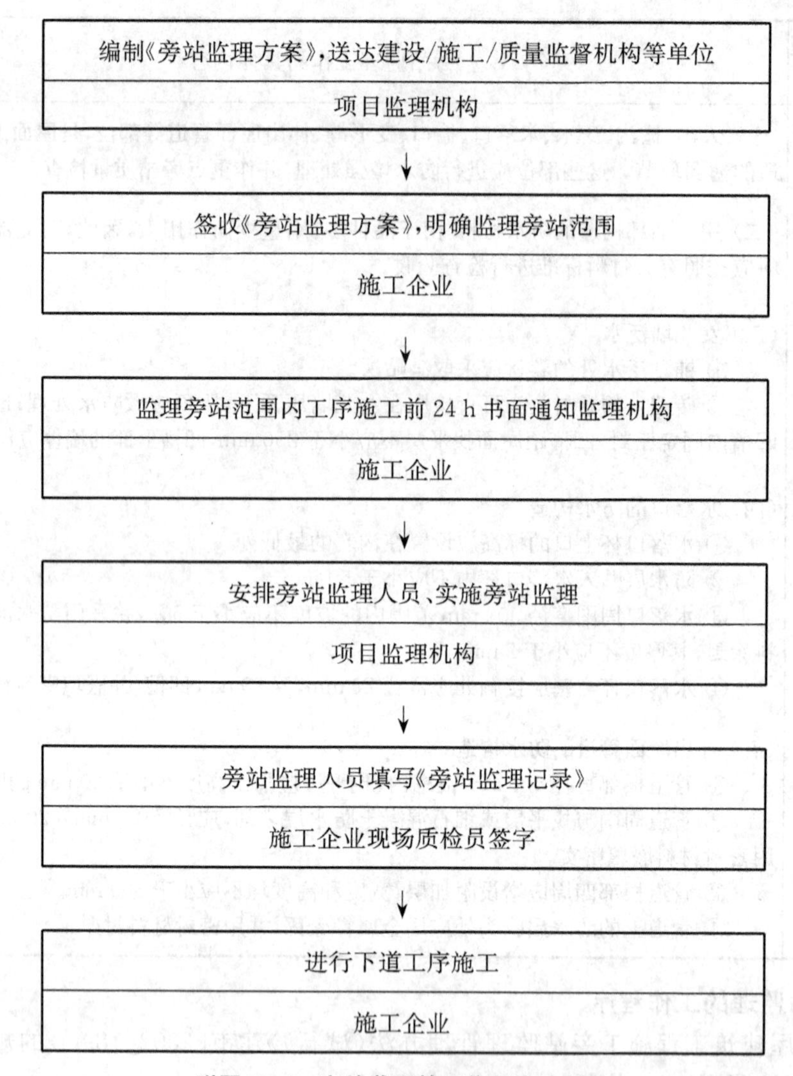

附图2-1 旁站监理的工作程序流程图

注:"监理旁站点施工前24 h书面通知监理机构"中的"书面通知",在武汉地区使用监理规范用表中A13(承包单位通用申报表)进行书面通知。

六、安全施工、文明施工

1. 督促施工方作好现场标准化管理工作,营造文明施工环境。

2. 督促承包商落实安全生产的组织保证体系,落实安全生产责任制。

3. 督促承包商对工人进行安全生产教育,对分项工程进行技术交底。

4. 监督检查施工现场的消防,冬季防寒、夏季防暑、文明施工、卫生防疫等工作。

5. 安全生产管理办法

(1) 日常现场跟踪监理,根据工程进展,安全监理人员对现场脚手架、模板施工、高处作业、塔吊、临时用电、交叉作业进行跟踪监督,现场检查,验证施工人员是否按照安全生产技术防范措施和规范进行操作。

(2) 发现以下问题,及时向总监报告,由总监下达"暂时停工指令",控制安全管理工作质量:

1）施工安全出现问题、异常，经提出后，施工单位未采取改进措施或改进措施不符合要求时；

2）对已发生的工程事故未经有效处理而继续作业时；

3）安全措施未经自检而擅自使用时；

4）擅自变更设计图纸进行施工时；

5）使用没有合格证书的材料或擅自更换、变更工程材料时。

七、旁站任务结束后及时按规定填写旁站记录

（1）对旁站开始、结束时间，施工部位或工序施工情况，监理情况，发现的问题、处理意见也如实填写，并让施工方质检员签名。

（2）旁站监理人员实施旁站监理时，发现施工企业有违反工程建设强制性标准行为的，有权责令施工企业立即整改，发现其施工活动已经或者可能危及工程质量的，应当及时向监理工程师或者总监理工程师报告，由总监理工程师下达局部暂停施工指令或者采取其他应急措施。

（3）旁站监理人员应当认真履行职责，对需要实施旁站监理的关键部位、关键工序，应在施工现场跟班监督，及时发现和处理旁站监理过程中出现的质量问题，如实准确的作好旁站监理记录，凡旁站人员和施工单位质检人员未在旁站监理记录上签字的，不得进入下一道工序的施工。

（4）作好旁站监理记录和监理日志，保存旁站监理原始资料。

八、《旁站监理记录》的填写要求

（1）“施工情况”栏：应填写的内容包括关键部位或关键工序的施工过程情况、试验/检验情况、人、材、机的实际投入和使用情况、质量保证体系运行情况和关于施工情况的结论。即表-2 中对“旁站监理工作具体内容”一栏的检查情况和结论。记录必须内容详细、真实，标识清楚、完整。

（2）“监理情况”栏：应填写的内容包括旁站过程中监理人员发出的指令、施工企业提出的问题及监理人员的回复、各方对旁站监理工作的指示等。

参考文献

[1] 于惠中.建设工程监理概论[M].北京:机械工业出版社,2008.

[2] 《监理员一本通》编写组.监理员一本通[M].北京:中国建材工业出版社,2007.

[3] 《施工现场管理控制 100 点系列——监理员》编写组.施工现场管理控制 100 点系列——监理员[M].武汉:华中科技大学出版社,2008.

[4] 范秀兰,张兴昌.建设工程监理[M].武汉:武汉理工大学出版社,2006.

[5] 朱厉欣,杨峰俊.工程建设监理概论[M].北京:人民交通出版社,2007.

[6] 周和荣.建设工程监理概论[M].北京:高等教育出版社,2005.

[7] 巩天真,张泽平.建设工程监理概论[M].北京:北京大学出版社,2006.

[8] 韩庆.土木工程监理概论[M].北京:中国水利水电出版社,2008.

[9] 朱宏亮,成虎.工程合同管理[M].北京:中国建筑工业出版社,2006.